辽河油田 50 年勘探开发科技丛书

辽河油田火山岩油气藏勘探评价

主编◎张 斌

副主编◎韩宏伟 郭 强 庚 琪 尹宜鹏 冉 波

石油工業出版社

内容提要

本书依据辽河探区陆上及外围盆地50年来火山岩油气勘探实践中大量详实的地质、地球物理及钻井等技术资料，系统阐述了火山岩发育的地质背景、岩性及岩相特征、火山喷发序列与火山机构、储层特征及影响因素，形成了火山岩体识别及储层预测技术，总结了火山岩油气藏成藏条件与主控因素，展示了辽河油田火山岩油气藏勘探实践的最新成果。本书立足于理论与生产实际紧密结合，列举了具有不同地质特点的应用实例，具有较强的科学性和实用性。

本书内容来源于辽河油田的勘探实践，具有很强的实用性和借鉴意义，可供从事油气勘探研究的科研、生产人员和高等院校师生参考使用。

图书在版编目（CIP）数据

辽河油田火山岩油气藏勘探评价 / 张斌主编．—北京：石油工业出版社，2022.12

（辽河油田50年勘探开发科技丛书）

ISBN 978-7-5183-5810-6

Ⅰ.①辽… Ⅱ.①张… Ⅲ.①火山岩－岩性油气藏－油气勘探－研究－盘锦 Ⅳ.①P618.130.8

中国版本图书馆CIP数据核字（2022）第236673号

出版发行：石油工业出版社
（北京安定门外安华里2区1号　100011）
网　址：www.petropub.com
编辑部：（010）64222261　　图书营销中心：（010）64523633
经　　销：全国新华书店
印　　刷：北京中石油彩色印刷有限责任公司

2022年12月第1版　2022年12月第1次印刷
787×1092毫米　开本：1/16　印张：10.25
字数：260千字

定价：72.00元
（如出现印装质量问题，我社图书营销中心负责调换）

《辽河油田50年勘探开发科技丛书》

编 委 会

《辽河油田火山岩油气藏勘探评价》

编写组

主　　编：张　斌

副 主 编：韩宏伟　郭　强　庚　琪　尹宜鹏　冉　波

编写人员：王建飞　王明超　张甲明　孙新宇　张海栋

蔺　鹏　杨　帆　杨　曦　刘　邦　伍泽云

陈星州　高伟强

序

辽河油田从 1967 年开始大规模油气勘探，1970 年开展开发建设，至今已经走过了五十多年的发展历程。五十多年来，辽河科研工作者面对极为复杂的勘探开发对象，始终坚守初心使命，坚持科技创新，在辽河这样一个陆相断陷攻克了一个又一个世界级难题，创造了一个又一个勘探开发奇迹，成功实现了国内稠油、高凝油和非均质基岩内幕油藏的高效勘探开发，保持了连续三十五年千万吨以上高产稳产。五十年已累计探明油气当量储量 25.5 亿吨，生产原油 4.9 亿多吨，天然气 890 多亿立方米，实现利税 2800 多亿元，为保障国家能源安全和推动社会经济发展作出了突出贡献。

辽河油田地质条件复杂多样，老一辈地质家曾经把辽河断陷的复杂性形象比喻成“将一个盘子掉到地上摔碎后再踢上一脚”，素有“地质大观园”之称。特殊的地质条件造就形成了多种油气藏类型、多种油品性质，对勘探开发技术提出了更为“苛刻”的要求。在油田开发早期，为了实现勘探快速突破、开发快速上产，辽河科技工作者大胆实践、不断创新，实现了西斜坡 10 亿吨储量超大油田勘探发现和开发建产、实现了大民屯高凝油 300 万吨效益上产。进入 21 世纪以来，随着工作程度的日益提高，勘探开发对象发生了根本的变化，油田增储上产对科技的依赖更加强烈，广大科研工作者面对困难挑战，不畏惧、不退让，坚持技术攻关不动摇，取得了“两宽两高”地震处理解释、数字成像测井、SAGD、蒸汽驱、火驱、聚 / 表复合驱等一系列技术突破，形成基岩内幕油气成藏理论，中深层稠油、超稠油开发技术处于世界领先水平，包括火山岩在内的地层岩性油气藏勘探、老油田大幅提高采收率、稠油污水深度处理、带压作业等技术相继达到国内领先、国际先进水平，这些科技成果和认识是辽河千万吨稳产的基石，作用不可替代。

值此油田开发建设 50 年之际，油田公司出版《辽河油田 50 年勘探开发科技丛书》，意义非凡。该丛书从不同侧面对勘探理论与应用、开发实践与认识进行了全面分析总结，是对 50 年来辽河油田勘探开发成果认识的最高凝练。进入新时代，保障国家能源安全，把能源的饭碗牢牢端在自己手里，科技的作用更加重要。我相信这套丛书的出版将会对勘探开发理论认识发展、技术进步、工作实践，实现高效勘探、效益开发上发挥重要作用。

查卫江

前言

经过50年的油气勘探，辽河油田已经进入高成熟勘探阶段，正向二级构造已基本探明，整装油气田和大型构造油气藏发现概率越来越小。面对当前的严峻形势，辽河油田科研人员不断转变勘探思路，针对辽河探区火山岩广泛发育的特点，勇于创新、大胆实践，建立中基性火山岩岩性、岩相分类体系和识别标准，划分火山喷发地层序列，明确火山岩储层特征及影响因素，形成火山岩体识别及储层预测技术，总结火山岩油气藏成藏条件与主控因素，初步形成了具有辽河油田特色的火山岩油气勘探理论和配套技术，在东部凹陷新生界、西部凹陷和外围盆地中生界发现了火山岩油气藏并上报规模储量，为油田的持续稳定发展作出了积极的贡献。

《辽河油田火山岩油气藏勘探评价》一书在辽河油田勘探开发40年系列丛书的基础上，重点总结了近十年来形成的火山岩油气勘探理论和配套技术，展示了辽河油田火山岩油气藏勘探实践的最新成果。

全书共分八章，分别介绍了辽河油田和国内外火山岩油气藏勘探现状、火山岩发育的地质背景、火山岩岩性和岩相特征、火山喷发序列与火山机构、火山岩储层特征及影响因素、火山岩体识别及储层预测、火山岩油气藏成藏条件与主控因素、火山岩油气藏勘探实践。其中，第一章由孙新宇、张甲明编写，第二章至第五章由庚琪编写，第六章由王明超编写，第七章由王建飞编写，第八章由孙新宇、张海栋、蔺鹏、张甲明编写，杨帆、杨曦、刘邦、伍泽云、陈星州、高伟强在编写过程中也作出了重要贡献。全书由韩宏伟、郭强、庚琪、尹宜鹏、冉波负责策划与统稿，由张斌审核、修改并定稿。在此，对这些编者和审稿人所付出的辛勤劳动表示衷心的感谢。

本书编写参考并引用了国内外的诸多文献，对这些文献的作者表示感谢。尤其是吉林大学王璞珺教授、黄玉龙教授等带领的研究团队，对本书中述及的火山岩岩性、岩相、火山机构、旋回期次和储层等方面研究作出了重要贡献，在此表示诚挚的谢意。

在本书编写过程中，得到了辽河油田主管领导的大力支持，得到了科技部、勘探事业部等单位领导的热情帮助，在此一并表示衷心的感谢。

编者深感自己知识水平和知识领域的不足，书中错漏之处敬请专家学者和同行批评指正。

目录

CONTENTS

第一章 概 述

在传统的油气地质理论中，往往认为火山岩形成时的高温是破坏油气成藏的因素，在油气勘探中都尽量避开火山岩，将其视为“禁区”。自 19 世纪末期以来的 100 多年里，火山岩油气藏从偶然钻遇到发现规模储量，其研究也越来越受到人们的重视。如今，火山岩已成为一个方兴未艾的油气勘探新领域[1]。

第一节 国内外火山岩油气藏勘探

火山岩油气藏在中生代、新生代陆相及海相盆地中具有全球性发育的特点[2]。国外火山岩油气勘探已有一百多年的发展历史。中国火山岩油气勘探和开发虽然起步较晚，但亦经历了 60 余年的历程，积累了丰富的实际资料和研究经验。

一、国外勘探现状

火山岩广泛分布于世界许多含油气盆地，其中很多火山岩具有很好的储集性能，蕴藏着丰富的油气资源，目前已在 13 个国家的 40 个盆地内的火山岩中获得了工业性油气流和大规模储量，是油气勘探中的重点领域之一。自 1887 年在美国圣华金盆地首次发现火山岩油气藏以来，火山岩油气藏勘探已经历百余年，但在勘探早期，大多数火山岩油气藏只是偶然发现的，并未引起广泛关注。直到 1953 年，委内瑞拉发现了帕拉斯油田，其单井最高产量达到 1828m^3/d，这一发现标志着对火山岩油气藏的认识上升到了一个新的水平。20 世纪 70 年代以来，在经历了早期的偶然发现与局部勘探阶段后，世界范围内广泛开展了火山岩油气藏勘探，在美国、墨西哥、古巴、委内瑞拉、阿根廷、苏联、日本、印度尼西亚和越南等国发现了多个火山岩油气藏，其中较为著名的是美国亚利桑那州的 Biennhau Bikenya 火山岩油气藏、格鲁吉亚 Samgori 凝灰岩油藏、阿塞拜疆共和国的 Murad Halle 安山岩及玄武岩油藏、印度尼西亚的 Jatibarang 玄武岩油藏、日本的 Yoshii—Kashiwazaki 流纹岩油气藏和越南南部浅海区的白虎盆地花岗岩油气藏等[3, 4]。如今，火山岩油气藏已成为全球油气资源勘探开发的重要领域[5, 6]。

环太平洋地区是主要的火山岩油气藏分布区，从北美洲的美国、墨西哥、古巴到南美洲的委内瑞拉、巴西、阿根廷，再到亚洲的中国、日本、印度尼西亚，总体呈环带状展布；其次是中亚地区，在格鲁吉亚、阿塞拜疆共和国、乌克兰、俄罗斯、罗马尼亚和匈牙利等国家发现了火山岩油气藏；非洲大陆周缘也发现了一些火山岩油气藏，如北非的埃及、利比亚、摩洛哥及中非的安哥拉等。

国外火山岩油气储层的时代分布跨度非常广，从寒武纪至新近纪均有分布；如澳大利亚 McArthur 盆地 Jamison1 油气田在寒武系溢流玄武岩中发现油气显示，日本 Niigata 盆地火山岩储层的形成时代为中中新世—早上新世。从目前已发现的火山岩油气藏的分布上看，火山岩油气储层主要分布在中—新生界侏罗系、白垩系、古近系和新近系中，其次是上古生界中[7-9]。

火山岩油气藏储层岩石类型以玄武岩和安山岩为主，其中玄武岩储层占所有火山岩储层的 32%，安山岩占 17%；储集空间以原生或次生孔隙为主，普遍发育的各种成因裂缝对改善储层物性起到了决定性作用。

从目前已开发火山岩油气田产量上看，国外火山岩储层不乏形成较高油气日产量的实例，例如以油藏为主的有古巴的 North Cuba 盆地 Cristales 油田，日产油量高达 3425t，其主要的火山岩储层岩性为玄武质凝灰岩；阿根廷 Neuquen 盆地 Vega Grande 油田日产油 224t、日产气 $1.1\times10^4m^3$，其火山岩储层岩性主要为裂缝安山岩；格鲁吉亚 Samgori 油田日产油量达到 411t，其储层岩性主要为凝灰岩；阿根廷 Noroeste 盆地的 YPF Palmar Largo 油田日产油 550t、日产气 $3.4\times10^4m^3$，其储层岩性主要为气孔玄武岩；以气为主的有日本的 Yoshii—Kashiwazaki 气田，日产气量约 $50\times10^4m^3$，其主要储层岩性为流纹岩；巴西的 Barra Bonita 气田，日产气量约 $20\times10^4m^3$，主要储层为溢流玄武岩和辉绿岩。

从油气探明储量、日产量和发表的科研论文数量看，目前国内对于火山岩油气藏的勘探开发和研究都走到了世界的前列，而国外总体勘探研究程度相对较低，尚未将火山岩油气藏作为主要领域进行全面勘探，其潜力规模有待进一步探索。

二、国内勘探现状

中国自 1956 年首次在准噶尔盆地西北缘发现火山岩油气藏以来，历经 60 余年，在松辽、渤海湾、海拉尔、二连、准噶尔、三塘湖、塔里木、四川等盆地的火山岩内发现了不同类型的油气藏，已成为全球火山岩油气藏勘探实践的主体[10-15]。

中国火山岩油气藏勘探大致经历了三个阶段：早期主要集中在准噶尔盆地西北缘和渤海湾盆地辽河、济阳等坳陷；中期随着地质认识和勘探技术不断进步，开始对渤海湾和准噶尔盆地开展针对性勘探；现今阶段随着火山岩油气成藏理论与技术手段的突破，在渤海湾、松辽、准噶尔等盆地全面开展了火山岩油气藏的勘探部署，取得了重大的进展与成就。

在中国现已发现的火山岩油气藏中，东部以中酸性火山岩为主，主要发育在中生界、新生界；西部以中基性火山岩为主，主要发育在古生界，但所有类型火山岩都有可能形成油气藏。火山岩主要发育在大陆裂谷盆地，如渤海湾、松辽等盆地，但在碰撞后裂谷、岛弧环境中也普遍发育，如准噶尔、三塘湖盆地。东部以岩性油气藏为主，可叠合连片大面积分布，如松辽盆地深层徐家围子断陷的徐深气田；西部以地层型油气藏为主，可形成大型整装油气田，如准噶尔盆地克拉美丽大气田等。

中国东部断陷盆地火山岩多沿断裂呈条带状分布，旋回早期火山喷发强度大、分布广泛，主要形成溢流相玄武岩与爆发相火山角砾岩、凝灰岩等，具有面积、厚度大的特征，晚期受岩浆活动减弱的影响，表现为以中心式喷发为主，火山岩分布相对局限，厚度较薄。而中西部叠合盆地火山岩大多经历多期构造运动，沿不整合面分布大面积风化淋滤型储层，可以形成大型整装地层型油气藏。

前人对成藏主控因素的研究表明，中国东部地区火山岩油气藏以岩性、构造—岩性型为主，成藏受生烃中心、深大断裂和火山机构联合控制。如松辽盆地白垩系火山岩储层与烃源岩间互共生，近源、自生自储，油气多围绕生气中心沿断裂带呈带状分布，成藏具有连续性和原位性，其中深大断裂带是主要的油气富集带。中国西部地区火山岩油气藏以地层不整合型油气藏为主，不整合面、烃源岩和大型断裂是成藏主要控制因素。准噶尔盆地陆东地区已发现的火山岩气藏均为地层型气藏，分布严格受区域不整合面控制。在石炭系内幕，受有利火山岩相带或内幕不整合面控制，具有形成新含油气储盖组合的条件。

第二节 辽河油田火山岩油气藏勘探

辽河探区是中国较早发现火山岩油气藏并获得大规模油气储量的地区。经过 50 年勘探实践，辽河油田已突破“火山岩不利于油气成藏”的传统认识，在国内率先实现“规模增储”和“开发上产”。

一、辽河坳陷火山岩油气藏勘探历程与现状

辽河坳陷火山岩油气藏勘探主要经历了以下 4 个阶段。

第一阶段是 1970—1980 年，为勘探偶然发现阶段。位于东部凹陷热河台构造的热 24 井于 1971 年 8 月完钻，在沙三段钻遇厚约 200m 的火山岩，录井 39m 油斑、富含油显示；1975 年 3 月，热 24 井针对 2186.0～2241.0m 井段火山岩试油，液面求产（958.00m），获日产 42.24m^3 的工业油流，成为辽河油田火山岩中第一口工业油流井，引起了研究人员的注意。但是由于当时碎屑岩勘探效果更好，对火山岩油气藏地质规律性认识不足，这一领域的勘探与地质研究工作未能及时深入。

第二阶段是 1980—1996 年，为初步研究和探索阶段。在这一阶段，对火山岩油气藏的理论认识还比较贫乏。勘探实践中，东部凹陷小龙湾、于楼等地区的探井也揭露了部分火山岩，但未能取得突破。

第三阶段是 1996—2006 年，为理论研究和规模储量发现阶段。1997 年 5 月 25 日，位于东部凹陷欧利坨子地区的欧 26 井在沙三段 1849.3～1855.0m 粗面岩中试油，8mm 油嘴求产，日产油 148.29t、日产气 20154m^3，展示了火山岩广阔的勘探前景，揭开了辽河坳陷以火山岩油气藏为目标的勘探序幕。1999 年 11 月 27 日，小 22 井在火山岩中获得高产油气流，发现了以火山岩为主要目的层的千万吨级的黄沙坨油田；之后，陆续在青龙台、驾掌寺等地区的火山岩勘探中获得成功。新钻探井的成功，推动了对老井火山岩的重新认

识，经复查，红星、黄金带、热河台、欧利坨子和青龙台等地区的一批老井在火山岩井段中重新试油，获得工业油气流。2002 年，西部凹陷牛心坨地区的坨 32 井在中生界流纹岩中发现了厚层油气层，并获得工业油气流；大洼地区的洼 609 井在中生界安山岩、凝灰岩中获日产油 24.4t、日产气 $10.9\times10^4m^3$ 的高产油气流。火山岩油气藏的勘探在这一阶段取得了重要突破。截至 2005 年底，辽河坳陷已在 100 余口井的火山岩中见到良好油气显示，其中 50 余口井获工业油气流，发现了粗面岩、辉绿岩、流纹岩、凝灰岩和安山岩五种火山岩油气藏，已在黄沙坨、欧利坨子和热河台等地区的沙三段火山岩中累计上报探明石油地质储量 4367.3×10^4t，建成了以火山岩为主要目的层的黄沙坨、欧利坨子两个油田，实现了两个地区的含油气连片。在西部凹陷牛心坨和大洼地区中生界火山岩分别探明石油地质储量 717×10^4t 和 223×10^4t。火山岩成为辽河坳陷陆上"增储上产"的重要领域。

第四阶段是 2006—2020 年，为深入研究和精细勘探阶段。以"两宽一高"地震资料和时频电磁资料为基础，从层系特征分析与喷发环境研究入手，针对火山岩油气藏勘探开展立体攻关研究，建立了火山岩岩性和岩相划分及识别标准，构建了火山机构模式，提出了"近油源、近断裂、近优势相带油气富集"的规律认识，形成了火山岩油气藏勘探配套方法和技术系列。在靠近驾掌寺断裂带一侧的近油源地区，集中部署了 17 口探井，已有 10 口探井获工业油气流。其中，于 70 井在 4449.00～4495.70m 井段粗面质火山角砾岩中试油，压后日产油 $17.9m^3$；于 68 井在 3315.50～3351.20m 井段辉绿岩及凝灰质砂岩中试油，压后日产油 $55.66m^3$。2014 年，在红星—小龙湾地区沙三段中亚段粗面质火山角砾岩、玄武质火山沉积岩、辉绿岩和凝灰质砂岩中整体上报了预测石油地质储量 5084×10^4t，叠合面积为 $28.3km^2$。2016 年和 2017 年升级控制含油面积为 $36km^2$，控制石油地质储量为 4495×10^4t。2019 年升级探明含油面积为 $3.36km^2$，探明石油地质储量为 212.07×10^4t。借鉴东部凹陷火山岩勘探的成功经验，在西部凹陷大洼中生界针对储层岩性评价与目标优选开展联合攻关，认为大洼—海外河断裂使清水洼陷烃源岩与中生界各套地层相互对接，形成良好源储配置条件；中生界三个油组岩性特征、内部层状结构和优势储层发育层段的差异性，决定了大洼中生界具有形成多层系含油的地质条件，形成了"多期油气充注，多层系含油，有效储层控制油气富集"的油气成藏认识。通过老井试油（洼 605 井等）与新井钻探（洼 121 井等）相结合，取得了良好的勘探效果。2016 年在中生界Ⅰ油组新增预测含油面积为 $4.5km^2$，预测石油地质储量为 1265×10^4t；2017 年升级控制含油面积为 $5.4km^2$，控制石油地质储量为 1626×10^4t。

二、辽河外围火山岩油气藏勘探历程与现状

辽河外围开鲁盆地火山岩勘探始于 20 世纪 90 年代，经过多年评价部署，先后发现张强凹陷白 4 块、白 10 块，龙湾筒凹陷汉 1 块，陆家堡凹陷庙 31 块、庙 45 块等火山岩油藏，取得了较好的勘探开发效果。

1993 年在张强凹陷章古台洼陷东部凸起带上完钻的白 4 井针对义县组 874.60～999.00m 安山岩进行试油，获日产 $12.18m^3$ 工业油流。1994 年和 1995 年在章古台洼陷西侧白音勿

令断层上升盘断鼻构造带上完钻白 5、白 15 两口探井，在义县组及九下段火山岩试油均获得工业油流，但未进行储量上报。1995 年在白 4 块断层上升盘完钻的白 10 井，针对义县组 806.10～840.00m 安山岩进行试油，地层测试日产油 12.4t，累计产油 6.73m^3，发现了白 10 块油藏。同年上报白 10 块探明储量为 63×10^4t，含油面积为 0.5km^2，白 10 块是开鲁盆地第一块在义县组上报探明储量的区块。

1996 年在龙湾筒凹陷汉代洼陷南部部署汉 1 井，针对义县组粗面岩 1802.00～1832.00m 井段试油，压后测液面日产油 13.68m^3，累计产油 71.6m^3，发现了汉 1 块油藏，2003 年汉 1 块火山岩上报探明石油地质储量为 129×10^4t。此外 2017 年在汉 1 块北侧完钻汉 7 井，对九下段蚀变安山岩 2983.90～3032.00m 层段进行试油，地层测试最高日产油 6.5m^3，累计产油 62.06m^3。2018 年在龙湾筒北部余粮堡高垒带部署余 8 井，在九下段 2703.00～2810.90m 针对凝灰岩进行试油，常规试油即自喷，日产油达 14.97m^3，累计产油 150.66m^3，展示了龙湾筒凹陷火山岩良好的勘探前景。

陆家堡凹陷的火山岩勘探起步较早，20 世纪 80 年代陆西凹陷完钻的陆参 3 井在九下段安山岩储层获得低产油流，火山岩勘探初见苗头。真正实现火山岩勘探突破则要数庙 31 井，2012 年于马北斜坡东北部完钻的庙 31 井在九下段火山碎屑岩 1204.00～1208.00m 层段试油，地层测试日产油 127m^3，成为辽河坳陷外围首口百吨井。庙 31 块于 2014 年上报探明储量为 127×10^4t，含油面积为 0.58km^2。截至 2020 年底，庙 31 块生产井 3 口，日产油 40t，不含水，累计产油 11.22×10^4t。同年于陆东凹陷库伦塔拉洼陷完钻的库 2 井在沙海组流纹斑岩 1880.30～1835.00m 层段试油，压后水力泵排液，日产油 30.19m^3，取得了陆东凹陷火山岩勘探突破，截至 2020 年底，库 2 井日产油 2t，累计产油 3773.2t。随后于 2013 年在马北斜坡完钻的庙 35 井在九下段安山岩储层钻遇大套油斑级别显示，对 1287.30～1315.60m 井段试油，压后水力泵排液，日产油 8.22m^3，累计产油 72.12m^3。庙 45 块于 2016 年完钻的庙 45 井，在九下段 1663.70～1689.90m 及 1355.40～1412.70m 火山角砾岩井段试油，分别获得日产 1.44m^3 和 2.2m^3 工业油流，庙 45 块于 2017 年上报九下段火山角砾岩储量 19.7×10^4t，含油面积 0.58km^2。

参考文献

[1] 冯志强，刘嘉麒，王璞珺，等. 油气勘探新领域：火山岩油气藏——松辽盆地大型火山岩气田发现的启示［J］. 地球物理学报，2011，54（2）：269-276.

[2] 王璞珺，冯志强，刘万洙，等. 盆地火山岩：岩性·岩相·储层·气藏·勘探［M］. 北京：科学出版社，2007.

[3] 张子枢，吴邦辉. 国内外火山岩油气藏研究现状及勘探技术调研［J］. 天然气勘探与开发，1994，16（1）：1-26.

[4] 邹才能，赵文智，贾承造，等. 中国沉积盆地火山岩油气藏形成与分布［J］. 石油勘探与开发，2008，35（3）：257-271.

[5] 冯志强. 松辽盆地庆深大型气田的勘探前景［J］. 天然气工业，2006，26（6）：1-5.

[6] 卢双舫，孙慧，王伟明，等. 松辽盆地南部深层火山岩气藏成藏［J］. 大庆石油学院学报，2010，34

（5）：42-47.

[7] Gries R R，Clayton J L，Leonard C. Geology，thermal maturation，and source rock geochemistry in a volcanic covered basin：San Juan Sag，south-central Colorado［J］. AAPG Bulletin，1997，81（7）：133-1160.

[8] Sakata S，Makoto T，Shun-Ichiro I，et al. Origin of light hydrocarbons from volcanic rocks in the "Green Tuff" region of northeast Japan：biogenic versus magmatic. Chemical Geology，1989，74：21-28.

[9] 唐华风，王璞珺，边伟华，等. 火山岩储层地质研究回顾［J］. 石油学报，2020，41（12）：1744-1760.

[10] 张占文，陈振岩，蔡国刚，等. 辽河坳陷火山岩油气藏勘探［J］. 中国石油勘探，2005，10（4）：16-22.

[11] 李晓光，高险峰，李玉金，等. 辽河探区油气勘探潜力与前景［J］. 特种油气藏，2011，18（5）：1-5.

[12] 贾承造，赵文智，邹才能，等. 岩性地层油气藏地质理论与勘探技术［J］. 石油勘探与开发，2007，34（3）：257-272.

[13] 宫清顺，黄革萍，孟祥超，等. 三塘湖盆地火山岩岩性识别方法［J］. 中国石油勘探，2012，17（3）：37-41.

[14] 刘嘉麒，孟凡超，崔岩，等. 试论火山岩油气藏成藏机理［J］. 岩石学报，2010，26（1）：1-13.

[15] 杜金虎，赵泽辉，焦贵浩，等. 松辽盆地中生代火山岩优质储层控制因素及分布预测［J］. 中国石油勘探，2012，17（4）：1-7.

第二章　火山岩发育的地质背景

辽河油田所辖探区位于辽宁省中西部和内蒙古自治区的东南部，包括渤海湾盆地辽河坳陷及其外围盆地。辽河坳陷是渤海湾盆地的重要组成部分，油气资源丰富，是典型的复式油气富集区。外围盆地是指邻近辽河坳陷的中—新生代和中—新元古代盆地，包括众多断陷型残留凹陷，油气资源较为丰富。

第一节　火山岩地层分布特征

辽河油田火山岩油气藏主要分布于辽河坳陷的东部凹陷、西部凹陷（牛心坨地区、大洼地区）、辽河外围开鲁盆地等，层位上主要分布于中生界和新生界。

一、中生界火山岩分布特征

（一）辽西地层组合

辽河坳陷西部凹陷和辽河外围盆地揭露的中生界属辽西地层组合，钻遇地层以侏罗系和白垩系为主。辽西侏罗系自下而上划分为下侏罗统兴隆沟组、北票组，中侏罗统海房沟组、髫髻山组，上侏罗统土城子组，白垩系自下而上划分为下白垩统义县组、九佛堂组、沙海组、阜新组和上白垩统孙家湾组。

1. 辽河坳陷西部凹陷

辽河坳陷西部凹陷中生界火山岩主要分布在牛心坨地区和大洼地区。其中，牛心坨地区中生界火山岩主要分布在牛心坨洼陷北部以及宋家洼陷，层位上主要发育在白垩系义县组和九佛堂组。义县组岩性主要为中性和酸性喷出岩，局部有基性玄武岩，其下部以中性安山岩、凝灰岩为主，上部以中酸性灰白色英安岩、凝灰岩和酸性流纹岩为主。九佛堂组为一套灰色、深灰色沉火山角砾岩夹深色、灰黑色泥岩、碳质泥岩，角砾以安山岩为主，一般含量大于 70%，火山灰胶结。

西部凹陷大洼地区中生界目前认为属于上侏罗统—上白垩统，但具体地层的归属仍存在争议，依据测年资料及岩性组合特征，将中生界进一步划分为 3 段：下段（Ⅲ段）为砂砾岩及角砾岩，中段（Ⅱ段）为中酸性火山岩建造，上段（Ⅰ段）为基性火山岩与砂泥岩互层。

2. 辽河外围盆地

辽河外围盆地主要指辽河油田矿权区内的张强凹陷、钱家店凹陷、龙湾筒凹陷、陆家堡凹陷（陆西、陆东）、奈曼凹陷和元宝山凹陷。中生界下白垩统义县组、九佛堂组、沙海组、阜新组是目前油气勘探主要层系且均发育有火山岩。从义县组至阜新组，火山岩活动由强至弱（图 2-1-1），岩性主要由中基性的火山熔岩和火山碎屑岩渐变为玄武岩，局部地区见少量的流纹岩。

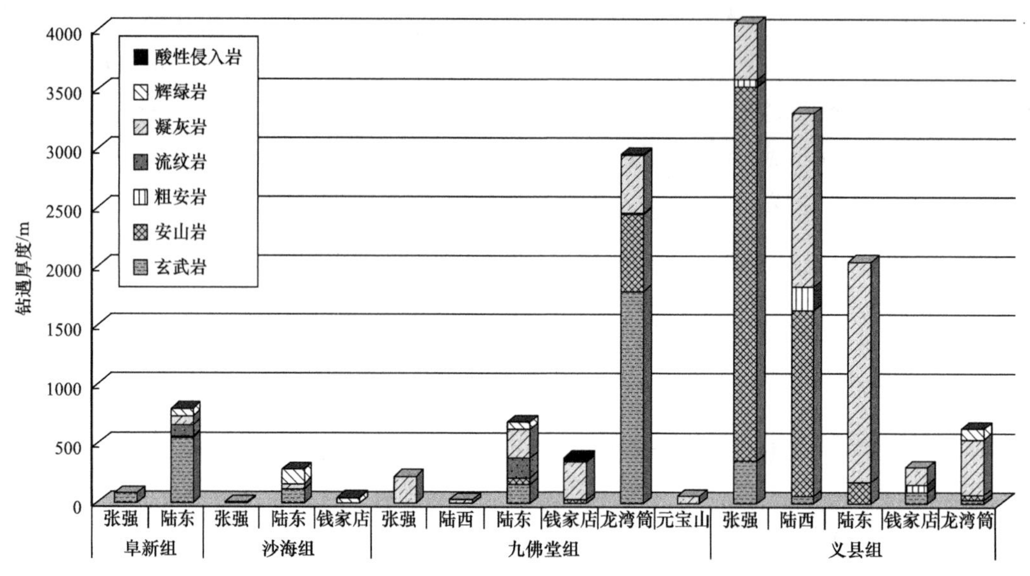

图 2-1-1　辽河外围盆地白垩系火山岩发育特征

在平面分布上，张强凹陷、钱家店凹陷、陆东凹陷义县组、九佛堂组、沙海组和阜新组均发育火山岩；龙湾筒凹陷、陆西凹陷和元宝山凹陷仅义县组和九佛堂组发育火山岩；奈曼凹陷在白垩系不发育火山岩，主要发育于中侏罗统海房沟组和下三叠统哈达陶勒盖组（岩性都为安山岩）。

目前在九佛堂组、沙海组和阜新组火山岩中局部见有不同级别的油气显示，其中九佛堂组凝灰质砂岩和义县组火山岩油气显示情况最好，具有非常大的勘探潜力和更广的勘探前景，九佛堂组凝灰质砂岩和义县组火山岩是目前辽河外围盆地火山岩油气勘探的主要目的层。

（二）辽东地层组合

辽河坳陷东部凹陷和东部凸起揭露的中生界属辽东地层组合，钻遇地层以侏罗系和白垩系为主。辽东侏罗系自下而上划分为下侏罗统北庙组、长梁子组，中侏罗统转山子组、大堡组、三个岭组、小东沟组，白垩系自下而上分为下白垩统小岭组、梨树沟组、聂耳库组及上白垩统大峪组。东部凹陷和东部凸起主要揭露侏罗系小东沟组、白垩系小岭组和梨树沟组。其中，小岭组广泛发育火山岩，岩性主要为安山岩、玄武岩、火山角砾岩和凝灰岩等，平面上分布于东部凹陷的油燕沟潜山、三界泡潜山、青龙台潜山及东部凸起等地区。

二、新生界火山岩分布特征

辽河坳陷的形成可分为初陷期（房身泡组沉积期）、深陷期（沙河街组沉积期）、扩展期（东营组沉积期）、萎缩期（馆陶组、明化镇组及平原组沉积期），其中始新世沙三段和沙四段沉积期是辽河坳陷的主成盆期[1]，渐新世沙一段沉积期是次级成盆期。

辽河坳陷火山岩的分布整体受郯庐断裂控制[2-4]，火山喷发中心沿主干断裂呈串珠状分布，距离主干断裂越近，岩体厚度越大[4]。古新世房身泡组沉积期的岩浆活动在辽河坳陷的西部凹陷、东部凹陷和大民屯凹陷广泛发育，岩浆活动最强，岩性为玄武岩。始新世沙四段沉积期岩浆活动微弱，少量分布于西部凹陷，岩性为玄武岩。从始新世沙三段沉积期开始，岩浆活动中心整体转移到东部凹陷，沙三段、沙一段和东营组火山岩大量发育，喷发作用和侵入作用都很强烈[5]。

古新世房身泡组（E_1f）沉积期是盆地初始裂陷期，岩浆活动在辽河坳陷的西部凹陷、东部凹陷和大民屯凹陷广泛发育（图 2-1-2），火山活动强烈，厚度变化较大，最大视厚

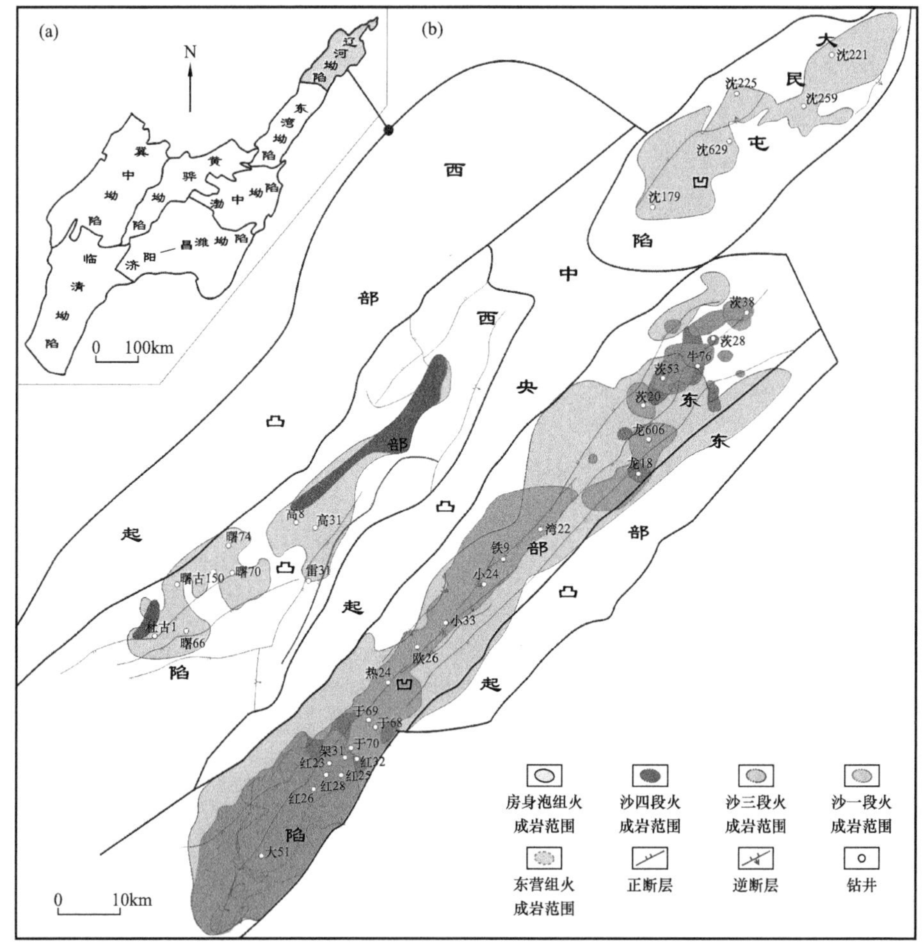

图 2-1-2 辽河坳陷构造分区及新生界火山岩分布图

（a）辽河坳陷构造分区；（b）辽河坳陷火山岩分布

度可达 1200m 以上，房下段为暗紫红色泥岩，局部横向变化为玄武岩、凝灰质砂岩，房上段主要为玄武岩。

始新世沙四段（E_2s_4）沉积期是强烈断陷期，火山活动微弱，少量分布在西部凹陷西侧，大民屯凹陷有零星分布。西部凹陷沙四段火山岩喷发区已从房身泡组沉积期的高升地区向南、北方向迁移，形成两个中心。南部以曙 68 井为中心，范围较小，厚度较薄，最厚为 87m，一般为 10～20m；北部呈条带状沿北东向展布，长约 35km，厚度薄，一般小于 10m，最厚为 39m（高 81 井）。从沙四段沉积期火山岩活动状况来看，较前期明显减弱，盆地进入稳定沉降状态。岩性主要为玄武岩，实测年龄值为 42～45Ma。

始新世沙三段（E_2s_3）沉积期是强烈断陷期，火山岩主要分布于东部凹陷，西部凹陷和大民屯凹陷仅零星分布，厚度不大。东部凹陷火山活动具有弱（沙三段下亚段）→强（沙三段中亚段）→弱（沙三段上亚段）特征，火山岩体主要分布于东部凹陷铁匠炉—大平房地区，最大钻遇厚度大于 1000m，北部的茨榆坨、青龙台和南部的荣兴屯地区相对不发育，厚度小于 100m。岩性主要发育基性—碱性玄武岩（玄武岩、粗面玄武岩和玄武粗安岩），在沙三段中亚段的黄沙坨—红星地区发育大套粗面岩和粗安岩，实测年龄值为 39.4～42.4Ma。

渐新世沙一段（E_3s_1）沉积期是断坳转化期，火山活动弱，火山岩分布仍以东部凹陷为主，大民屯凹陷没有火山岩；西部凹陷火山岩仅在西八千地区局部有分布，范围小，厚度薄，一般为 7～20m，最厚 32m。东部凹陷火山岩主要分布于南部的于楼—荣兴屯地区，北部的茨榆坨地区少量发育，其他地区不发育，岩性主要为薄层状的碱性玄武岩，厚度为 10～200m，实测年龄值为 36～38.5Ma。

渐新世东营组（E_3d）沉积期是走滑坳陷—构造反转时期，火山活动具有弱（东三段）→强（东二段）→弱（东一段）特征，火山岩的分布范围与沙一段基本一致，岩性主要为薄层状的碱性玄武岩，厚度为 50～1000m，实测年龄值为 24.7～36Ma。

中新世馆陶组（N_1g）沉积期火山活动弱，火山岩体主要分布于馆陶组中下部，主要发育于东部凹陷大平房—荣兴屯地区，在红星、黄金带地区也有零星分布，岩性为薄层状玄武岩，厚度为 10～80m。

辉绿岩和辉长岩侵入期主要为东营组沉积期，实测年龄值集中在 34～35.5Ma（东营组沉积早期）和 24.5～29Ma（东营组沉积晚期）。侵入的层位在太古宇、中生界、新生界房身泡组、沙三段、沙一段和东营组都有分布，主要为沙三段和沙一段。空间分布上集中分布于北部的青龙台和南部的红星—小龙湾地区，其他地区零星分布[6]。

第二节　火山岩发育构造背景

火山活动是大地构造运动将地球深部物质涌溢到地球表层的地质现象，火山活动与区域应力场的变化和含油气盆地的构造沉积演化有着不可分割的联系。

一、辽河坳陷

（一）大地构造背景

辽河坳陷隶属于中国东部环太平洋构造区域，渤海湾盆地的一部分，中—新生代是该区重要的成盆时期也是构造活动的活跃期，强烈的构造活动控制盆地形成的同时也对其进行了改造。此阶段内，渤海湾盆地古近纪火山活动强烈，是新生代火山—沉积盆地充填序列的主要形成期。在区域上，辽河坳陷主要受到太平洋板块斜向俯冲和郯庐断裂的大型走滑两个地质事件的影响[7,8]。

活动大陆边缘区被广泛认为是地球上最为复杂的构造环境区，而古近纪正值太平洋板块西缘俯冲方向和速率再次发生变化的时期，这使得此阶段辽河坳陷的构造环境尤为复杂，地球化学和同位素表现出不同的特征，同时古近系内部不同时期岩石也表现出不同的特征。其中古近系房身泡组火山岩稀土元素总量较低且轻重稀土分馏不强，微量元素含量也较低，亏损大离子亲石元素 Ba 和 K，表现出类似于洋脊玄武岩（MORB）的特征。沙三段、沙一段、东营组沉积期，火山岩地化特征与房身泡组截然不同，与房身泡组相比其稀土元素总量明显升高，轻重稀土分异程度加大，微量元素含量也同样高于房身泡组火山岩，地化特征和同位素均表现出类似于洋岛玄武岩（OIB）的特征，但与典型的 OIB 相比，不相容元素含量总体上较低，同时具有弱亏损 Nb 和相对富集 K 的特点。

根据对本区古近系火山岩地球化学和同位素特征进一步的分析，认为古近纪始新世和渐新世辽河坳陷属于板内的构造背景，而古新世是辽河坳陷由活动大陆边缘向陆内裂谷环境转化时期。火山岩形成于类似弧后拉张的构造环境，本区古近纪构造环境的变化主要受控于太平洋板块俯冲方向和速率的变化。中生代太平洋板块开始向欧亚大陆板块俯冲，古近纪俯冲速率变缓，同时俯冲进入软流圈的大洋板片由于重力作用下沉，使俯冲下去的板片后退，并带动海沟也向洋后退，使得大陆边缘遭受板缘拉应力从而造成弧后区的拉张。在此背景下，岩石圈遭受拉伸，软流圈上涌，深部也有可能伴随因拆沉作用造成的岩石圈减薄。与此同时，郯庐断裂系活化并发生大规模走滑运动，导致辽河裂谷盆地同期地幔来源的岩浆活动。

岩浆活动总是与区域地质环境的变动有着密切的联系，不同的大地构造环境可以产出不同的火山岩组合。火山岩的地球化学特征通常可以用来判别其形成时的构造环境。

本区岩石主要为碱性岩石，指示拉张的构造环境。构造环境判别图解显示，辽河坳陷古近系始新统和渐新统玄武岩具有与板内玄武岩相似的地球化学特征，在 Hf—Th—Ta 判别图解（图 2-2-1a）和 Ti—Zr—Y 图解（图 2-2-1b）中这三个时期投点也落在板内区域，但房身泡组玄武质火山岩投点显示，其更接近于富集型洋脊玄武岩（E—MORB）的构造环境，说明其受大洋板块影响较大。前人研究表明华北上中生界火山岩受消减作用影响多具板缘特征，而投点显示始新世之后本区已转变为板内环境，所以古新世（65—48.2Ma）应是本区构造环境由大陆边缘向板内环境的过渡时期。

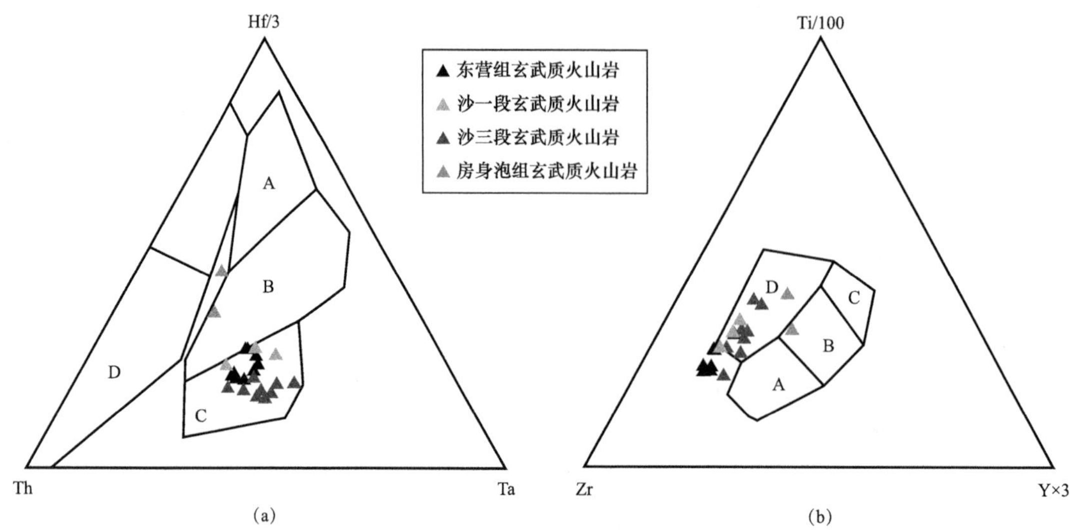

图 2-2-1 辽河坳陷东部凹陷古近系玄武质火山岩的 Hf—Th—Ta 判别图解（据 Wood，1980）及 Ti—Zr—Y 图解（底图据 Pearce 和 Cann，1973）

（a）A 为 N—MORB，B 为 E—MORB，C 为碱性板内玄武岩，D 为火山弧玄武岩，其中 Hf/Th＞3 为岛弧拉斑玄武岩，Hf/Th＜3 为钙碱性玄武岩；（b）A 为岛弧拉斑玄武岩，B 为 MORB、岛弧拉斑玄武岩和钙碱性玄武岩，C 为钙碱性玄武岩，D 为板内玄武岩

同时关于辽河坳陷古近系火山岩形成的动力学机制一直存在分歧。部分学者认为辽河坳陷的形成是地幔柱活动的产物，其形成的驱动力来自软流圈底辟和区域应力场联合作用。在郯庐断裂和地幔上隆的双重作用下，岩石圈上隆及伸展减薄，导致大陆裂谷扩张，岩浆沿着地幔上隆区地壳裂开的通道而喷溢或侵入[9]。还有其他学者则认为其应属弧后裂谷盆地[10, 11]，弧后裂谷盆地的形成来源于太平洋板块向欧亚大陆的俯冲所造成的弧后拉张，这些假说都需要更多的证据予以证实。

地幔柱模型虽然能够解释本区类似于 OIB 型火山岩的出现，但辽河坳陷是典型的走滑裂谷盆地，地幔柱模型无法很好地解释本区大规模的伸展运动及走滑断裂的形成。本区火山作用最强的时期是走滑运动由弱变强的中期，新生代的盆地充填属于典型的受到同期走滑运动改造的裂谷作用产物，因此其不可能是热地幔上涌所形成的“主动型裂谷”盆地。在同位素的协变图中，数据点均位于洋岛玄武岩构成的地幔系列及其附近，有较明显的富集地幔（EM）及亏损地幔（DM）属性，反映了 DM、EMⅠ和 EMⅡ三个地幔端元之间不同程度的混合。通常认为，EMⅠ岩石圈地幔的富集主要与板块俯冲作用有关，它是因板块俯冲而导致高 U/Pb 地幔（HIMU）与俯冲大洋沉积物相混合的结果。中国东部山东、东北地区新生界玄武岩的研究认为玄武岩源区中有俯冲大洋洋壳物质参与，也曾用与古板块俯冲带有关的地幔交代作用机制来解释中国东北、日本海及部分日本岛弧中—新生界玄武岩的成因。同时，随着同位素地质年代学方法的发展和应用，提供了高精度的年代学资料。辽河坳陷东部凹陷古近系火山岩的喷发时代为 65—24.5Ma，年龄跨度较大而难以用喷发周期较短的地幔柱模式来解释。因此，认为本区古近系火山岩的形成与太平洋板块俯冲所形成的弧后拉张有关，而非地幔柱活动的结果。

此外，板块俯冲造成本区弧后拉张环境的动力学机制也值得探讨。早期的研究普遍认为洋壳俯冲作用引起热地幔底辟上涌，产生岩石圈底面剪切而引起岩石圈的拉张。近期研究成果则认为，软流圈的流动速度无法达到弧后拉张所需的应力状态。目前较普遍的观点是海沟后退驱动机制，此观点认为大洋板片由于较大的密度俯冲后会下沉后退，从而带动海沟也相对向大洋方向运动，造成了弧后区的拉张。辽河坳陷位于华北克拉通东北部，其断裂伸展方向与太平洋板块运动的方向斜向相交，且断裂方向转变的发生时间也恰与太平洋板块后撤的时间相一致。因此，本书认为辽河坳陷构造环境的变化也可能受海沟后退驱动机制的控制，太平洋板块后撤带动海沟后撤，造成了辽河坳陷弧后裂谷盆地的形成。但目前关于弧后拉张的控制因素还不甚明确，大洋板块、海沟及弧后区拉张三者之间的关系还亟待人们进一步的了解和认识。

（二）火山岩地球化学特征与岩石成因

1. 火山岩地球化学特征

辽河坳陷目前发现的火山岩主要是基性火山岩、中性火山岩和侵入的潜火山岩，关于成因的研究也主要集中在这三类岩石上。本区古近系发育碱性玄武岩和亚碱性玄武岩两种基性火山岩，其中以碱性玄武岩为主，低钾拉斑系列玄武岩发育较少。岩石具有较明显的 OIB 及 EMⅠ和 DMMB 型属性，推断其形成于地壳减薄过程中，属于软流圈地幔上涌后部分熔融岩石圈地幔的产物。碱性玄武岩具有不同于低钾拉斑玄武岩的特点，其可能形成于晚中生代太平洋板块俯冲过后残片的部分熔融[12, 13]。本区发育于典型的大陆裂谷环境，属拉张的构造背景，其内发育的中性火山岩与基性火山岩属同源岩浆，两者的原始岩浆均来源于上地幔的较深部位。其中，中性火山岩是玄武质岩浆在低压环境下经历了更长时间、大比例的橄榄石、辉石、斜长石和钾长石分离结晶作用形成。岩浆在上涌过程中未经历任何地壳混杂作用，构造运动是岩浆活动和火山岩岩性发育及其分布的内因。东部凹陷沙三段中亚段沉积期所特有的水下喷发环境造就了粗面岩发育的内外部环境，而斜长石和钾长石的分离结晶作用发生在超低压条件下[14]。目前关于本区火山岩的成因以及岩浆演化研究尚存在着许多争议，且以往人们对该区古近系火山岩的研究主要侧重于岩石学和地球化学的研究，所涉及的问题也主要是针对火山岩的定名和区域间的对比，缺乏较为系统的微量元素尤其是 Sr—Nd 同位素地球化学方面的研究。此外，之前的研究多着眼于一个时代或一个岩性，针对古近纪各时代间以及火山岩各岩性间岩浆演化序列的研究较为薄弱，这些都限制了人们对本区岩浆源区性质以及深部物质组成的了解认识。

辽河坳陷古近纪各个时期均有基性火山岩发育，但地化特征不尽相同。房身泡组基性火山岩主量元素表现出低碱低钾的特征，其 K_2O 含量为 0.08%～0.15%，Na_2O+K_2O 含量为 3.72%～3.79%；稀土元素总量低，轻重稀土元素无明显分馏，亏损大离子亲石元素 Rb 和 K，具较低的 $\varepsilon_{Nd}(t)$ 值（1.58），其源区为受到俯冲大洋板片流体影响的软流圈地幔。沙三段、沙一段和东营组基性火山岩富铝富钠，Al_2O_3 含量为 16.08%～18.36%，Na_2O 含量为 2.33%～5.04%；轻重稀土强烈分异，弱富集大离子亲石元素，富集 Nb、Ta 等高场强元素，I_{Sr}=0.7033～0.7042、ε_{Nd}（t）=3.56～5.86，具有近 OIB 的地化特征和同位素值，其源区同样为软流圈地幔，房身泡组和沙三段玄武质岩浆不是原始地幔岩浆组成，而是原始岩浆经历了单斜辉石和磷灰石的分离结晶作用形成。沙一段和东营组玄武质火山岩可以代表原始岩浆组成，未经历分离结晶过程。各期玄武质火山岩形成过程中均未受到地壳物质明显的混染。

沙三段还发育有粗面质火山岩和东营组沉积期侵入的辉绿岩，粗面质火山岩 SiO_2 含量为 59.84%～64.04%，富钾富铝，Na_2O 含量为 2.98%～6.19%，K_2O 含量为 3.95%～9.28%，K_2O/Na_2O 大于 1，属钾质火山岩。稀土元素、微量元素曲线变化趋势与同期玄武质火山岩一致，且有相类似的同位素值 I_{Sr}=0.7035～0.7045、ε_{Nd}（t）=3.25～4.46，说明两者有着相同的来源。明显的 Eu 负异常以及 Sr、P 和 Ti 元素的亏损，表明粗面质火山岩经历了斜长石、磷灰石、金红石、钛铁矿等的分离结晶。辉绿岩具有和玄武岩相似的稀土和微量元素曲线形态，几乎无 Eu 的正负异常，有明显的 P 和 Ti 元素亏损，不亏损 Nb、Ta，说明辉绿岩形成过程中岩浆可能经历了磷灰石和钛铁矿的分离结晶，几乎无地壳物质混染。

2. 玄武岩的成因

辽河坳陷各时期玄武岩之间 $Mg^{\#}$ 值范围变化较大，房身泡组玄武岩 $Mg^{\#}$=48～49，沙三段玄武岩 $Mg^{\#}$=23～50，沙一段玄武岩 $Mg^{\#}$=59～63，东营组玄武岩 $Mg^{\#}$=52～61。四组玄武岩中，房身泡组和沙三段玄武岩 $Mg^{\#}$ 范围与 Frey（1978）定义的原生岩浆 $Mg^{\#}$ 范围（68～75）以及中国东部新生界玄武岩原始岩浆的 $Mg^{\#}$ 范围（60～68）相比明显偏低，所以房身泡组和沙三段火山岩的母岩浆不能代表原始地幔岩浆，而可能是原始地幔岩浆在地幔条件下经历了地壳混染或者分离结晶后的岩浆，沙一段和东营组玄武岩 $Mg^{\#}$ 范围更接近于原始岩浆的 $Mg^{\#}$ 范围，可以代表原始岩浆的组成。

沙三段、沙一段和东营组玄武岩均未见 Nb、Ta 的亏损，而前人研究结果表明，地壳中常常有显著的 Nb 和 Ta 的负异常，因此沙三段、沙一段和东营组在岩石的形成过程中应无明显地壳来源物质成分的参与。此外，Ti/Yb 比值可以用于判断玄武质岩石受地壳混染的程度，Ti/Yb 大于 5000 的玄武质岩石很少或未受到地壳物质的混染[15]，沙河街组和东营组火山岩样品的 Ti/Yb 比值较高（平均值为 6537），也表明玄武岩浆受地壳物质的混染微弱。房身泡组火山岩 Ti/Yb=4912～5073，平均值为 4993，表明其形成过程中可能受到了地壳物质的混染。

由上面的分析可知，辽河坳陷古近系火山岩的 La/Nb=0.42～0.89，La/Ta=4.96～13.46，明显不同于富集岩石圈地幔起源的玄武岩（La/Nb＞1.5，La/Ta＞30），表明岩浆起源于亏损的软流圈地幔。它们都具有正的 ε_{Nd}（t）值，均落在了亏损象限内，投点与洋岛玄武质岩石的 Sr、Nd 同位素组成比较一致，也显示出来源于亏损软流圈地幔的特征（图 2-2-2）。

在 Sr—Nd 同位素初始值图中（图 2-2-2），样品多数落入亏损地幔源区中的地幔演化序列趋势线上、洋岛玄武岩（OIB）或大陆溢流玄武岩（CFB）区域内，说明火山岩浆很可能来自类似 OIB-CFB 的地幔源区，其形成过程中有富集组分加入亏损地幔源区。在 Ta/Yb—Th/Yb 图解（图 2-2-3a）上，古近系火山岩都指示相对富集的地幔源区，其中沙三段、沙一段和东营组火山岩要比房身泡组火山岩源区成分更为富集。在 Th/Yb—Nb/Yb 图解（图 2-2-3b）上，古近系火山岩投点也显示出了类似的特征。因此，辽河坳陷东部凹陷古近系玄武岩均来自亏损地幔源区，岩浆源区受到俯冲带流体所携带的富集组分影响，其中沙三段、沙一段和东营组岩浆源区比房身泡组更加富集。房身泡组火山岩浆上升过程中受到了轻微的地壳物质混染，沙三段、沙一段和东营组则未受到地壳物质的混染。

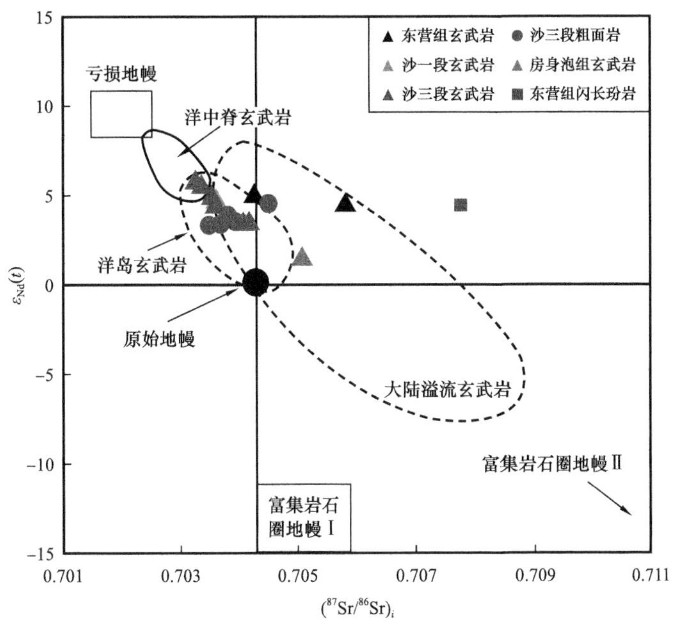

图 2-2-2 辽河坳陷东部凹陷古近系火山岩 $\varepsilon_{Nd}(t)$—$(^{87}Sr/^{86}Sr)_i$ 关系图（地幔端元投影区域引自 Zindler 和 Hart，1986）

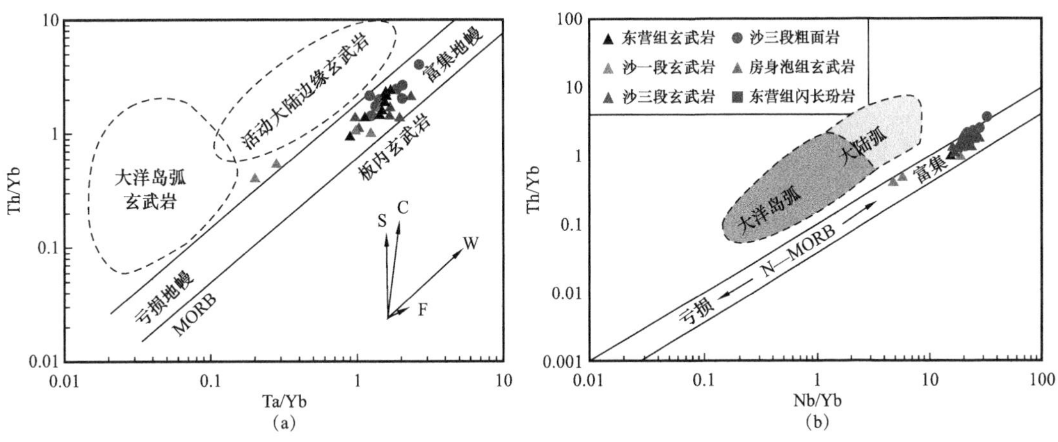

图 2-2-3 辽河坳陷东部凹陷古近系火山岩 Th/Yb—Ta/Yb 和 Th/Yb—Nb/Yb 图解

图中箭头表示各种影响因素，S 为俯冲带流体，C 为地壳混染，W 为板内富集，F 为结晶分异

3. 粗面岩的成因

目前，关于与基性火山岩共生的中性火山岩，其成因有三种不同认识。

（1）源区组成不同所致。粗面质岩石和玄武质岩石分别来自不同的母岩浆，二者虽然在空间上共生，但其源区并不相同，两者的共生可能只是与同一热事件有关。由于这种基性岩浆和中性岩浆来源不同，生成的玄武质岩石和粗面质岩石在微量元素和 Sr、Nd 同位素组成上就有很大的差异。

（2）源区地幔组成差异与地壳混染程度不同综合影响的结果。这一变化往往与构造背景变化下地壳组分的混染程度有关。另外，随着时间的演化，在构造活动的影响下，其源区也可能会随之发生变化。

（3）岩浆房分异演化所致。粗面质岩石和玄武质岩石具有共同的幔源母岩浆，粗面质岩石是由玄武质岩浆经结晶分异作用形成的。这种来源的粗面质岩石一般具有和玄武质岩石相似的微量元素和 Sr、Nd 同位素特征。

辽河坳陷沙三段粗面质火山岩的 Th/La 比值（约为 0.14）较低，接近原始地幔和球粒陨石值（Th/La 约为 0.12），与陆壳（Th/La 约为 0.3）明显不同，且其 ε_{Nd}（t）值较高（3.25～5.86），判断其未经过明显的陆壳混染。样品的 Nb 含量均大于 7×10^{-6} 且其 $(La/Nb)_{PM}$ 值小于 2，与由俯冲板片熔体交代过的上覆地幔楔部分熔融形成的典型富 Nb 玄武岩［Nb 含量大于 7×10^{-6}，$(La/Nb)_{PM}<2$］相一致。并且随着 SiO_2 的增加，ε_{Nd}（t）基本不变（图 2-2-4a），La/Yb 值也不随 La 变化而发生明显改变（图 2-2-4b）均表明本区粗面质火山岩是同期玄武质火山岩同源岩浆分离结晶形成。另外，沙三段粗面质火山岩与同期玄武质火山岩具有极为相似的 $(^{87}Sr/^{86}Sr)_i$ 值和 ε_{Nd}（t）值，也表明粗面质火山岩与玄武质火山岩应来自相同的源区（图 2-2-2）。

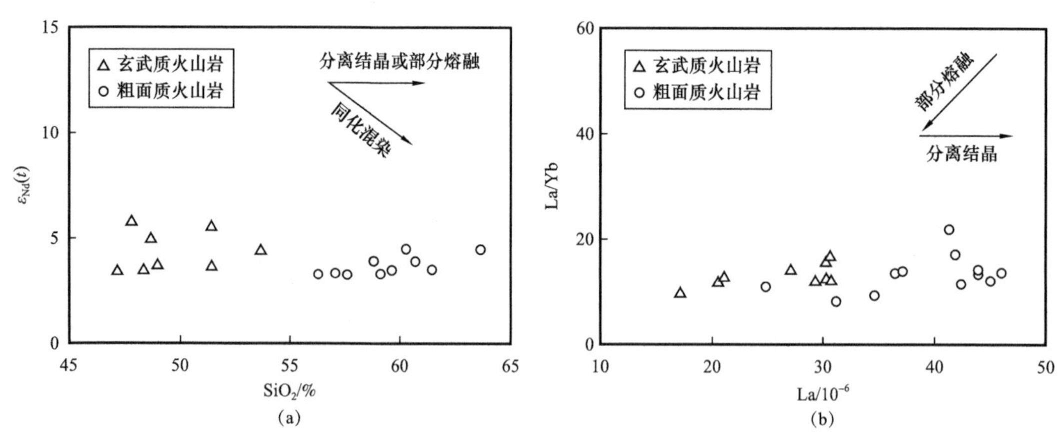

图 2-2-4　东部凹陷沙三段中基性火山岩浆过程判别图解

根据本区火山岩的岩石性质在时间和空间上的变化，初步认为粗面质火山岩和同期玄武质火山岩形成于同一岩浆房中，Chung 等（1997）提出的岩浆房对流与双扩散模型可很好地解释本区两种岩浆的形成过程。由于粗面质火山岩和玄武质火山岩的黏度差异，盆地裂解过程中由于地壳的拉张减薄，引起软流圈地幔减压并向上隆起，隆起过程中软流圈地幔会先形成玄武质的岩浆，玄武质岩浆上升至地壳时聚集形成岩浆房。岩浆上升过程中，岩浆房边缘的冷凝边阻止了地壳的混染作用发生，岩浆因结晶分异作用会形成一个双扩散界面，界面下部为玄武质岩浆，经大量单斜辉石、斜长石、磷灰石以及 Ti—Fe 氧化物的结晶分异后形成的较轻熔体运移到上部形成粗面质岩浆。

在研究区沙三段可见到大量的粗面质火山岩和玄武质火山岩共生和岩浆混合现象，这也与本书根据观察大量井下样品得到的宏观地质事实相符。

4. 辉绿岩的成因

据 K—Ar、Ar—Ar 年龄测定，辽河坳陷东部凹陷辉绿岩侵入年代为 35.5—24Ma，为古近纪东营组沉积期，属辽河坳陷第三期火山活动中期产物[16]，同时揭示本区辉绿岩的成因为在新近纪渐新世东营组沉积中晚期，基性岩浆呈岩脉、层状侵入到古近系沙一段、沙三段中冷凝而成[17]。

辽河坳陷东部凹陷的辉绿岩总体高硅、高钾和富碱，并具有 REE 总量较高，富集大离子亲石元素及轻稀土元素（LREE），亏损重稀土元素（HREE），不亏损 Nb、Ta 等高场强元素的特点，属钾玄岩系列。不亏损 Nb、Ta 和 Sr 说明几乎未受到地壳物质的混染。Eu 异常不明显表明几乎无斜长石的分离结晶，Ti 和 P 的亏损则暗示可能有磷灰石和钛铁矿的分离结晶作用存在。

（三）走滑构造运动与火山活动

前人对辽河坳陷走滑构造带特征和火山岩分别进行了长期深入研究。多数学者认为辽河坳陷拉伸构造系统和走滑构造系统并存，二者既相互分离又相互联系，形成了辽河坳陷复杂的新生界构造系统[18]。辽河坳陷位于郯庐断裂带上，盆地内发育的走滑构造受郯庐断裂的控制[19]。郯庐断裂活动的多期性致使该盆地的构造样式多变，构造演化复杂。

郯庐断裂辽河段新生代主要经历了右旋走滑运动，其强度于沙河街组下部较弱、向上逐渐增强，到东营组沉积期达到高峰。东营组沉积早中期走滑—拉分—沉降作用最为明显，发育一系列花状构造，且在主干走滑断层附近沉积厚度最大，表现为断—坳转化特点。辽河段古近系火山岩喷发的频率和强度分析显示，无论是层数（喷发频率）还是厚度（喷发强度），沙河街组火山岩都是最发育的，火山岩占地层比例也最大。将走滑构造运动与火山作用特点相比较可见，郯庐断裂辽河段火山作用最强的时期，发生在走滑运动由弱变强的中期，即沙河街组中部。而到了走滑构造运动最显著的东营组沉积期，火山喷发表现为高频率（层数多）低强度（层薄）的特点。与沙三段相比，东营组火山岩所占地层比例明显减少许多。郯庐断裂辽河段新生代盆地充填，属于典型的受到同期走滑运动改造的裂谷作用产物，是郯庐断裂系统新生代活动的结果。火山岩作为盆地充填的重要组成部分，无疑也是区域构造作用的结果[20]。从断裂—火山二者间时空配置关系看，火山岩主要发育于主干走滑断层附近，且厚度大于 1km 的火山岩距主干断裂通常在 2km 范围内。因此推测，郯庐断裂系主干走滑断层是辽河段火山作用的主要岩浆运移通道。根据现今该区的岩石圈结构，推测当时断裂切割所构成的岩浆输导系统深度应大于 90km。

东部凹陷火山岩分布与走滑断裂系吻合程度很高，表现为以下特点：(1) 火山喷发中心主要沿主干走滑断裂及其附近的两侧呈串珠状分布，多见于主干断裂与共生断裂的接合部位；(2) 火山岩分布范围明显受控于走滑断裂，被走滑断裂系统所围限，即在主干走滑断裂两侧集中分布，延伸到次级走滑断裂处多半终止；(3) 主干走滑断裂（中部的驾掌寺断裂）附近厚度最大，向两侧逐渐减薄，厚度超过 1km 的火山岩距主干断裂的距离通常小于 2km（图 2-2-5）；(4) 在远离主干断裂处亦发育有少量火山喷发中心，它们多位于几组次级断裂或共生断裂的接合部位。

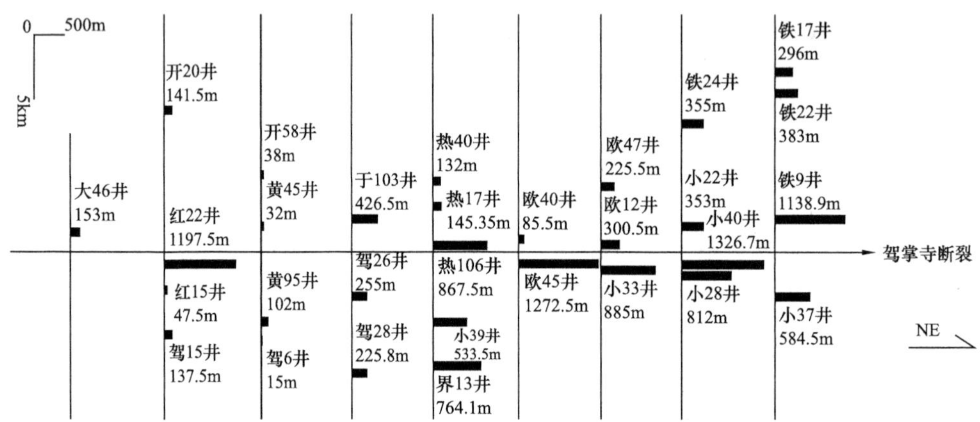

图 2-2-5 辽河坳陷东部凹陷火山岩厚度与距断裂距离关系

二、辽河外围

（一）大地构造背景

辽河外围中生代盆地主要分布在华北板块的北缘和东北板块的南部，隶属于环太平洋内陆区。同时又是中国北方几大构造单元的接合部位，内蒙地轴和郯庐断裂分别从本区的中部和东部通过。辽河外围盆地探区主要处于内陆区外带上，特别是该带的华北地块和开鲁地块内集中了辽河外围盆地目前所有勘探成效和前景最好的凹陷。北部属内蒙古—大兴安岭海西褶皱带，中部属加里东褶皱带，南部属华北板块，地质结构比较复杂。

控制该地区的深大断裂有多条，包括赤峰—开原、西拉木伦河、红山—八里罕、郯庐、双辽—孙吴、锦西—要路沟断裂和安乐—凌海隐伏断裂等。这些断裂对构造演化影响重大，成为主要构造单元边界的主干断裂。其中，赤峰—开原断裂在晚古生代控制石炭—二叠系的分布，断裂以北广泛分布着海陆交互相或陆相浅变质岩系，与南华北型海相沉积岩不同，是在加里东褶皱造山带基础上发展起来的后造山裂谷的产物。西拉木伦河断裂（带）为西伯利亚板块向华北板块俯冲时的俯冲带。由于俯冲作用，一些地体增生于华北陆缘。同时由于强烈的岩浆侵入作用，使大陆边缘过渡型地壳转化为稳定陆壳，两大板块拼合宣告古板块运动结束，时间为晚古生代晚期。形成统一的欧亚板块，成为辽河外围大部分中—新生代盆地的基底。

从本区中生代区域构造背景来看，明显地揭示出区内有辽东隆起、大兴安岭隆起、山海关隆起和中央沉降区四个一级构造单元（图 2-2-6）。

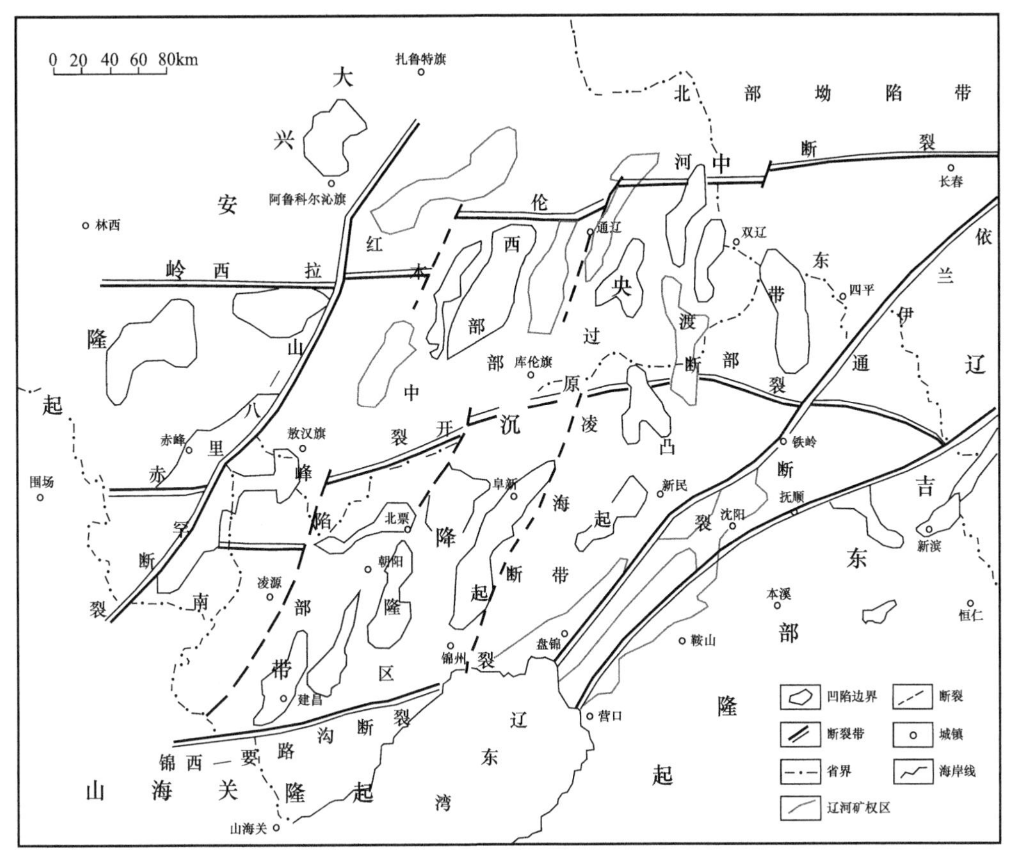

图 2-2-6 辽河外围地区中生代构造分区图

中央沉降区被东西南三面隆起所挟持，与上地幔隆起区相对应。上地幔软流圈顶点埋深为 50～80km。绝大多数中生代含油气盆地均分布于该沉降区之内。根据中生代以来的构造发育史，中央沉降区的发育经历了两个阶段，即早白垩世的断陷阶段和晚白垩世的坳陷阶段，两个阶段控制盆地沉积的构造体系和构造运动的性质不同。

（二）盆地形成与火山活动

辽河外围中生代盆地形成基本包括初裂期、断陷期、坳陷期和萎缩期四个阶段，在这四期盆地形成过程中，火山作用和岩浆侵入作用伴随发生。

初裂期的时限为晚三叠世—侏罗纪，该阶段以构造活动较弱为特征，岩石圈处于过渡阶段，构造应力或上地幔处于开始拉张的环境，小规模的火山作用发生。

断陷期的时限为早白垩世，岩石圈在拉张作用下产生断陷或断陷群，岩石圈厚度和地壳厚度减薄。岩石圈上部脆性部分因旋转作用而减弱，岩石圈下部塑性部分因细颈化作

用或因相变而减薄，软流圈上涌，在早白垩世义县组沉积期，盆地内出现大量的火山作用，火山活动十分强烈。强烈的火山活动，首先表现为分布面积广，几乎所有的中生代盆地的底部都钻遇该期火山岩；其次表现是喷发期次多，火山岩厚度大，火山岩的总厚度达 3000m；最后是岩性复杂，可见基性玄武岩、中性安山岩、酸性流纹岩和各种过渡型火山岩，同时也可见火山熔岩、集块岩、火山角砾岩和凝灰岩等各种成因的火山岩系。在义县组火山岩强烈喷发之后，开始接受九佛堂组沉积，局部地区也伴随着火山活动，岩浆沿断裂向上裂隙式侵入或喷发。沙海组沉积期为稳定沉降时期，在局部地区同样也伴随着火山活动，以喷出的玄武岩为主。阜新组沉积期为断陷消亡期，局部地区伴随着多期火山活动，沿断裂喷发或侵入了多套火山岩，岩石类型既有酸性的流纹岩，也有基性的玄武岩。

坳陷期从姚家组沉积期开始，共沉积姚家组、嫩江组、四方台组、明水组和新生界五套地层。在晚白垩世以后，陆家堡凹陷等地区发育小规模的火山活动，地震剖面上表现为“气烟囱”的特征，是由活动热流体作用形成的特殊的伴生构造。

萎缩期为当盆地所在岩石圈重新恢复到平衡状态时，盆地由热变冷，自然萎缩衰减，区域应力场由张性向挤压或压扭转变，加速了消亡的过程。

参考文献

[1] 陈振岩，仇劲涛，王璞珺，等.主成盆期火山岩与油气成藏关系探讨[J].沉积学报，2011，29（4）：798-808.

[2] 蔡国钢.辽河裂谷东部凹陷粗面岩成因机理探讨[J].地球学报，2010，31（2）：245-250.

[3] 陈振岩，李军生，张戈，等.辽河坳陷火山岩与油气关系[J].石油勘探与开发，1996，23（3）：1-5.

[4] 李思伟，王璞珺，丁秀春，等.辽河东部凹陷走滑构造及其与火山岩分布的关系[J].地质论评，2014，60（3）：591-600.

[5] 孟卫工，陈振岩，张斌，等.辽河坳陷火成岩油气藏勘探关键技术[J].中国石油勘探，2015，20（3）：45-57.

[6] 李军，吴昌志，王震宇，等.辽河坳陷青龙台辉绿岩的 Ar—Ar 年代学、地球化学：对华北东部岩石圈减薄作用完成时间的限制[J].地质通报，2010，29（6）：22-30.

[7] 朱光，牛漫兰，刘国生，等.郯庐断裂带肥东段走滑运动的 $^{40}Ar/^{39}Ar$ 法定年[J].地质学报，2005，79（3）：303-316.

[8] 孙晓猛，王书琴，王英德，等.郯庐断裂带北段构造特征及构造演化序列[J].岩石学报，2010，26（1）：165-176.

[9] 高知云，章濂澄.辽河盆地老第三纪火山岩及其构造环境分析[J].西北大学学报，1993，23（4）：365-377.

[10] 刘中云，肖尚斌，姜在兴.渤海湾盆地第三系火山岩及其成因[J].石油大学学报：自然科学版，2001，25（1）：22-26.

[11] 侯贵廷，钱祥麟，蔡东升.渤海湾盆地中、新生代构造演化研究[J].北京大学学报：自然科学版，2001，37（6）：845-851.

[12] 陈文寄，李大明，李奇，等.下辽河盆地玄武岩的年代学和地球化学[M].北京：地震出版社，1992：44-80.

[13] 吴昌志，顾连兴，任作伟，等.辽河盆地沙三期火山—侵入岩地球化学与岩石成因[J].岩石学报，2004，20（3）：545-556.

[14]张连昌，陈志广，周新华，等.辽河盆地东部凹陷早第三纪火山岩地球化学及形成环境[J].地球科学与环境学报，2009，31(4)：368-376.

[15]Sun S S，McDonough W F.Chemical and isotopic systematics of oceanic basalts：Implications for mantle composition and process[J]. Geological Society of London Special Publication，1989，42：313-354.

[16]梁鸿德，申绍文，刘香婷，等.辽河断陷火山岩地质年龄及地层时代[J].石油学报，1992，13(2)：35-40.

[17]李军，邵龙义，时林春，等.辽河坳陷东部凹陷辉绿岩油气藏储集特征[J].地质科技情报，2013(1)：119-123.

[18]漆家福.渤海湾新生代盆地的两种构造系统及其成因解释[J].中国地质，2004，31(1)：15-22.

[19]徐家炜，马国锋.郯庐断裂带研究的十年回顾[J].地质论评，1992，38(4)：316-324.

[20]Hsiao L Y，Graham S A，Tilander N. Stratigraphy and sedimentation in a rift basin modified by synchronous strike-slip deformation：Southern Xialiao basin，Bohai，offshore China[J]. Basin Research，2010，22(1)：61-78.

第三章　火山岩岩性和岩相特征

火山岩的岩性、岩相分类与识别是开展火山岩油气藏勘探的基础。火山岩油气藏的勘探开发是一项系统工程，只有综合考虑油田不同勘探开发部门的需求，制定统一合理的火山岩岩性和岩相分类方案，使得各部门在火山岩油气藏勘探开发时具有统一的交流基础平台，才能使得火山岩油气藏的勘探开发形成持续稳定发展局面。

第一节　火山岩岩石类型及特征

辽河油田五十余年火山岩油气勘探的实践表明，由于较少考虑岩性与储集性能的关系，纯岩类学的分类不能适用于以储层研究为首要目标的火山岩油气勘探研究。此外，由于辽河油田的火山岩以中基性偏碱性火山岩为主，无论是国外还是国内的任何一种岩性分类方案都不可能完全适用某特定地区的火山岩研究。而且，近年随着资料的快速积累、火山岩勘探的连续突破和产业化进程的突飞猛进，录井、测井、勘探、开发和评价等方面在岩性定名方面的差异逐渐突显，已经给生产和科研带来诸多不便，成为制约火山岩油气勘探发展的瓶颈问题。诸如凝灰岩的界定、熔结结构火山岩的归类和定名等。由于没有适合本区的、统一的岩石分类体系和鉴定标准，因此出现同一段岩心多种名称的混乱情况。另外，以往的纯岩类学分类中不注重成岩方式，而冷凝固结还是压实固结恰恰是影响火山岩类储层物性及其变化规律的决定性因素，针对两种不同的成岩方式形成的岩石要用不同的勘探思路。综合以上因素，结合当前火山岩油气勘探的需求，本书建立了辽河油田火山岩分类方案。

一、火山岩岩性分类

通过大量钻井岩心和岩屑资料的精细描述、岩石薄片鉴定、岩石化学成分分析（包括常量元素、微量元素和稀土元素分析等），并与国内外典型实例进行对比，研究火山岩的颜色、岩石成分、结构构造和矿物组成，采用“岩石化学成分 + 结构、成因 + 矿物成分、碎屑粒级”三级分类原则，建立火山岩岩性分类体系及识别标准（表 3-1-1）。

（1）一级分类：参考国际地质科学联合会（IUGS）的 TAS 分类方案，主要针对本区新生界火山岩岩性分布特点，兼顾中生界，按岩石常量元素化学成分划分为三大类，并分别冠以玄武质 / 碱玄质、安山质 / 粗面质、流纹质 / 英安质等，划分标准如下。

表 3-1-1 辽河油田火山岩岩性分类标准

<table>
<tr><th>成分大类</th><th colspan="2">结构或成因大类</th><th>基本岩石类型</th><th>特征矿物组合或碎屑组分</th></tr>
<tr><td rowspan="8">基性（SiO_2 含量为 45%～52%）</td><td rowspan="3">火山熔岩类（熔岩基质中分布的火山碎屑体积分数 <10%，冷凝固结）</td><td rowspan="3">熔岩结构</td><td>玄武岩 / 粗面玄武岩 / 碱玄岩 / 碧玄岩</td><td rowspan="3">玄武岩：基性斜长石、辉石、橄榄石
粗面玄武岩：基性斜长石、碱性长石、辉石、橄榄石
碱玄岩/碧玄岩：基性斜长石、似长石、碱性暗色矿物（霓石、霓辉石）</td></tr>
<tr><td>气孔（杏仁）玄武岩 / 粗面玄武岩 / 碱玄岩 / 碧玄岩</td></tr>
<tr><td>角砾化玄武岩 / 粗面玄武岩 / 碱玄岩 / 碧玄岩</td></tr>
<tr><td rowspan="2">火山碎屑熔岩类（熔岩基质中分布的火山碎屑体积分数为 10%～90%，冷凝固结）</td><td>熔结结构或碎屑熔岩结构</td><td>玄武质（熔结）凝灰 / 角砾 / 集块熔岩</td><td>基性斜长石、辉石、橄榄石</td></tr>
<tr><td>隐爆角砾结构</td><td>玄武质隐爆角砾岩</td><td>基性斜长石、辉石、橄榄石</td></tr>
<tr><td>火山碎屑岩类（火山碎屑体积分数 >90%，压实固结）</td><td>火山碎屑结构</td><td>玄武质凝灰 / 角砾 / 集块岩</td><td>碎屑中：基性斜长石、辉石、橄榄石</td></tr>
<tr><td>浅成岩和次火山岩（冷凝固结）</td><td>显微晶质结构</td><td>辉绿岩</td><td>基性斜长石、辉石、橄榄石</td></tr>
<tr><td>深成岩（冷凝固结）</td><td>全晶质结构</td><td>辉长岩</td><td>基性斜长石、辉石、橄榄石</td></tr>
<tr><td rowspan="12">中性（SiO_2 含量为 52%～63%）</td><td rowspan="4">火山熔岩类（熔岩基质中分布的火山碎屑体积分数 <10%，冷凝固结）</td><td rowspan="4">熔岩结构</td><td>安山岩 / 玄武安山岩</td><td>中性斜长石、角闪石、黑云母、辉石</td></tr>
<tr><td>粗安岩 / 玄武粗安岩</td><td>碱性长石、中性斜长石、角闪石、黑云母、辉石</td></tr>
<tr><td>粗面岩</td><td rowspan="2">碱性长石、角闪石、黑云母、辉石，偶见中性斜长石</td></tr>
<tr><td>角砾化粗面岩</td></tr>
<tr><td rowspan="4">火山碎屑熔岩类（熔岩基质中分布的火山碎屑体积分数为 10%～90%，冷凝固结）</td><td rowspan="2">熔结结构或碎屑熔岩结构</td><td>安山质 / 粗安质（熔结）凝灰 / 角砾 / 集块熔岩</td><td>中性斜长石、角闪石、黑云母、辉石</td></tr>
<tr><td>粗面质（熔结）凝灰 / 角砾 / 集块熔岩</td><td>碱性长石、中性斜长石、角闪石、黑云母、辉石</td></tr>
<tr><td rowspan="2">隐爆角砾结构</td><td>安山质隐爆角砾岩</td><td>中性斜长石、角闪石、黑云母、辉石</td></tr>
<tr><td>粗面质隐爆角砾岩</td><td>碱性长石、中性斜长石、角闪石、黑云母、辉石</td></tr>
<tr><td rowspan="2">火山碎屑岩类（火山碎屑体积分数 >90%，压实固结）</td><td rowspan="2">火山碎屑结构</td><td>安山质 / 粗安质凝灰 / 角砾 / 集块岩</td><td>碎屑中：中性斜长石、角闪石、黑云母、辉石</td></tr>
<tr><td>粗面质凝灰 / 角砾 / 集块岩</td><td>碎屑中：碱性长石、角闪石、黑云母、辉石、中性斜长石</td></tr>
<tr><td>浅成岩和次火山岩（冷凝固结）</td><td>显微晶质结构</td><td>闪长玢岩 / 正长斑岩 / 粗面斑岩</td><td>中性斜长石、碱性长石、角闪石、黑云母、辉石</td></tr>
<tr><td>深成岩（冷凝固结）</td><td>全晶质结构</td><td>闪长岩 / 正长岩</td><td>中性斜长石、碱性长石、角闪石、黑云母、辉石</td></tr>
</table>

续表

<table>
<tr><th>成分大类</th><th colspan="3">结构或成因大类</th><th>基本岩石类型</th><th>特征矿物组合或碎屑组分</th></tr>
<tr><td rowspan="6">酸性
（SiO_2 含量大于 63%）</td><td>火山熔岩类
（熔岩基质中分布的火山碎屑体积分数＜10%，冷凝固结）</td><td colspan="2">熔岩结构</td><td>流纹岩 / 英安岩</td><td>碱性长石、石英、（中酸性斜长石）、黑云母</td></tr>
<tr><td rowspan="2">火山碎屑熔岩类
（熔岩基质中分布的火山碎屑体积分数为 10%～90%，冷凝固结）</td><td colspan="2">熔结结构或碎屑熔岩结构</td><td>流纹质 / 英安质（熔结）凝灰 / 角砾 / 集块熔岩</td><td>碱性长石、石英、中酸性斜长石、黑云母</td></tr>
<tr><td colspan="2">隐爆角砾结构</td><td>流纹质隐爆角砾岩</td><td>碱性长石、石英、酸性斜长石、黑云母</td></tr>
<tr><td>火山碎屑岩类
（火山碎屑体积分数＞90%，压实固结）</td><td colspan="2">火山碎屑结构</td><td>流纹质 / 英安质凝灰 / 角砾 / 集块岩</td><td>碎屑中：碱性长石、石英、中酸性斜长石、黑云母</td></tr>
<tr><td>浅成岩和次火山岩
（冷凝固结）</td><td colspan="2">显微晶质结构</td><td>花岗斑岩 / 流纹斑岩</td><td>碱性长石、石英、酸性斜长石、黑云母、角闪石</td></tr>
<tr><td>深成岩
（冷凝固结）</td><td colspan="2">全晶质结构</td><td>花岗岩</td><td>碱性长石、石英、酸性斜长石、黑云母、角闪石</td></tr>
<tr><td rowspan="2">沉火山碎屑岩（火山碎屑为主）</td><td rowspan="2">沉火山碎屑岩类
（火山碎屑体积分数为 50%～90%，压实固结）</td><td rowspan="2">沉火山碎屑结构</td><td>碎屑粒径＞2mm</td><td>沉火山角砾 / 集块岩</td><td>火山角砾、火山集块、外来岩屑</td></tr>
<tr><td>碎屑粒径＜2mm</td><td>沉凝灰岩</td><td>火山灰（岩屑、晶屑、玻屑、火山尘）、外碎屑（石英、长石）</td></tr>
</table>

注：（1）特征矿物组合在火山熔岩或火山碎屑熔岩中特指斑晶矿物组合，在火山碎屑岩中特指晶屑的矿物组合。
（2）杏仁体可能包含沸石、葡萄石、绿纤石、绿鳞石、绿帘石、绿泥石、皂石、方解石和硅质等矿物。

基性岩类：SiO_2 含量为 45%～52%，基本岩石类型为玄武质 / 碱玄质；

中性岩类：SiO_2 含量为 52%～63%，基本岩石类型为安山质 / 粗面质；

酸性岩类：SiO_2 含量＞63%，基本岩石类型为流纹质 / 英安质。

（2）二级分类：参照王璞珺等（2007）提出的松辽盆地火山岩分类方案，按岩石结构—成因进一步将本区火山岩划分为火山熔岩类、火山碎屑熔岩类、火山碎屑岩类、浅成岩和次火山岩、深成岩五大类。

（3）三级分类：按矿物成分、特征结构、火山碎屑粒级及比例，将辽河油田火山岩划分成 20 余种岩石类型。

此外，辽河油田还发育一种介于火山碎屑岩和沉积岩的过渡型岩石类型，称为沉火山碎屑岩，在本次岩石分类中作为单独的一类列出。沉火山碎屑岩类形成于火山作用和沉积改造的双重作用之下。火山碎屑物体积分数为 50%～90%，成岩方式主要为压实固结，岩石具有沉火山碎屑结构，即碎屑颗粒可见不同程度的磨圆。火山碎屑物以晶屑、玻屑为主，含少量岩屑，具体岩石类型主要是沉凝灰岩（碎屑粒径＜2mm）（图 3-1-1），而沉集块岩和沉火山角砾岩（碎屑粒径＞2mm）比较少见。

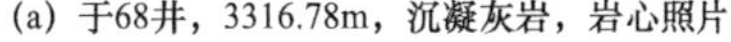

(a) 于68井，3316.78m，沉凝灰岩，岩心照片

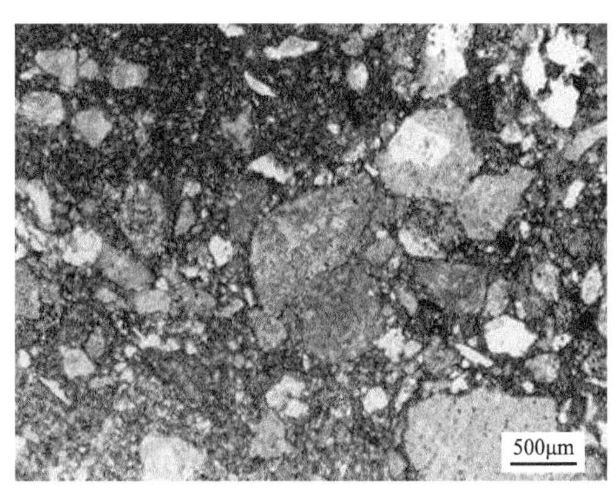

(b) 于68井，3316.78m，沉凝灰岩，单偏光

图 3-1-1　沉火山碎屑岩

二、火山岩岩石结构及成因特征

（一）火山熔岩类

火山熔岩类是岩浆流经火山通道喷溢至地表后，经冷凝固结而形成的岩石，具有火山熔岩结构。冷凝固结就是指岩石经由较高温的、炽热的熔浆冷凝（结晶）过程后最终固结成岩。本书二级分类方案中的火山熔岩类、火山碎屑熔岩类、浅成岩和次火山岩、深成岩都属于冷凝固结成因的岩石。冷凝固结的岩石其孔隙度和渗透率等物性特征受埋深的影响较小。火山熔岩类多为半晶质—隐晶质，矿物颗粒粒径小，常具有斑状结构、玻基斑状结构。火山熔岩中的斑晶单个晶体矿物肉眼（或借助放大镜）能够识别。大部分基质中的矿物肉眼不能识别，常含玻璃质和隐晶质。中基性岩的基质多具交织结构、粗面结构、间粒结构和间隐结构等。酸性岩的基质多具霏细结构、球粒结构、显微文象结构、细晶结构，常见流纹构造、气孔构造、杏仁构造和块状构造。火山熔岩类基质中分布的火山碎屑体积通常小于岩石总体积的 10%。

（二）火山碎屑熔岩类

火山碎屑熔岩类是火山熔岩与火山碎屑岩之间的过渡类型。

具有碎屑熔岩结构的火山碎屑熔岩主要指火山碎屑物被熔浆胶结、冷凝固结而形成的岩石。就其成岩类型来说，刚性火山碎屑被塑性熔浆所胶结后冷却成岩，其成岩过程仍然属于冷凝固结，其实质上仍归属于火山熔岩类。与典型火山熔岩不同，具有碎屑熔岩结构的火山碎屑熔岩基质中分布的火山碎屑体积分数通常在 10%～90% 之间。根据火山碎屑粒径的不同，该类火山碎屑熔岩可进一步划分为集块熔岩（碎屑粒径＞64mm）、角砾熔岩（碎屑粒径为 2～64mm）和凝灰熔岩（碎屑粒径＜2mm）。

具有熔结结构的熔结火山碎屑熔岩指由刚性和塑性物质构成的炽热火山碎屑流，在重力和载荷压力的共同作用下，在沿地表流动、堆积过程中，碎屑物尤其是其中的塑性组分，发生变形拉长、扁平化、黏合、凝聚等熔结作用，最终使得火山碎屑物质彼此“焊接”导致冷凝固结成岩。其碎屑物质包括火山作用中熔岩被粉碎而形成的炽热塑性的熔浆碎屑（浆屑）和玻屑，火山尘，熔浆向上运移过程中先期结晶的晶屑，还有灼热的刚性岩屑。典型的结构构造为熔结凝灰结构、熔结角砾结构和假流纹构造。熔结火山碎屑熔岩基质中分布的火山碎屑体积分数通常在10%～90%之间。根据火山碎屑粒径的不同分别划分为熔结集块熔岩（主碎屑粒径>64mm）、熔结角砾熔岩（主碎屑粒径为2～64mm）和熔结凝灰熔岩（主碎屑粒径<2mm）。辽河油田以往的火山岩岩性分类方案中，将具有熔结结构的火山岩归入火山碎屑岩类。这类岩石和碎屑熔岩结构的形成机理是一样的，都经历了冷凝固结成岩过程；所以，实质上熔结碎屑岩类属于火山碎屑熔岩类。将具有熔结结构的火山岩归入火山碎屑岩，使得火山碎屑岩的成因既有压实固结，亦有冷凝固结，模糊了火山碎屑岩与储层物性的对应关系，在一定程度上使得火山碎屑岩的应用扩大化。本次分类，将具有熔结结构的火山岩从火山碎屑岩中分离开来，根据其冷凝固结成因机制，将之与具有碎屑熔岩结构的火山碎屑熔岩合并，统称为火山碎屑熔岩，而火山碎屑岩则仅具有压实固结这一成因。

本次分类强调了具有隐爆角砾结构的岩石在分类中的地位。隐爆角砾结构是原岩被高温高压富挥发分流体释压炸裂而形成的、原地或少量位移的角砾，被岩汁充填/半充填、胶结，而形成的角砾结构。就成岩方式而言，隐爆角砾岩是岩汁冷凝结晶石化过程中使原地角砾彼此胶结而成岩，是冷凝固结的另一种表现形式，所以它实质上属于火山碎屑熔岩类。火山岩储层的研究表明，火山机构的近火山口相带是最为有利的火山岩储层发育部位。隐爆角砾岩代表火山通道相的一种特殊的亚相（隐爆角砾岩亚相），虽然其分布局限，但其储层指示意义明显，所以将其单独划分出来，以便于研究和应用。

（三）火山碎屑岩类

火山碎屑岩类是火山作用形成的各种火山碎屑堆积物经过压实固结而成的岩石。火山碎屑物喷出并降落堆积后，一般未经搬运或只经短距离搬运，然后在上覆重荷作用下经过压实、排水、脱气、体积和孔隙度减小、密度增加等一系列成岩作用，最终像沉积岩一样，粗碎屑被相对较细的填隙物质胶结，导致整个岩石固结而形成岩石。压实固结的火山碎屑岩类物性随埋深的增加而明显变差。通常，火山碎屑岩中火山碎屑体积分数大于90%，而外碎屑体积分数小于10%时，外生碎屑组分是热碎屑流流动过程中从外界刮裹进来的，或是在火山爆发过程中炸裂的围岩碎屑混进来的。可以认为，这种火山碎屑岩一般是纯粹火山活动的产物，无显著的后期沉积改造。

就火山碎屑的物质成分而言，火山碎屑物可以是矿物碎屑（晶屑）、火山玻璃（玻屑）或岩石碎屑（岩屑），塑性岩石碎屑也叫浆屑。根据碎屑物的粒度进一步可划分为火山集块（≥64mm）、火山角砾（2～64mm）、凝灰（<2mm）三个级别。火山碎屑岩据集块、角砾和凝灰质体积分数（以25%和75%为界）可进一步划分为集块岩、角砾岩和凝灰岩。实际中混合粒级更为常见，此时采用“少前、多后、相对最多者”作为基本名称的命名原则。

（四）浅成岩和次火山岩类

浅成岩和次火山岩指在火山喷发过程中，因岩浆的喷溢受阻而停留在地表以下较浅处的裂隙或层间孔隙中，经冷凝固结形成的岩石。侵位深度一般在地表下3km以浅，在火山通道附近以岩墙、岩株、岩脉等形式产出，岩体内部致密，边部可见少量气孔—杏仁构造。与火山熔岩相比，其形成属同期火山活动，但时间稍晚，结晶程度较好。岩石中常见多斑结构、聚斑结构和自碎斑结构。基质中常见微晶结构和隐晶质结构。

（五）深成岩类

深成岩是岩浆在距地表3km以深的地壳中缓慢冷却结晶成岩而成，通常为全晶质粗粒结构。深成岩形成于深大断裂附近，常以岩基形式产出，规模较大，面积通常大于$100km^2$。岩体边部可见有捕虏体及冷凝边结构。常见辉长结构、花岗结构、似斑状结构等，以块状构造为主。

三、辽河油田典型火山岩特征描述

（一）基性岩类

1. 火山熔岩类

1）致密/气孔/角砾化玄武岩

玄武岩SiO_2含量为45%～52%，岩石颜色比较深，本区常见颜色主要为灰黑色和灰绿色，风化面为紫红色或深褐色等。多为半晶质，具有斑状结构，基质为间粒结构、间隐结构等。斑晶矿物成分主要为基性斜长石、单斜辉石、斜方辉石、橄榄石等。基质主要为中基性斜长石、易变辉石和普通辉石等。常见块状构造、气孔—杏仁构造，杏仁体主要为沸石、硅质和钙质等充填气孔形成，可见绳状构造、枕状构造以及柱状节理构造等。

玄武岩为本区最为常见的岩石之一，根据其形成环境、斑晶含量、基质结构、特征结构构造和储层意义等，玄武岩可进一步划分为：

（1）致密玄武岩，质地致密，气孔不发育（图3-1-2）；

(a) 致密玄武岩（岩心）

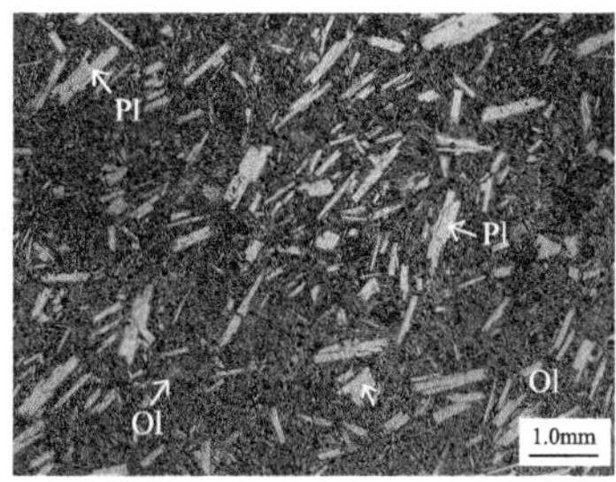

(b) 致密玄武岩（单偏光）

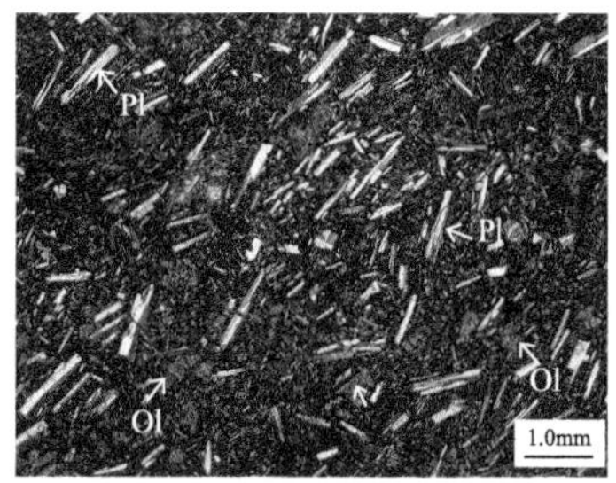

(c) 致密玄武岩（正交偏光）

图3-1-2　致密玄武岩

斑状结构，斑晶为橄榄石（Ol）和斜长石（Pl），基质为斜长石、辉石，间粒结构，桃11井，2880.2m，沙三段

（2）气孔（杏仁）玄武岩，气孔—杏仁构造发育的玄武岩（图 3-1-3）；

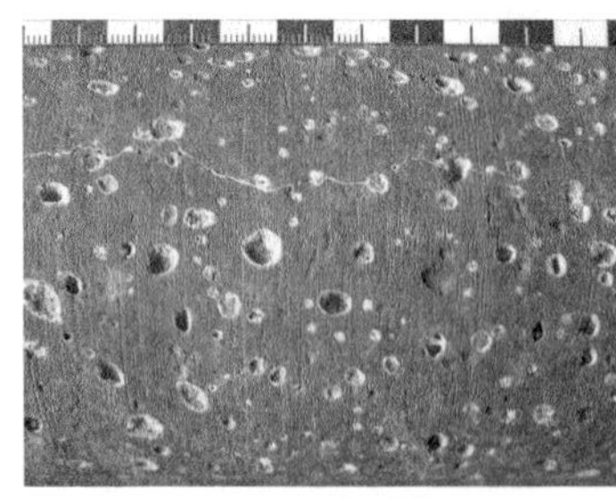
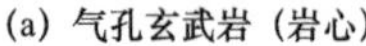

(a) 气孔玄武岩（岩心）

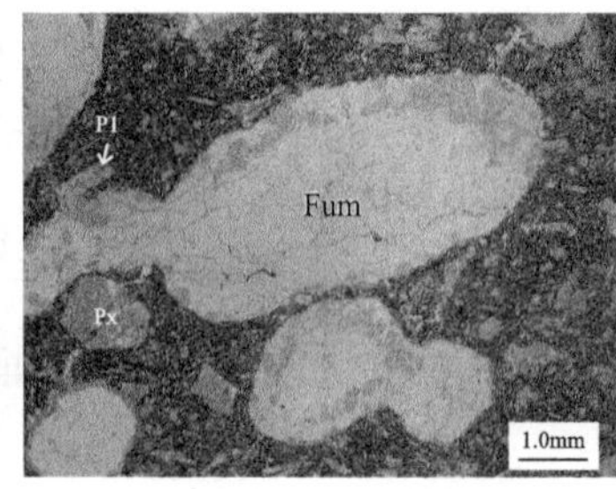

(b) 气孔玄武岩（单偏光）

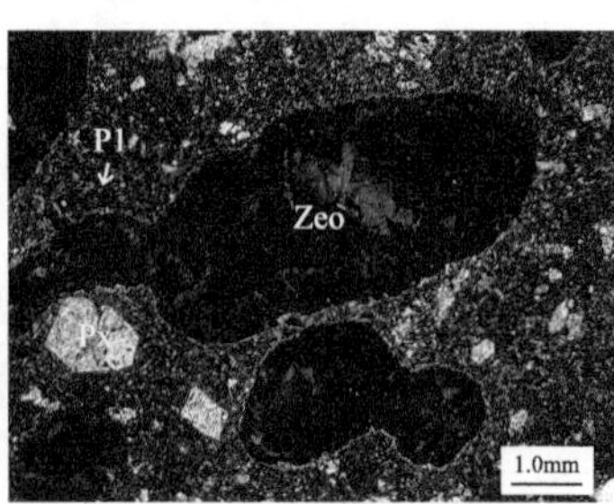

(c) 气孔玄武岩（正交偏光）

图 3-1-3 气孔玄武岩

斑状结构，斑晶为辉石（Px）和斜长石（Pl），气孔—杏仁构造，气孔内沸石（Fum）未完全充填，基质为填间结构，桃 11 井，1985.6m，东营组

（3）角砾化玄武岩，岩石中裂缝发育，玄武岩呈角砾状，可细分为自碎角砾和淬碎角砾两种类型（图 3-1-4）。

(a) 角砾化玄武岩（岩心）

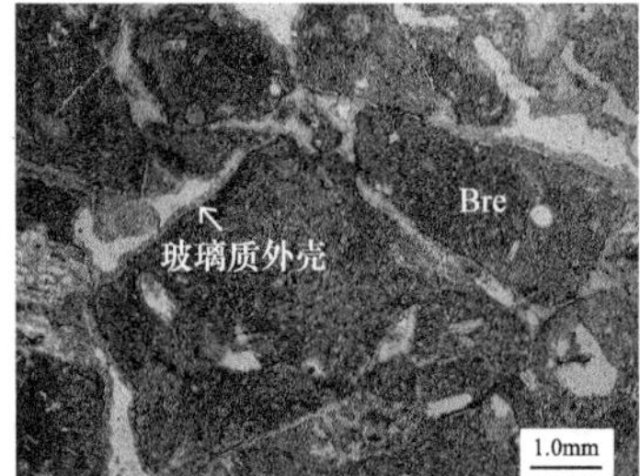

(b) 角砾化玄武岩（单偏光）

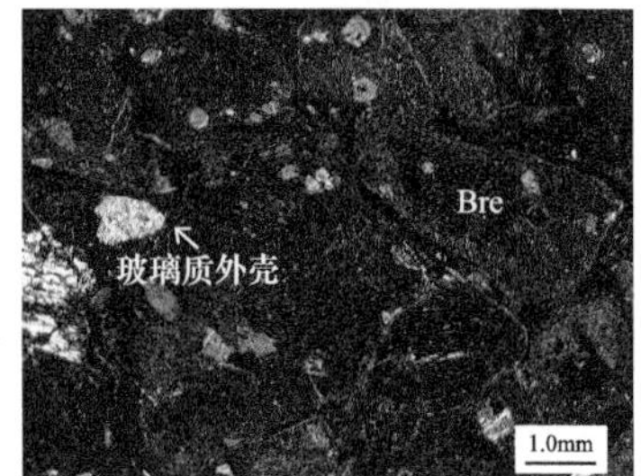

(c) 角砾化玄武岩（正交偏光）

图 3-1-4 角砾化玄武岩

淬火角砾结构，角砾（Bre）边部见玻璃质外壳，岩石整体结晶程度低，基质多呈微晶、雏晶，欧 52 井，2773.4m，沙三段

2）粗面玄武岩

粗面玄武岩主要分布在东部凹陷，SiO_2 含量为 45%～52%，岩石颜色为灰黑色，具斑状结构、基质间粒结构和间隐结构等。斑晶矿物成分主要为基性斜长石、碱性长石、单斜辉石、橄榄石等。基质主要为中基性斜长石、碱性长石，呈间粒结构、间隐结构、粗面结构等。常见块状构造、气孔—杏仁构造（图 3-1-5）。

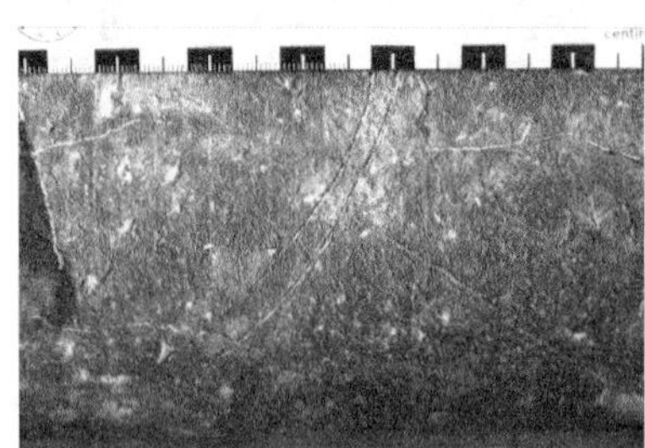

(a) 粗面玄武岩（岩心）

(b) 粗面玄武岩（单偏光）

(c) 粗面玄武岩（正交偏光）

图 3-1-5 粗面玄武岩

斑状结构，斑晶为正长石（Or）和斜长石（Pl），联斑结构，基质为间粒结构，大 25 井，1175.76m，东营组

2. 火山碎屑熔岩类

1）玄武质（熔结）凝灰 / 角砾 / 集块熔岩

玄武质（熔结）凝灰 / 角砾 / 集块熔岩是玄武质火山碎屑岩向玄武岩过渡的岩石类型，熔岩物质体积分数可达 10%～90%，SiO_2 含量为 45%～52%。火山碎屑物质主要为玄武岩的岩屑，含量大于 50%。当碎屑粒级主要在 2～64mm 之间时，属于角砾级，具有火山角砾熔岩结构，熔岩胶结，岩石为玄武质角砾熔岩（图 3-1-6）。岩石除了含有火山碎屑以外，其岩性仍属于玄武岩。当碎屑主要粒级大于 64mm 时，属于集块级，具有火山集块熔岩结构，岩石为玄武质集块熔岩。当碎屑主要粒级小于 2mm 时，属于凝灰级，具有火山凝灰熔岩结构，岩石为玄武质凝灰熔岩（图 3-1-7）。当岩石中火山碎屑为塑性岩屑或塑性玻屑且具有熔结结构时，根据塑性岩屑和玻屑的粒径大小、相对含量以及熔结程度可进一步划分为玄武质熔结凝灰熔岩、玄武质熔结角砾熔岩和玄武质熔结集块熔岩等基本类型，它们的成岩方式仍属于冷凝固结成岩。

(a) 玄武质角砾熔岩（岩心）

(b) 玄武质角砾熔岩（单偏光）

(c) 玄武质角砾熔岩（正交偏光）

图 3-1-6　玄武质角砾熔岩

火山碎屑熔岩结构，玄武岩角砾和少量晶屑（Cry）粒径为 2～64mm，玄武质熔浆胶结，小 21 井，3211.32m，沙三段

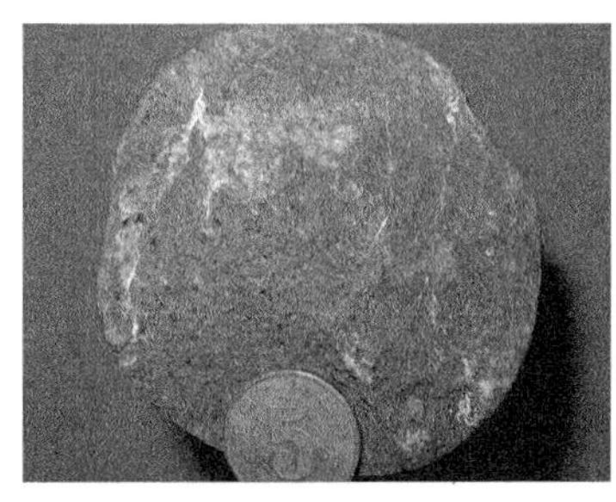

(a) 玄武质凝灰熔岩（岩心）

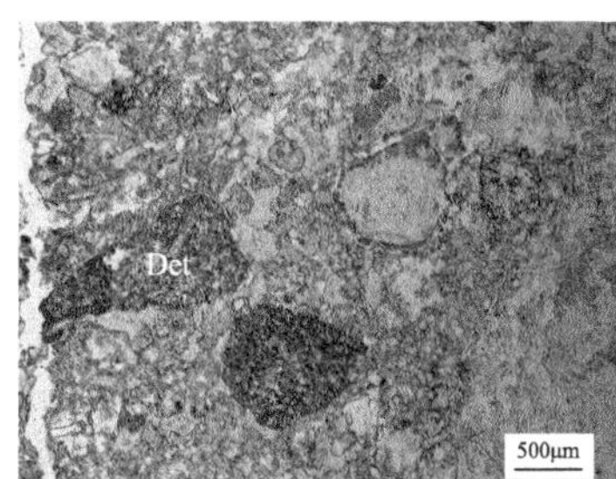

(b) 玄武质凝灰熔岩（单偏光）

(c) 玄武质凝灰熔岩（正交偏光）

图 3-1-7　玄武质凝灰熔岩

火山碎屑熔岩结构，玄武岩岩屑（Det）粒径多小于 2mm，玄武质熔浆胶结，欧 29 井，2490.21m，沙三段

2）玄武质隐爆角砾岩

隐爆角砾岩是熔浆在喷出地表以前，由于岩浆运移过程中挥发分大量聚集，在地下爆破释放，后被熔岩胶结而成的角砾岩。熔岩角砾成分和胶结物熔岩成分差别很小，在新鲜面上熔岩角砾不易识别，整体岩石也酷似熔岩，风化面上或流动构造大角度交切时可以

识别隐爆角砾。成岩方式属于冷凝固结成岩，角砾和胶结物熔浆 SiO_2 含量为 45%～52%（图 3-1-8）。

图 3-1-8　玄武质隐爆角砾岩（红 15 井，1973m，东营组，岩心）

3. 火山碎屑岩类

火山碎屑岩类包括玄武质凝灰 / 火山角砾 / 集块岩，火山碎屑物质体积分数为 50%～90%，SiO_2 含量一般为 45%～52%。玄武质凝灰岩的碎屑物质主要由粒径小于 2.0mm 的晶屑、玻屑组成，含少量岩屑。胶结物为火山灰或更细的火山物质。具火山凝灰结构，岩屑成分主要为玄武岩，也有少量围岩的碎屑，有时含有相当数量的不透明的隐晶质或铁质。火山碎屑大部分具有尖棱角状，斜长石、辉石等晶屑常常具有裂纹，在熔岩碎屑或熔岩胶结物中可见斑状结构、间粒结构、间粒间隐结构、玻基斑状结构等，也有气孔—杏仁构造等发育。

当碎屑物质主要粒径为 2～64mm 时，主要由岩屑组成，含少量晶屑和玻屑，胶结物为火山灰或更细的火山物质。这时岩石过渡为玄武质火山角砾岩（图 3-1-9）。当碎屑物质主要粒径大于 64mm 时，岩石为玄武质集块岩（图 3-1-10）。

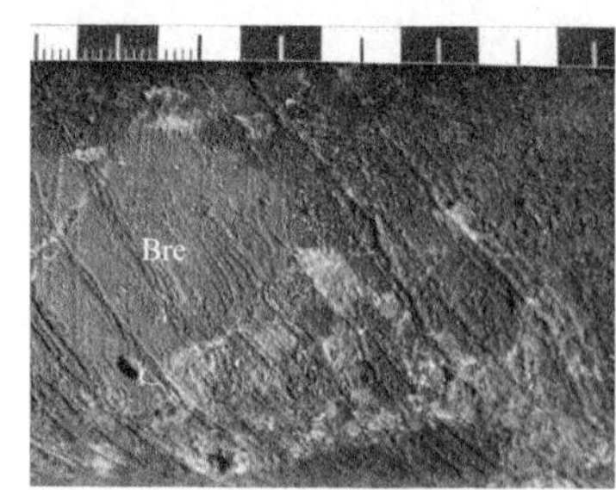

(a) 玄武质火山角砾岩（岩心）

(b) 玄武质火山角砾岩（单偏光）

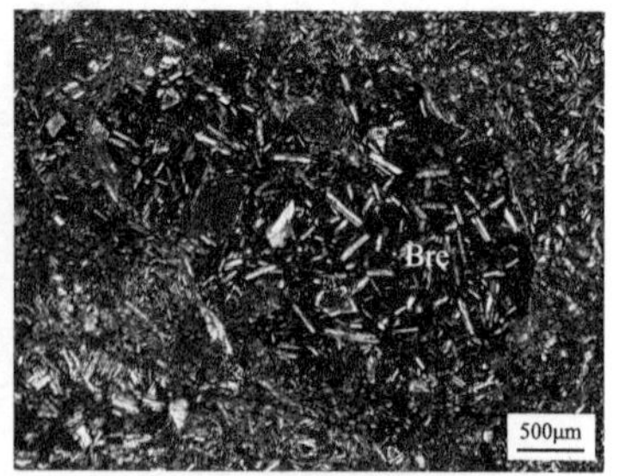

(c) 玄武质火山角砾岩（正交偏光）

图 3-1-9　玄武质火山角砾岩

火山角砾结构，玄武岩角砾（Bre）粒径为 2～64mm，火山灰胶结，小 29 井，3395.53m，沙三段

(a) 玄武质集块岩（岩心）

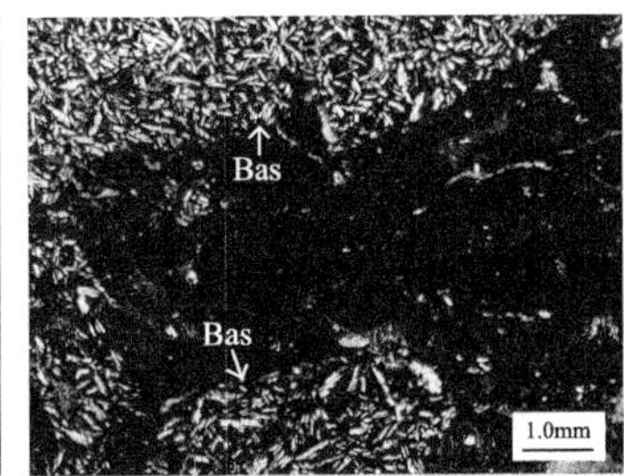

(b) 玄武质集块岩（单偏光）

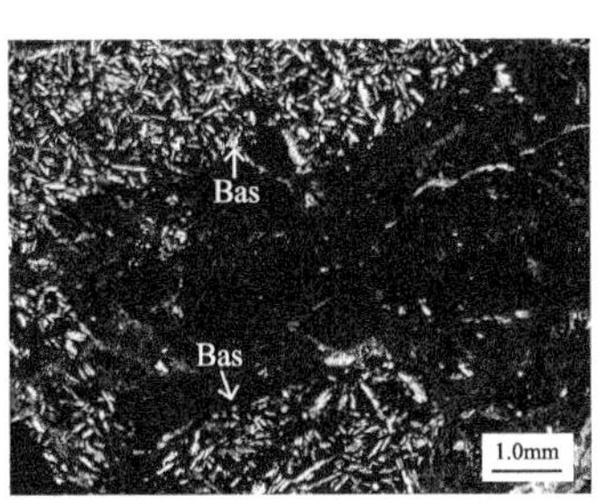

(c) 玄武质集块岩（正交偏光）

图 3-1-10　玄武质集块岩

火山角砾结构，玄武岩集块（Bas）粒径大于 64mm，火山灰胶结，开 51 井，2183.2m，房身泡组

4. 浅成岩和次火山岩类

区内主要发育辉绿岩，具辉绿结构，主要矿物为斜长石和辉石，结晶较粗，辉石多已蚀变绿泥石化，见少量黑色不透明磁铁矿。发育较多淋滤孔，暗色矿物辉石蚀变为皂石（图 3-1-11）、绿泥石等黏土矿物后，经过后期作用，黏土矿物被淋滤形成孔隙，边部仍可见绿泥石等，少量孔隙为斜长石溶蚀孔隙。

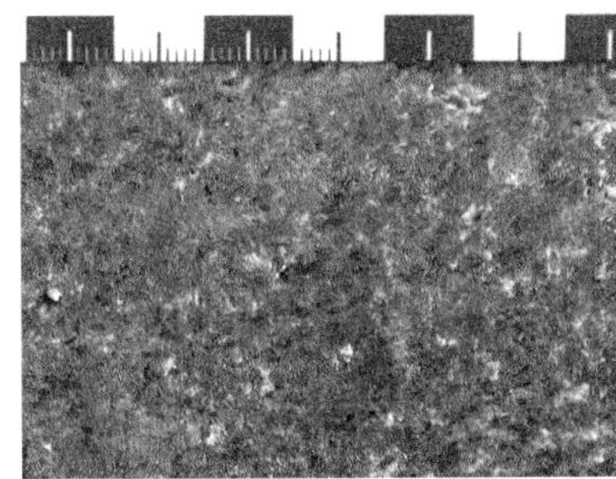

(a) 于69井，3921.3m，辉绿岩，岩心照片

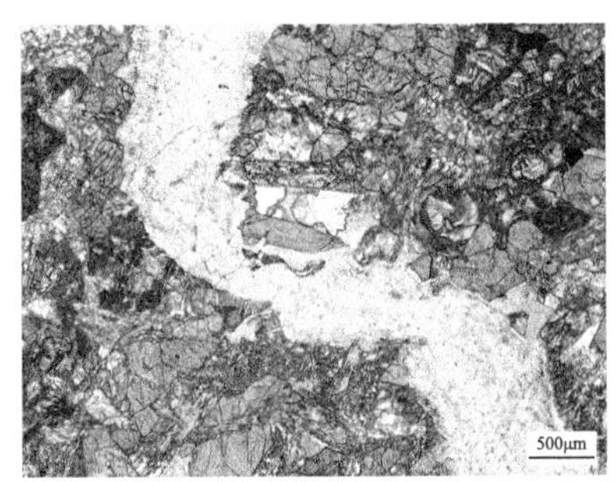

(b) 于69井，3920.9m，辉绿岩，单偏光

图 3-1-11　辉绿岩

5. 深成岩类

区内主要发育辉长岩，深灰色，结构为中—粗粒结构、辉长结构，具块状构造，主要矿物成分为基性斜长石、单斜辉石，也见少量角闪石、石英、黑云母和碱性长石等次要矿物（图 3-1-12）。

(a) 辉长岩（岩心）

(b) 辉长岩（单偏光）

(c) 辉长岩（正交偏光）

图 3-1-12　辉长岩

辉长结构，由辉石（Px）和斜长石（Pl）组成，见少量黑云母（Bt），辉石多呈自形—半自形，红 8 井，2151.31m，沙一段

（二）中性岩类

1. 火山熔岩类

1）安山岩

安山岩为中性火山熔岩，SiO_2 含量为 57%～63%，岩石多为深灰色，风化面为灰绿色或灰紫色，半晶质结构，常见斑状结构，有时为玻基斑状结构，斑晶矿物主要为斜长石，其次为辉石、暗化的角闪石和黑云母。基质常由微晶斜长石和少量辉石、磁铁矿等构成交织结构，有时为霏细质或玻璃质。常见块状、流动构造或气孔—杏仁构造。本区安山岩主要发育在中生界（图 3-1-13）。

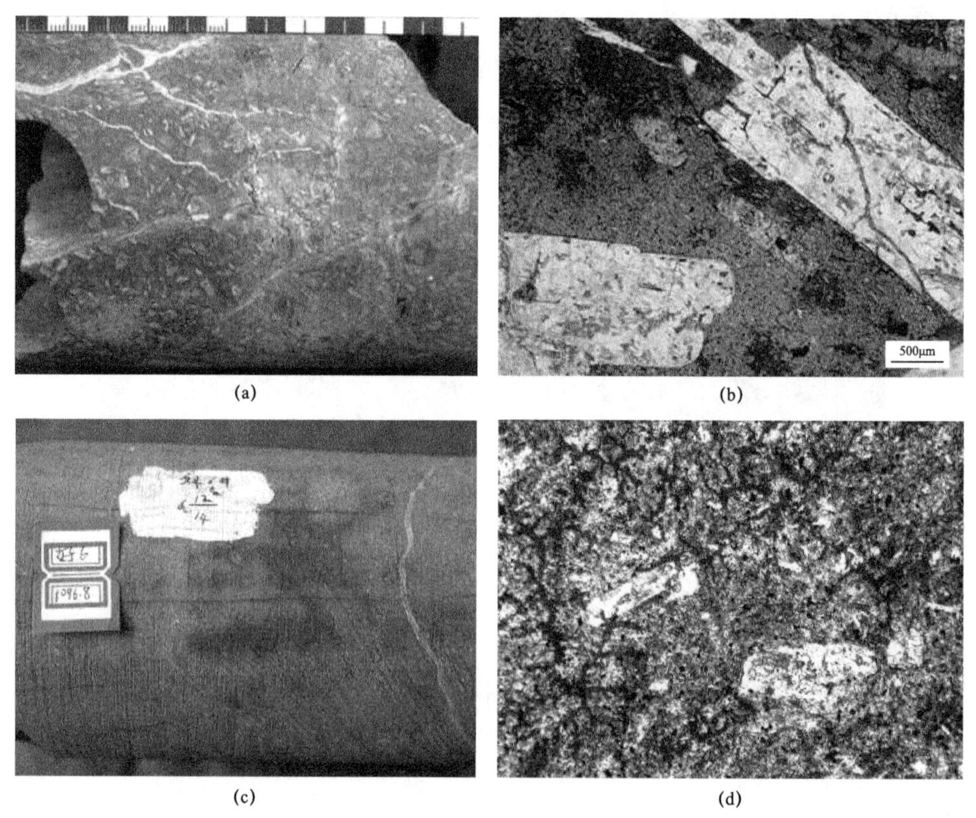

图 3-1-13　安山岩

（a）荣 50 井，1770.84m，安山岩，岩心照片；（b）荣 50 井，1770.84m，安山岩，单偏光；（c）好 6 井，1096.8m，灰绿色安山岩，岩心照片；（d）好 6 井，1096.6m，安山岩，正交偏光

2）玄武安山岩

玄武安山岩为安山岩与玄武岩之间的过渡类型岩石，SiO_2 含量为 52%～57%。多呈灰黑色—灰绿色，半晶质结构，见斑状结构，基质为间粒结构、交织结构或玻基交织结构，有时为隐晶质或玻璃质结构。斑晶矿物多为基性斜长石、普通辉石或紫苏辉石，偶见少量橄榄石和角闪石；基质多为中性斜长石，还有少量辉石和磁铁矿。常见构造为块状构造、气孔—杏仁构造（图 3-1-14）。

(a) 玄武安山岩（岩心）

(b) 玄武安山岩（单偏光）

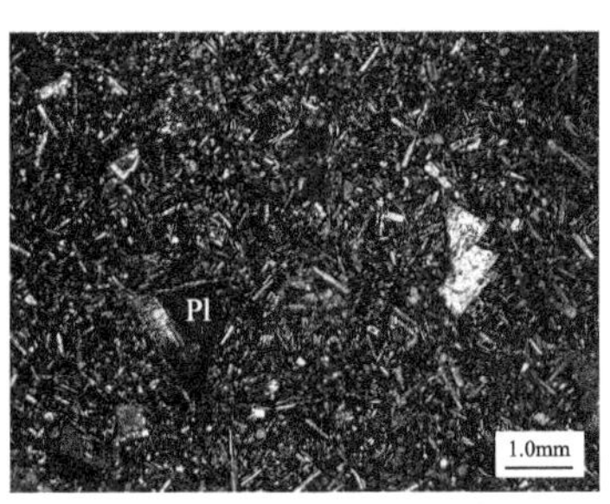

(c) 玄武安山岩（正交偏光）

图 3-1-14　玄武安山岩

斑状结构，斑晶为斜长石（Pl）和辉石（Px），斜长石见环带，基质为间粒结构，小 22 井，3166.76m，沙三段

3）粗安岩

粗安岩是粗面岩与安山岩之间的过渡类型岩石，大致相当于二长岩的喷出岩，SiO_2 含量为 52%～63%。粗安岩多呈灰黑色，是一种几乎不含石英的斑状岩石，斜长石和碱性长石含量近乎相等；斑晶矿物以斜长石为主，其次有碱性长石、单斜辉石、角闪石和黑云母。基质由斜长石、透长石、单斜辉石和磁铁矿等组成，有时含有少量玻璃质。岩石常具有粗面结构、交织结构或玻基交织结构。常见构造为块状、气孔—杏仁构造（图 3-1-15）。

(a) 粗安岩（岩心）

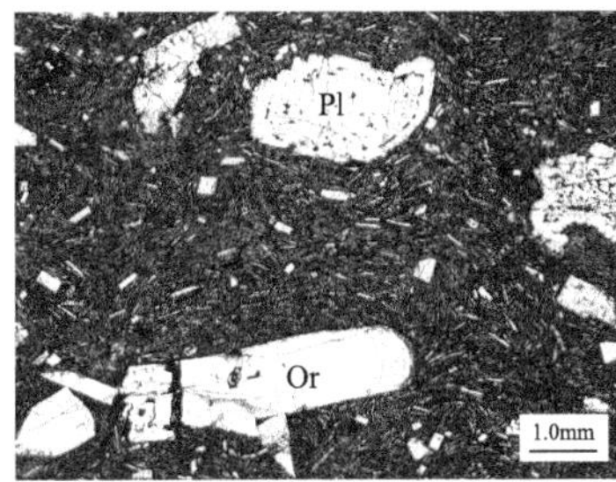

(b) 粗安岩（单偏光）

(c) 粗安岩（正交偏光）

图 3-1-15　粗安岩

斑状结构，斑晶为碱性长石（Or）和斜长石（Pl），基质由碱性长石和斜长石组成，欧 26 井，2194.5m，沙三段

4）玄武粗安岩

玄武粗安岩为粗安岩与玄武岩的过渡类型岩石，是一种几乎不含石英的火山熔岩，SiO_2 含量为 52%～57%，岩石颜色比较杂，半晶质结构，见斑状结构，斑晶中出现较多的橄榄石和辉石，浅色矿物斑晶为斜长石和碱性长石，有时含有暗化的角闪石和黑云母。基质有斜长石、透长石、辉石和磁铁矿，有时含有少量玻璃质，基质常具有粗面结构、间粒结构、间粒间隐结构和交织结构等。多为块状、气孔—杏仁构造以及柱状节理构造等。

5）粗面岩 / 角砾化粗面岩

粗面岩主要分布于东部凹陷，成分相当于正长岩的火山熔岩，SiO_2 含量为 57%～63%，以普遍出现碱性长石斑晶为主要特点。岩石多呈灰黑色，风化后为褐灰色或肉红色，半晶质结构，常见斑状结构、聚斑结构，斑晶多为自形的透长石、正长石或中长石，有时出现辉石或暗化的角闪石、黑云母；基质以微晶透长石为主，常具有典型的粗面结构，有时出现球粒和少量玻璃质。常见块状、流动构造或气孔—杏仁构造，但较玄武岩发育程度低

（图 3-1-16、图 3-1-17）。致密的粗面岩在成岩过程中，由于自碎作用或淬火作用而发生角砾化，形成角砾化粗面岩（图 3-1-18）。

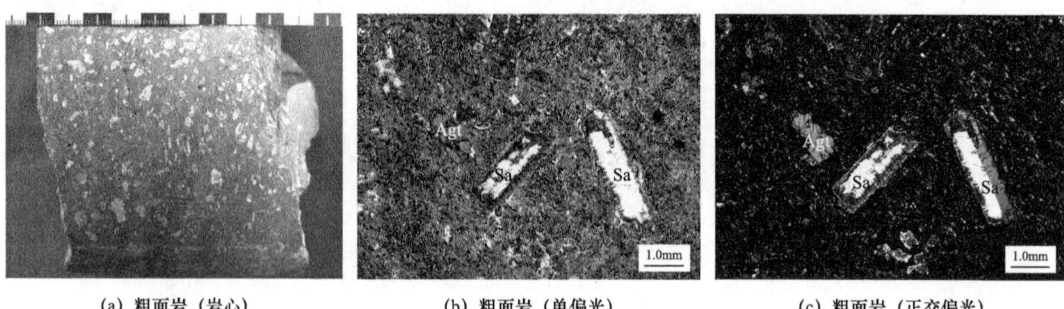

(a) 粗面岩（岩心）　(b) 粗面岩（单偏光）　(c) 粗面岩（正交偏光）

图 3-1-16　粗面岩（欧 51 井）

斑状结构，斑晶为透长石（Sa）和霓辉石（Agt），基质由碱性长石和少量斜长石组成，欧 51 井，2830.9m，沙三段

(a) 粗面岩（岩心）　(b) 粗面岩（单偏光）　(c) 粗面岩（正交偏光）

图 3-1-17　粗面岩（小 40 井）

斑状结构，斑晶为透长石（Sa），基质由碱性长石和少量斜长石组成，见粗面结构，小 40 井，2798.1m，沙三段

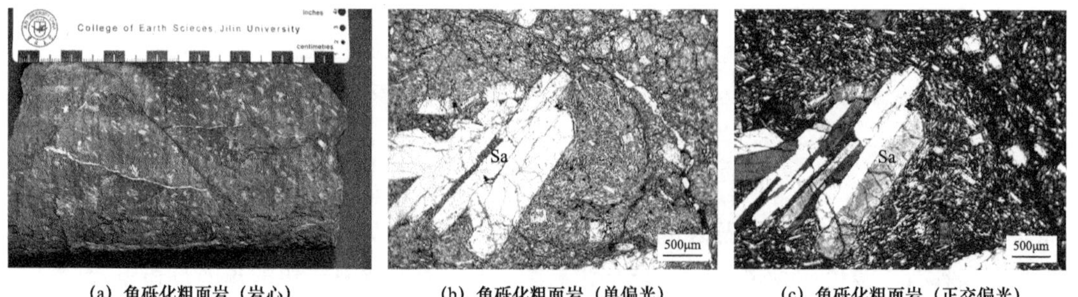

(a) 角砾化粗面岩（岩心）　(b) 角砾化粗面岩（单偏光）　(c) 角砾化粗面岩（正交偏光）

图 3-1-18　角砾化粗面岩

角砾化结构，角砾均为粗面岩角砾，角砾基质由碱性长石组成，见粗面结构，欧 29 井，2220.8m，沙三段

2. 火山碎屑熔岩类

1）安山质（熔结）凝灰 / 角砾 / 集块熔岩

安山质（熔结）凝灰 / 角砾 / 集块熔岩是安山质火山碎屑岩向安山岩过渡的岩石类型，熔岩物质体积分数可达 10%～90%，SiO_2 含量为 52%～63%。火山碎屑物质主要为安山岩的岩屑，体积分数大于 50%，具有火山碎屑熔岩结构，熔岩胶结。当碎屑主要粒级在

2mm 以下时，为安山质凝灰熔岩；当碎屑主要粒级在 2～64mm 之间时，属于角砾级，具有角砾熔岩结构，岩石为安山质角砾熔岩；当碎屑主要粒级大于 64mm 时，属于集块级，具有集块熔岩结构，为安山质集块熔岩。

当岩石中安山质火山碎屑为塑性岩屑或塑性玻屑，并且具有熔结结构时，岩石命名为安山质熔结碎屑熔岩类，具体岩石类型根据塑性岩屑和玻屑的粒径大小、相对含量以及熔结程度进一步划分为安山质熔结凝灰岩（图 3-1-19）、安山质熔结角砾岩、安山质熔结集块岩等基本类型，它们的成岩方式仍属于冷凝固结成岩。

(a) 安山质熔结凝灰岩（岩心）

(b) 安山质熔结凝灰岩（单偏光）

(c) 安山质熔结凝灰岩（正交偏光）

图 3-1-19 安山质熔结凝灰岩

熔结结构，斜长石（Pl）和黑云母（Bt）晶屑粒径多小于 2mm，安山质熔浆胶结，荣 42 井，1256.4m，中生界

2）粗面质（熔结）凝灰 / 角砾 / 集块熔岩

粗面质（熔结）凝灰 / 角砾 / 集块熔岩是粗面质火山碎屑岩向粗面岩过渡的岩石类型，熔岩物质体积分数为 10%～90%，SiO_2 含量为 57%～63%。火山碎屑物质主要为粗面岩的岩屑，体积分数大于 50%，具有火山碎屑熔岩结构，熔岩胶结。当碎屑主要粒级在 2mm 以下时，为粗面质凝灰熔岩；当碎屑主要粒级在 2～64mm 之间时，属于角砾级，具有角砾熔岩结构，岩石为粗面质角砾熔岩，研究区角砾熔岩中角砾多呈棱角状，分选较差，角砾以粗面质为主，偶见玄武岩、蚀变玄武岩角砾。当碎屑主要粒级大于 64mm 时，属于集块级，具有集块熔岩结构，为粗面质集块熔岩。

当岩石中粗面质火山碎屑为塑性岩屑或塑性玻屑，并且具有熔结结构时，岩石命名为粗面质熔结碎屑岩类，具体岩石类型根据塑性岩屑和玻屑的粒径大小、相对含量以及熔结程度进一步划分为粗面质熔结凝灰岩、粗面质熔结角砾岩（图 3-1-20）、粗面质熔结集块岩等基本类型，它们的成岩方式仍属于冷凝固结成岩。

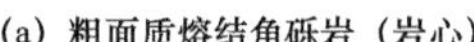
(a) 粗面质熔结角砾岩（岩心）

(b) 粗面质熔结角砾岩（单偏光）

(c) 粗面质熔结角砾岩（正交偏光）

图 3-1-20 粗面质熔结角砾岩

熔结结构，粗面岩角砾粒径多为 2～64mm，粗面质熔浆胶结，小 27 井，3451m，沙三段

3）粗面质隐爆角砾岩

粗面质隐爆角砾岩岩石成因及结构、构造与玄武质隐爆角砾岩相似，角砾和胶结物熔浆 SiO_2 含量为 57%～63%，多为灰白色（图 3-1-21）。

图 3-1-21　粗面质隐爆角砾岩（于 70 井，4040.8m，沙三段，岩心照片）

3. 火山碎屑岩类

1）安山质凝灰/角砾/集块岩

安山质凝灰岩的火山碎屑物质体积分数在 50%～90% 之间，SiO_2 含量一般在 52%～63% 之间，岩石碎屑物质粒径主要小于 2.0mm，由晶屑和玻屑组成，含少量岩屑，见火山凝灰结构（图 3-1-22）。安山质角砾岩中碎屑物质主要由粒径较大（2～64mm）的岩屑组成，含少量火山灰和晶屑，胶结物为火山灰或更细的火山物质，有时为安山质熔岩，见火山角砾结构。当岩石中碎屑物质主要由粒径较大（>64mm）的岩屑组成时，具有火山集块结构，岩石过渡为安山质集块岩。这类岩石的碎屑粒级在角砾或集块级别时主要为安山质熔岩，可见交织结构、安山结构等，也有少量围岩的碎屑；凝灰级的碎屑主要为斜长石或暗化的黑云母、角闪石晶屑和更细的火山物质，成岩方式以压实固结为主。

图 3-1-22　安山质凝灰岩（白 10 井，822.5m，岩心照片）

2）粗面质凝灰/角砾/集块岩

粗面质凝灰/角砾/集块岩火山碎屑物质体积分数为50%～90%，SiO_2含量一般为57%～63%。粗面质凝灰岩的岩石碎屑物质粒径主要小于2.0mm，由晶屑和玻屑组成，含少量岩屑，晶屑主要为碱性长石，见火山凝灰结构；粗面质角砾岩中碎屑物质主要由粒径较大（2～64mm）的岩屑组成，含少量火山灰和晶屑，角砾多呈棱角状，分选较差，以粗面岩角砾为主，可见少量玄武岩、蚀变玄武岩角砾，部分角砾具暗化边结构。胶结物为火山灰或更细的火山物质，见火山角砾结构（图3-1-23）。当岩石中碎屑物质主要由粒径较大（>64mm）的岩屑组成时，具有火山集块结构，岩石过渡为粗面质集块岩（图3-1-24）。

(a) 粗面质角砾岩（岩心）

(b) 粗面质角砾岩（单偏光）

(c) 粗面质角砾岩（正交偏光）

图3-1-23　粗面质角砾岩

火山角砾结构，粗面岩角砾（Bre）粒径为2～64mm，火山灰胶结，小27井，3349.66m，沙三段

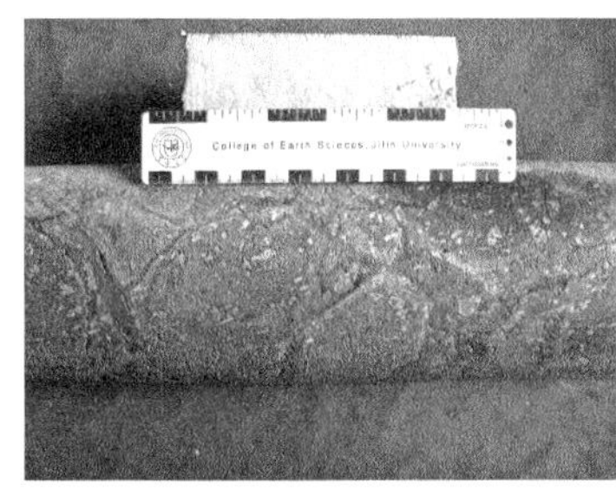

(a) 粗面质集块岩（岩心）

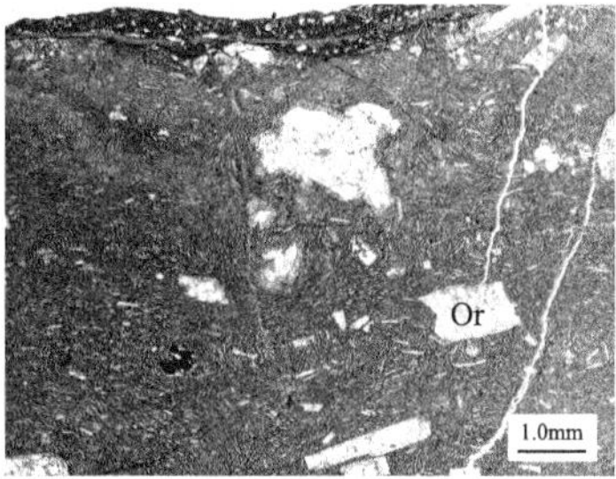

(b) 粗面质集块岩（单偏光）

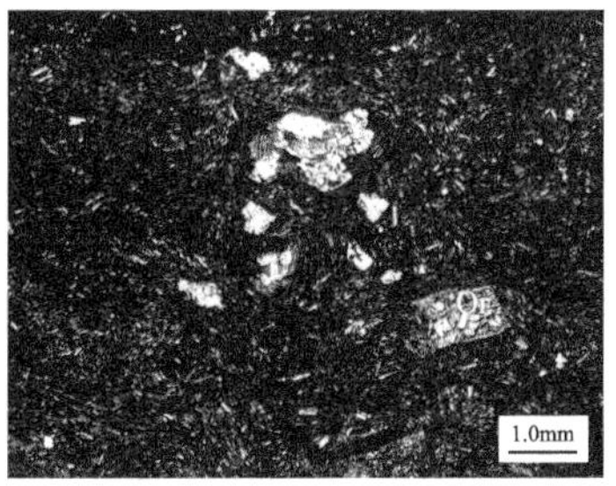

(c) 粗面质集块岩（正交偏光）

图3-1-24　粗面质集块岩

火山角砾结构，粗面岩集块粒径大于64mm，火山灰胶结，欧15井，2402.56m，沙三段

4. 浅成岩和次火山岩类

1）粗面斑岩

粗面斑岩仅在东部凹陷局部发育，结晶程度较低，呈致密块状。岩石颜色较浅，呈浅灰色或浅褐红色，常见斑状结构。主要矿物为碱性长石（组成斑晶和基质），含少量黑云母、角闪石；碱性粗面斑岩常出现黝方石、白榴石等似长石。基质为粗面结构、间隐结构等。

2）闪长玢岩

闪长玢岩镜下可见斑晶为斜长石和角闪石，角闪石为绿色，局部可见暗化边不等粒多斑结构。基质成分与斑晶成分相同，具有显微晶质结构（图 3-1-25）。局部分布于外围盆地中生界。

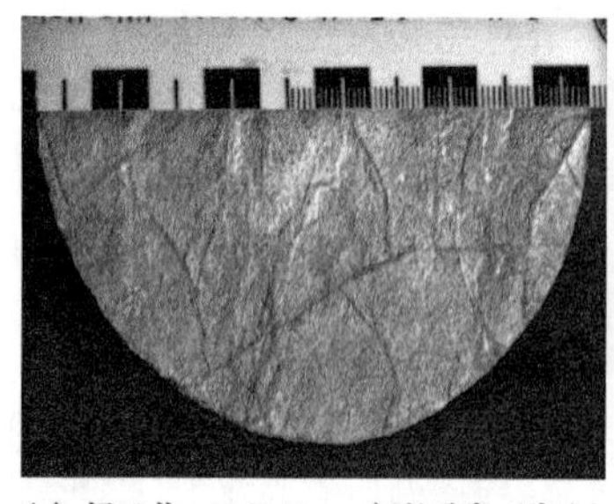
(a) 好10井，1141.91m，闪长玢岩（岩心）

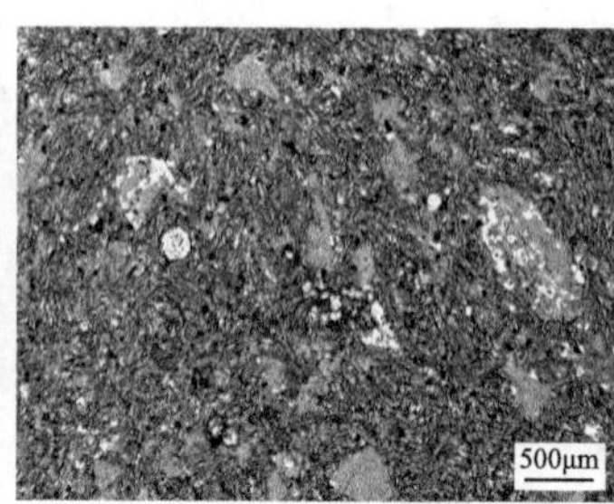

(b) 好10井，闪长玢岩，4×10倍（单偏光）

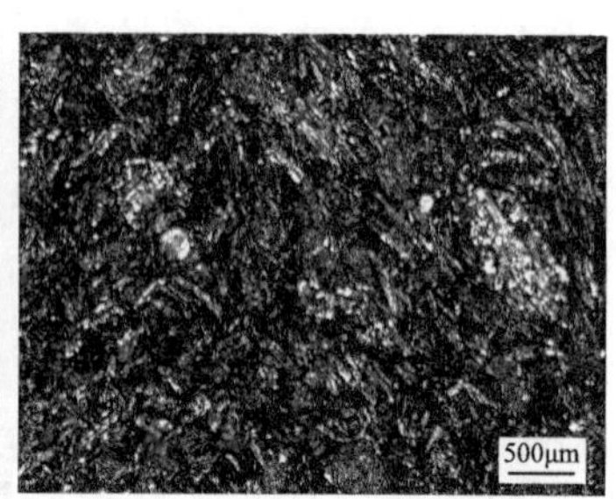

(c) 好10井，闪长玢岩，4×10倍（正交偏光）

图 3-1-25　闪长玢岩

5. 深成岩类

深成岩类主要包括闪长岩和正长岩，区内发育较少。闪长岩 SiO_2 含量一般为 52%～65%，矿物成分主要由一种或数种暗色矿物组成。最常见的暗色矿物是角闪石，有时为辉石和黑云母。正长岩 SiO_2 含量与闪长岩相当，但碱质（氧化钠、氧化钾）稍高于闪长岩。主要由长石、角闪石和黑云母组成，不含或含极少量的石英。

（三）酸性岩类

1. 火山熔岩类

1）流纹岩

岩石多为灰色、灰白色，具斑状结构、块状构造。岩石构造裂缝极为发育，交织呈网状，沿缝见溶缝和溶孔，缝宽 0.01～1.2mm。矿物成分主要为石英和长石，暗色矿物含量较少。斑晶含量为 4%～5%，斑晶为斜长石，半自形、他形、粒状、板状，个别具环带结构。基质由微晶斜长石及石英构成霏细结构，轻微泥化。

2）英安岩

岩石多为灰色、灰白色，致密、坚硬，具块状构造、斑状结构。斑晶含量很少，斑晶为斜长石，半自形、他形；基质由微晶斜长石及石英构成霏细结构，基质碳酸盐交代。

2. 火山碎屑熔岩类

主要在辽河坳陷西部凹陷可见流纹质 / 英安质（熔结）凝灰熔岩。流纹质（熔结）凝灰熔岩 SiO_2 含量一般大于 69%，特征组分为流纹质塑性玻屑和塑性岩屑，主要碎屑粒径小于 2mm。英安质（熔结）凝灰熔岩是英安质火山碎屑岩向英安岩过渡的岩石类型，熔岩物质体积分数可达 10%～90%，SiO_2 含量一般为 63%～69%。火山碎屑物质主要为岩屑和晶屑，体积分数在 50% 以上，碎屑粒径小于2mm，具有火山碎屑熔岩结构。

3. 火山碎屑岩类

主要发育流纹质凝灰岩，SiO_2 含量一般大于 63％，火山碎屑物质体积分数为 50%～90%，碎屑物质主要由粒径小于 2mm 的玻屑、晶屑（石英和透长石）和岩屑（主要为流纹岩）以及火山尘组成，具有火山凝灰结构。

4. 浅成岩和次火山岩类

典型岩性为流纹斑岩，岩石通常呈灰色、灰红色，具斑状结构，斑晶成分主要为透长石及石英，常具溶蚀边，有时含少量具暗化边的黑云母或角闪石斑晶。基质为长石、石英隐晶质混合体或为玻璃质（有时具球粒结构或霏细结构），基质中还常含有数量不等的磁铁矿或赤铁矿，但多已氧化成褐铁矿。常具气孔状—杏仁构造和流纹构造（图 3-1-26）。

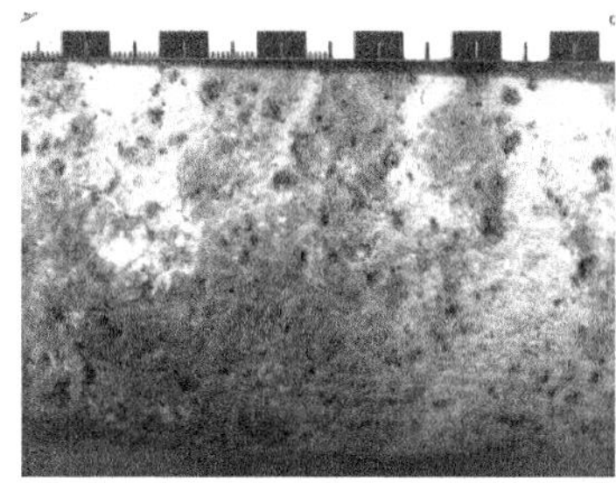
(a) 库2井，1841.3m，流纹斑岩（岩心）

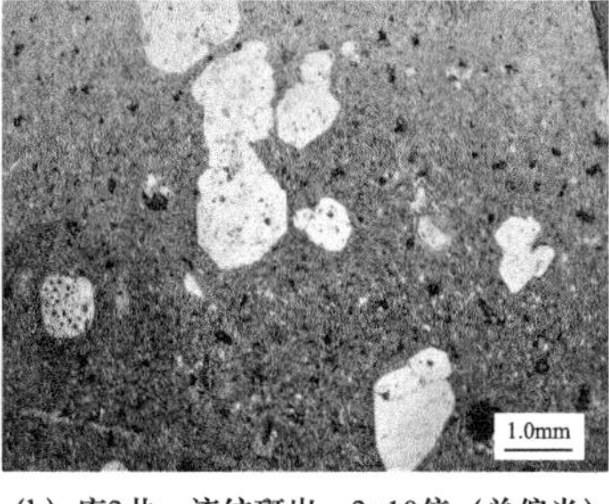

(b) 库2井，流纹斑岩，2×10倍（单偏光）

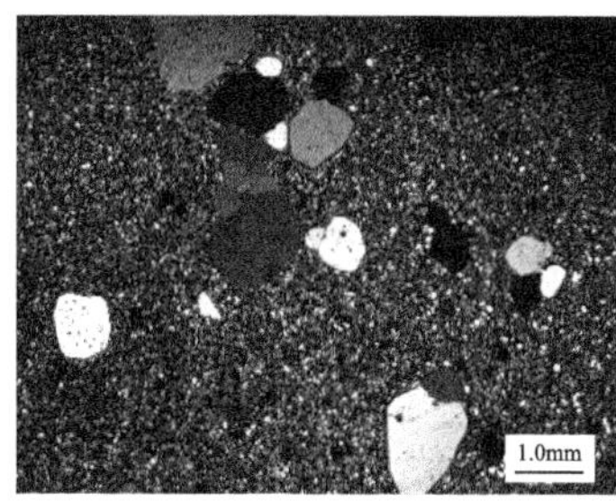

(c) 库2井，流纹斑岩，2×10倍（正交偏光）

图 3-1-26 流纹斑岩

5. 深成岩类

主要为花岗岩，区内较少发育。花岗岩 SiO_2 含量一般大于 66％，多为浅肉红色、浅灰色、灰白色等，具花岗结构、块状构造。主要矿物为碱性长石、石英、酸性斜长石，次要矿物为黑云母、角闪石等。

四、火山岩岩性测井识别

在对火山岩岩性特征有了较准确认识的基础上，开展测井的岩性识别，有助于提高火山岩储层的测井评价精度及油气藏的勘探开发效果。对火山岩钻井取心进行薄片鉴定及氧化物分析，能够准确确定火山岩岩性。利用“岩心刻度测井”，应用自然伽马、电阻率、声波时差、中子、密度等测井曲线，总结出不同类型火山岩常规测井曲线特征（表 3-1-2），能够有效识别出致密粗面岩、粗面质角砾岩 / 凝灰（熔）岩、致密玄武岩、气孔玄武岩、玄武质角砾岩 / 凝灰（熔）岩、辉绿岩 6 种岩性，并建立火山岩岩性测井识别图版（图 3-1-27、图 3-1-28）。总体而言，从基性岩类（玄武岩、辉绿岩）到中性岩类（安山岩、闪长岩）再到中酸性岩类（粗面岩），自然伽马逐渐增大，密度、中子测井值逐渐降低[1]。

表 3-1-2　辽河中基性火山岩测井响应特征

岩性	自然伽马 / API	电阻率 / Ω·m	密度 / g/cm^3	中子 / %	声波时差 / μs/ft	测井曲线特征			
						自然伽马	电阻率	密度	密度—中子
致密粗面岩	高自然伽马 120～240	低—中高电阻率 30～6000	中密度 2.50～2.70	中低中子 4.6～16.0	中低声波时差 50～80	中低振幅高频齿化箱形，夹指形	低振幅齿化箱形	低振幅齿形	正差异
粗面质角砾岩 / 凝灰（熔）岩、角砾化粗面岩	中高自然伽马 85～230	低—中电阻率 5～300	中低密度 2.25～2.60	中低中子 8.0～20.0	中低声波时差 55～85	中高振幅高频齿化箱形，夹尖峰形	低振幅低频齿化箱形或弱齿平直状	低振幅齿形	正差异或绞合状
致密玄武岩	低自然伽马 20～55	低电阻率 4～80	中高密度 2.60～2.88	中高中子 12.0～30.0	中低声波时差 50～80	低振幅低频反向齿化箱形或弱齿平直状	低振幅低频齿形或弱齿平直状	中低振幅齿形	负差异
气孔玄武岩	低自然伽马 27～60	中低电阻率 4～150	中低密度 2.20～2.60	中高中子 18.0～45.0	中低声波时差 50～95	低振幅反向齿化箱形	中振幅齿化箱形或指形	中高振幅高频齿形	负差异
玄武质角砾岩 / 凝灰（熔）岩、角砾化玄武岩	中低自然伽马 25～80	低电阻率 2～40	中低密度 2.30～2.60	高中子 25.0～45.0	中声波时差 70～90	中低振幅反向齿化箱形夹指形	低振幅低频齿形或弱齿平直状	低振幅低频齿形	负差异
辉绿岩	低自然伽马 20～60	低—中高电阻率 2～2400	中高密度 2.55～3.00	低—中高中子 7.0～28.0	中声波低时差 50～75	低振幅中低频反向齿化箱形或弱齿平直状	低振幅低频齿化箱形夹指形、尖峰形	中低振幅中高频齿形	负差异

注：低自然伽马＜60API，60API≤中自然伽马≤120API，高自然伽马＞120API；低电阻率＜100Ω·m，100Ω·m≤中电阻率≤1000Ω·m，高电阻率＞1000Ω·m；低密度＜$2.4g/cm^3$，$2.4g/cm^3$≤中密度≤$2.7g/cm^3$，高密度＞$2.7g/cm^3$；低中子＜10%，10%≤中中子≤20%，高中子＞20%；低声波时差＜70μs/ft，70μs/ft≤中声波时差≤100μs/ft，高声波时差＞100μs/ft。ft 为非法定计量单位，1ft=0.3048m。

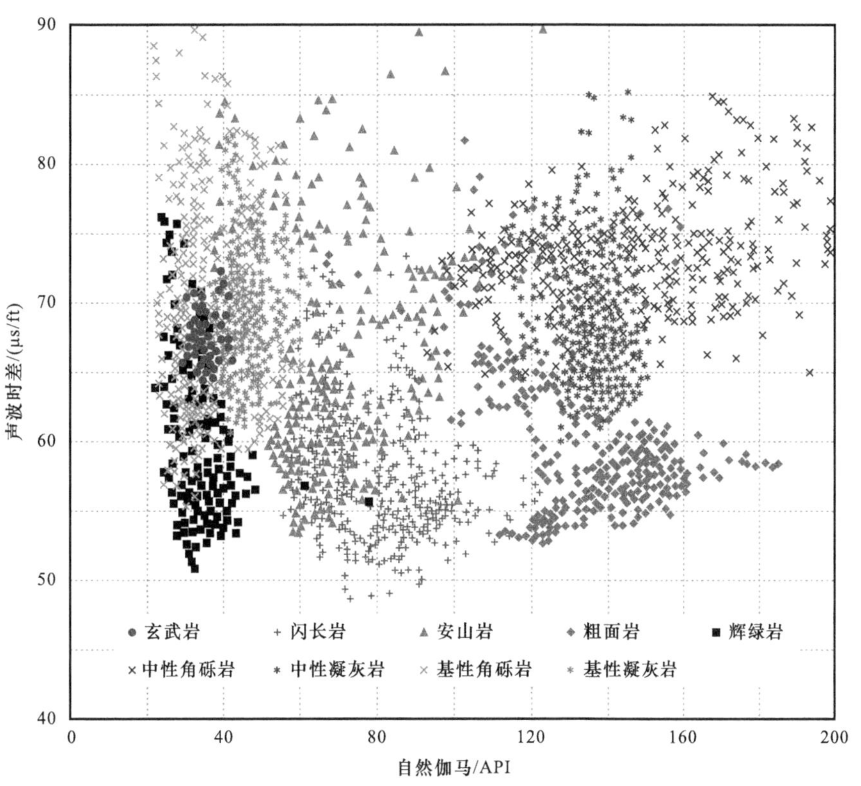

图 3-1-27 火山岩岩性声波时差—自然伽马交会图

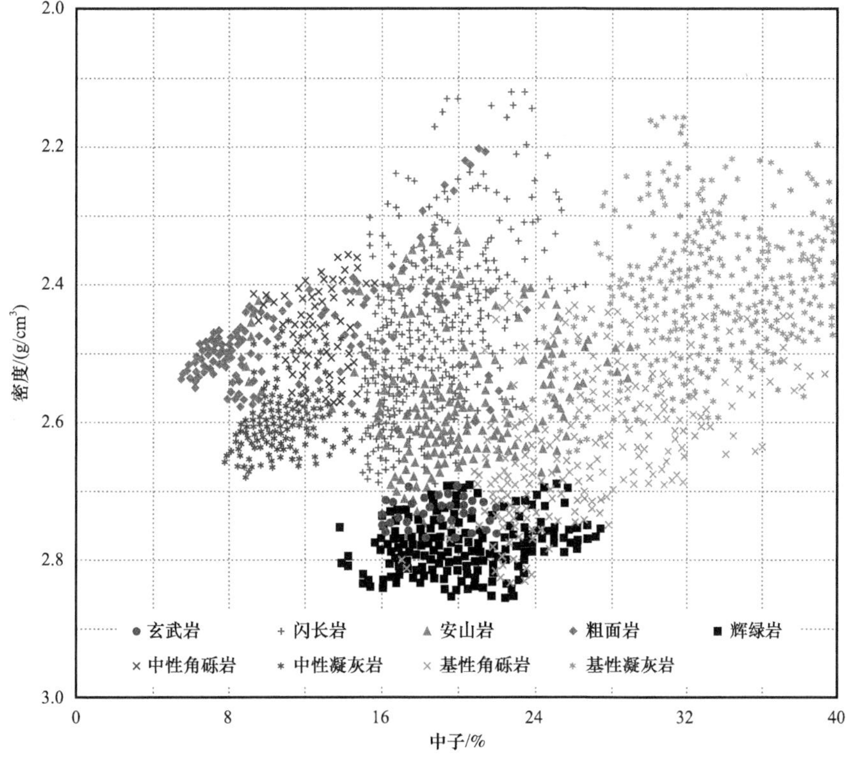

图 3-1-28 火山岩岩性中子—密度交会图

第二节　火山岩岩相类型及特征

渤海湾盆地火山岩相研究由来已久，董冬等（1988）基于东营凹陷古近系中基性火山岩研究，依据气孔构造和组构特征，将火山岩相划分为4相[2]。罗静兰等（1996）基于黄骅坳陷白垩系酸性火山岩研究，依据火山活动特点、产出形态、岩石类型及分布规律，将火山岩相划分为3相[3]。赵澄林等（1999）基于辽河坳陷新生界中基性火山岩，依据形成机制和岩性特征，将火山岩相划分为4相6亚相。王璞珺等（2007）等基于松辽盆地火山岩岩性和岩石组构等用岩心或岩屑可以观测和准确标识的基本地质属性，强调盆地火山岩相研究中的可操作性，注重岩相与储层物性的关系，将火山岩相划分为5相15亚相[4-6]。辽河油田主要借鉴王璞珺等（2007）分类方案，通过大量岩心、岩屑观察和薄片鉴定，结合测井、地震资料分析，建立了火山岩相分类体系和识别标准。

一、火山岩相分类方案

基于古火山机构及其产物研究的岩相分类原则，依据岩浆作用方式（爆发、溢流、侵出或侵入）和就位环境（封闭、半开放、开放和水域环境）的不同，同时考虑火山机构不同部位物质组成的差异，将火山岩相划分为6种岩相16种亚相[7]（表3-2-1）。

表3-2-1　辽河油田中基性火山岩岩相分类及亚相特征

<table>
<tr><th>相</th><th>亚相</th><th>岩石学特征</th><th>特征岩性</th><th>形成机制和物质来源</th><th>产状及空间分布</th></tr>
<tr><td rowspan="8">火山通道相（地下封闭环境—地表半开放环境）</td><td rowspan="3">隐爆角砾岩</td><td>隐爆角砾结构</td><td rowspan="3">玄武质/粗面质/安山质隐爆角砾岩（原岩或围岩可为各种岩石）</td><td rowspan="3">地表下高压热液流体沿先期裂隙灌入产生地下爆炸作用，使围岩破碎，爆炸—充填作用同步进行</td><td rowspan="3">火山口附近、次火山岩顶部或穿入围岩</td></tr>
<tr><td>锯齿状拼合构造</td></tr>
<tr><td>枝杈状、网脉状裂缝系统</td></tr>
<tr><td rowspan="3">次火山岩</td><td>柱状、板状节理</td><td>粗面斑岩</td><td rowspan="3">火山活动晚期滞留于地下浅部的岩浆侵入围岩地层固结形成，与喷出岩同源；多产于断裂交叉、转折处或区域不整合面上</td><td rowspan="3">位于火山通道浅部或充填环状、锥状和放射状裂隙，常以岩脉形式产出；切割围岩呈不整合侵入，或基本平行于围岩层理呈整合侵入</td></tr>
<tr><td>辉绿结构</td><td>粒玄岩</td></tr>
<tr><td>斑状结构（巨斑、聚斑）</td><td>辉绿岩</td></tr>
<tr><td rowspan="2">火山颈</td><td>堆砌结构</td><td rowspan="2">熔岩、火山碎屑（熔）岩、熔结火山碎屑岩</td><td rowspan="2">未喷出地表的残余岩浆停留并充填于火山通道内冷凝固结，或由火山口塌陷回填形成</td><td rowspan="2">位于岩穹和火山口之下，产状近于直立，穿切围岩</td></tr>
<tr><td>环状、柱状、放射状节理</td></tr>
</table>

续表

相	亚相	岩石学特征	特征岩性	形成机制和物质来源	产状及空间分布
爆发相（地表开放环境）	火山碎屑流	熔结凝灰/角砾结构	（以棱角状—次棱角状粗粒火山碎屑物为主的）火山碎屑岩、火山碎屑熔岩和熔结火山碎屑岩	含挥发分的灼热碎屑混合物在后续喷出物推动和自身重力的共同作用下沿着地表流动	火山旋回早期多见，多在爆发相上部，与溢流相过渡
		火山碎屑结构			
	热基浪	岩屑/晶屑凝灰结构	玄武质岩屑/晶屑凝灰岩	气射作用的气—固—液态多相浊流体系在重力作用下近地表呈悬移质快速搬运（最大时速达240km）	爆发相中下部或与空落亚相互层，低凹处厚，向上变细变薄，与古地形呈披覆状
		平行层理	粗面质岩屑/晶屑凝灰岩		
		交错层理	安山质岩屑/晶屑凝灰岩		
		逆行沙波层理			
	空落	颗粒支撑	玄武质凝灰岩	气射作用的固态和塑性喷出物（在风的影响下）做自由落体运动	多在爆发相下部，向上变细变薄，也可呈夹层
		粒序层理	粗面质凝灰岩		
		凝灰结构	安山质凝灰岩		
溢流相（地表开放环境）	复合熔岩流	间隐结构、玻基斑状结构	气孔—杏仁玄武岩	熔浆沿熔岩管道流动溢出，多次叠加形成薄层交织状熔岩流，气孔分带性不明显	薄层交织状、辫状叠加，平面延伸范围小，连续性差
		气孔构造、杏仁构造、枕状构造	枕状玄武岩		
	板状熔岩流	间粒结构	致密玄武岩、粗面岩、粗安岩、安山岩	岩浆自火山通道溢出后沿地表快速流动形成的厚层平板状、扁平状熔岩流	厚层平板状、成层性好，延伸范围广，连续性好，具有气孔带—致密带分带特征
		块状构造			
		柱状节理、板状节理			
	玻质碎屑岩	淬碎角砾结构	角砾化玄武岩	熔浆与水体接触或侵入（或插入）到含水的松散沉积物中，经淬火冷凝而快速堆积形成各种粒级的角砾状玻璃质碎屑	倾斜状，加积式前积结构
		玻璃质结构	玄武质（角砾）凝灰熔岩		
		角砾状构造			
侵出相（地表半开放环境）	外带	自碎角砾结构	角砾化粗面岩/流纹岩	侵出岩穹的外部，熔岩由于膨胀、自身重力和淬火等作用形成角砾状外貌，可与溢流相过渡	岩穹（中心式）、岩脊（裂隙式）状，在火山颈之上呈穹隆状、钟状、塞状、蘑菇状等正向地形
		淬碎角砾结构	粗面质/流纹质凝灰/角砾/集块熔岩		
		玻璃质结构			
		放射状裂隙			
	中带	霏细结构、微晶结构	微晶粗面岩	侵出岩穹的中部，介于外带和内带之间	
		流动构造、块状构造			
	内带	粗面结构、多斑/聚斑/碎斑结构、似斑状结构	块状粗面岩	侵出岩穹的核部，高黏度熔浆受到内力挤压流动，停滞并堆砌在火山通道之上	
		块状构造、柱状节理	粗面斑岩		

续表

相	亚相	岩石学特征	特征岩性	形成机制和物质来源	产状及空间分布
火山沉积相（地表水域环境）	含外碎屑火山沉积	碎屑结构	凝灰质泥岩	火山碎屑多为次棱角状—次圆状，形成于有陆源碎屑物质混入的火山泥流、块体流或熔浆侵入沉积物中，火山碎屑体积分数为10%～50%	火山喷发末期或间歇期，火山机构穹隆之间的低洼地带，远源相带，火山地区的河湖环境
		交错层理	凝灰质砂岩		
		槽状层理	凝灰质砾岩（又称复成分砾岩）		
		粒序层理			
	再搬运火山碎屑沉积	粒序层理	沉凝灰岩	火山物质经水流作用搬运、改造后二次沉积，以棱角状—次棱角状火山碎屑为主，火山碎屑体积分数为50%～90%	火山喷发晚期或间歇期，火山口湖、火山机构穹隆之间的低洼地带，远源相带
		平行层理	沉火山角砾岩		
		沉火山碎屑结构	沉集块岩		
侵入相（地下封闭环境）	边缘	细粒结构、斑状结构	粒玄岩	火山复活期内，岩浆于地下深部侵入到围岩之中所形成的具有独立形态的地质体	呈岩床、岩墙、岩盆、岩盖、岩株等产状处于火山—沉积地层中，按侵入岩体与围岩接触面距离由近到远分为边缘亚相和中心亚相
		流动构造	辉绿岩		
		围岩捕虏体	辉长岩		
			闪长岩		
	中心	全晶质中—粗粒结构	辉绿岩		
		似斑状结构	辉长岩		
		块状构造	闪长岩		

注：（1）热基浪亚相形成于陆上环境，由于基浪是由气体、水汽和火山灰组成的低密度紊流，其体积密度通常小于1g/cm³，因此在水下环境不具备形成条件。

（2）玻质碎屑岩是由炽热的熔浆与水体接触或侵入（或插入）到含水的松散沉积物中经淬火炸碎后胶结而成，常作为水下环境堆积的标志。

（3）侵出相岩穹与溢流相熔岩流在岩石外貌上相似，均以熔岩为主；二者主要区别在于所形成的火山岩体形态差异，其表征参数为岩体横纵比（岩体延伸长度与厚度之比值）；岩穹的横纵比通常小于8，主要由高黏度的粗面质、英安质和流纹质岩浆形成；而熔岩流的横纵比通常大于8，主要由低黏度、流动性强的玄武质岩浆形成。

（4）火山碎屑体积含量小于10%者作为正常沉积岩考虑，不在该分类讨论范围之内。

火山岩相和亚相识别的直接依据是通过手标本观察和薄片岩矿鉴定，获取火山岩的成分、结构和构造等火山岩内在地质属性，从而确定火山岩成因、成岩方式、产状和堆积环境等。对于钻井火山岩相分析而言，可利用的资料主要包括录井岩性、钻井取心以及岩屑、岩心和岩屑薄片岩矿鉴定等。从火山岩岩相分类及亚相特征表可以看出（表3–2–1），根据喷出岩或侵入岩首先确定火山岩的产状，侵入岩类归属侵入相；喷出岩的岩性大类为熔岩、火山碎屑熔岩、火山碎屑岩、沉火山碎屑岩或（火山碎屑）沉积岩（凝灰质岩石），根据喷出岩的岩性大类划分火山岩相和亚相类型。沉火山碎屑岩和火山碎屑沉积岩与火山沉积相对应，前者为再搬运火山碎屑沉积亚相，后者属含外碎屑火山沉积亚相。火山碎屑岩为爆发成因，根据粒度、分选和层理特征可以确定亚相类型，通常火山碎屑流亚相以粗粒火山碎屑物为主（粒径>2mm，角砾级以上），分选差，层理不发育；热基浪亚相由中—细粒火山碎屑物组成，分选中等，层理发育；空落亚相由细粒火山碎屑物（粒径<2mm）组成，含粗粒火山碎屑物（火山弹），分选较好，具粒序层理。熔岩和火山碎屑熔岩通常为溢流相和侵出相。偏基性者（玄武岩）岩浆黏度小、流动性好，以溢流相为主，其内部根据气孔、致密和角砾化的构成方式和比例可以确定为复合熔岩流亚相、板状熔岩流亚相和玻质碎屑岩亚相。偏酸性（英安岩、流纹岩）和中性偏碱性（粗面岩）者岩浆黏度大、流动性差，以侵出相为主，根据结晶程度、斑晶含量和角砾化可以确定侵出相岩穹的外带、中带和内带亚相。

二、火山岩相地质特征及识别标志

（一）火山通道相

火山通道相包括火山颈、次火山岩和隐爆角砾岩三类亚相，三者互为依存或交切。广义上，火山通道相涵盖自岩浆房之上至火山口（或火山锥）之下的整个岩浆导运系统中形成和保存的火山岩堆积体和超浅成侵入体。火山通道相位于火山机构主体的下部和近中心部位，是岩浆向上运移到达地表过程中滞流和回填在岩浆主通道及其分支管道中的各种火山岩类组合。可形成于火山旋回的整个过程中，但保留下来的主要是后期活动的产物。区内火山喷发大体可分为裂隙式和中心式两类，它们多为沿着走滑断裂带分布的相对独立火山岩体或侧向叠置体。其主通道具有不同的截面形态，如裂隙式通道多呈墙状，中心式通道多呈漏斗状、管状。

1. 火山颈亚相

火山颈亚相指岩浆房之上、火山口之下，原位存留和回填在火山通道内的火山喷出物共生组合体。其岩性特征为熔岩、火山碎屑岩和火山碎屑熔岩多种岩石混杂，具环状、柱状、放射状节理。火山颈亚相产状近于直立或呈倾斜状，截面显示为“上宽下窄”，呈漏斗状、管状和墙状，多穿切围岩。火山颈亚相的鉴别特征是不同岩性、不同结构、不同颜色的熔岩与火山碎屑（熔）岩混杂，其最明显的标志是在剖面、岩心和薄片尺度上经常能够见到类似混凝土的“堆砌结构”（图 3-2-1a、b），即角砾未经搬运磨圆、基质未见流动拉长，显示出垮塌堆积后原地胶结成岩的特点，角砾均为火山岩，常见火山集块，分选和磨圆差，胶结物为细粒火山碎屑或熔浆。通常认为，大规模岩浆喷发之后，因岩浆房内压力下降而未喷出地表的残余岩浆滞留于主通道内冷凝固结；同时，火山口附近的岩层下陷坍塌后堆积其中，破碎的坍塌物部分被后续的熔浆或岩汁胶结，形成堆砌结构。

2. 次火山岩亚相

次火山岩亚相指与其他岩相和围岩呈指状交切或呈岩株、岩墙、岩床及岩脉形式嵌入，未喷出地表的同期小型超浅成侵入体。其代表岩性为次火山岩（玢岩和斑岩等），具斑状结构—全晶质不等粒结构，冷凝边构造，流面、流线构造，柱状、板状节理。次火山岩与喷出岩是同源、同火山活动的产物，两者岩石外貌相似（图 3-2-1c、d），但次火山岩结晶程度相对较好，尤其基质结晶为全晶质中—细粒结构（图 3-2-1d），斑晶含量可以很高，呈巨斑、多斑、聚斑结构。次火山岩体由于内部分异、同化不强，呈块状构造（图 3-2-1c），常在成分上比较均一，结构、构造分带性不明显，自岩体边缘至中心呈均一过渡。通常认为，次火山岩亚相是熔浆侵入围岩中、较之于喷出岩相对缓慢冷凝结晶形成的，平面上多位于火山口附近，纵向上自火山喷口向下几百米至 1500 余米。

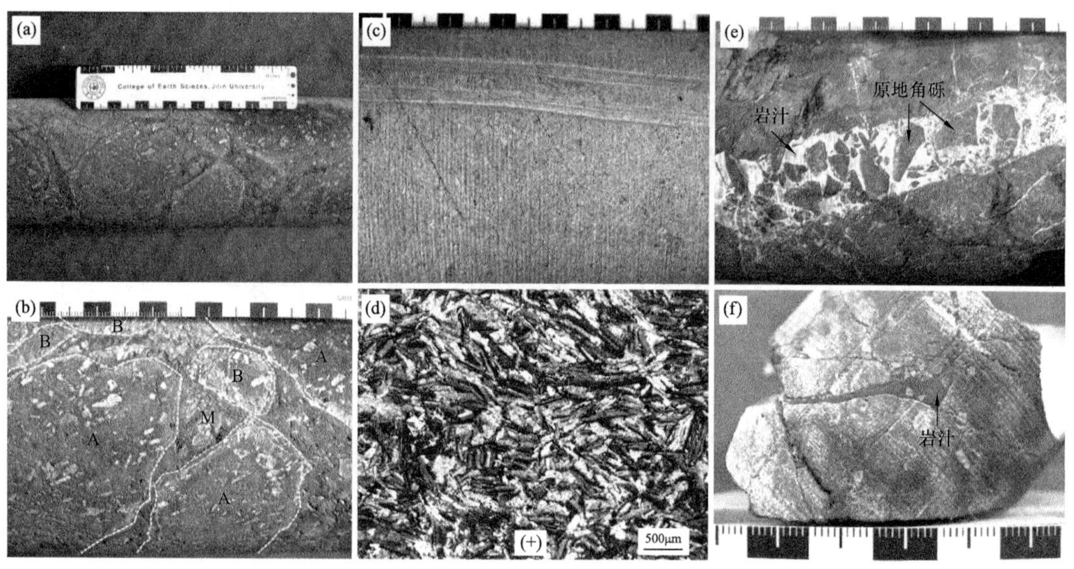

图 3-2-1　火山通道相 3 类亚相典型岩心及显微薄片特征

（a）和（b）为火山颈亚相，粗面质集块岩，火山集块结构、堆砌结构，粗面岩集块（A）和角砾（B）具浅化边，基质（M）由细小角砾（粒径＜1cm）和火山灰组成，欧 15 井，2402.56m；（c）和（d）为次火山岩亚相，细晶岩，岩石由碱性长石组成，全晶质细粒结构，块状构造，大 33 井，3003.3m；（e）和（f）为隐爆角砾岩亚相，原岩分别为玄武岩（红 15 井，1939.69m）和粗面岩（小 40 井，3537.31m）

3. 隐爆角砾岩亚相

隐爆角砾岩又称热液角砾岩，主要表现为各种成因的角砾经熔浆或岩汁胶结或半胶结的原地角砾岩（茬口可拼接复原）。由高压流体地下隐伏爆炸、造缝 / 破碎、运移、灌入 / 胶结等一系列地质作用形成。即地表下高压热液流体沿先期裂缝渗入并对围岩施加压力，超出围岩的伸展强度，从而导致围岩碎裂形成枝杈状、网脉状裂缝系统，并伴生棱角状、碎块状原地角砾，角砾间通常被灌入的流体析出物“岩汁”（硅质及钙质为主）胶结形成单一或复成分的原地角砾岩。其原岩可以是各种岩石，甚至可以是非火山岩，但多数情况下以近火山口的火山熔岩或火山碎屑熔岩为主。隐爆角砾岩通常形成于岩浆旋回的同期或准同期，位于火山口附近或次火山岩体顶部，经常穿入其他岩相或围岩。区内隐爆角砾岩亚相的代表岩性为玄武质 / 粗面质隐爆角砾岩，其鉴别特征为在手标本和薄片尺度上可识别出隐爆角砾结构，即岩石被枝杈状、网脉状裂缝分割成角砾状，角砾颜色和成分一致，位移不大，视域范围内可拼接复原（图 3-2-1e、f）。有学者从岩石学研究的角度将隐爆角砾岩归入到次火山岩亚相中，但考虑到其储集空间特殊性和对储层改善作用及其指示意义，将其独立划分出来。

（二）爆发相

爆发相指爆炸式火山喷发作用产物的堆积组合体。受构造背景和古地理环境的制约，区内爆发作用产物形成和就位环境既有陆上环境，也有水下环境。根据火山碎屑的成因和搬运机制不同，爆发相可细分为火山碎屑流亚相、热基浪亚相和空落亚相 3 种类型。在岩心和露头尺度上，主要可据其碎屑物粒度、分选以及层理等特征加以辨识。结合研究区火山岩发育特征，对爆发相 3 类亚相的具体特征论述如下。

1. 空落亚相

空落亚相亦称坠落亚相，指爆炸飞溅到空中又因重力坠落到地表或水底的火山喷出物堆积体。其主要构成岩石类型为火山碎屑岩，以凝灰岩、熔结凝灰岩为主，具凝灰及角砾/集块结构，常见块状层理和粒序层理，分选较好（图 3-2-2a、b）。空落亚相的堆积物主要为火山气射作用产生的含大量细粒火山碎屑的喷出物，在重力作用下做自由落体运动，经空气（或水）介质搬运分选后堆积，经压实和胶结成岩。岩石通常具有良好的分选性。其厚度受古地形影响较小，呈幔状披覆式堆积，分布范围较广，通常围绕火山口呈环状或面状分布，平面上厚度变化不大，自火山口向外厚度略呈减小趋势。坠落亚相的主要鉴别

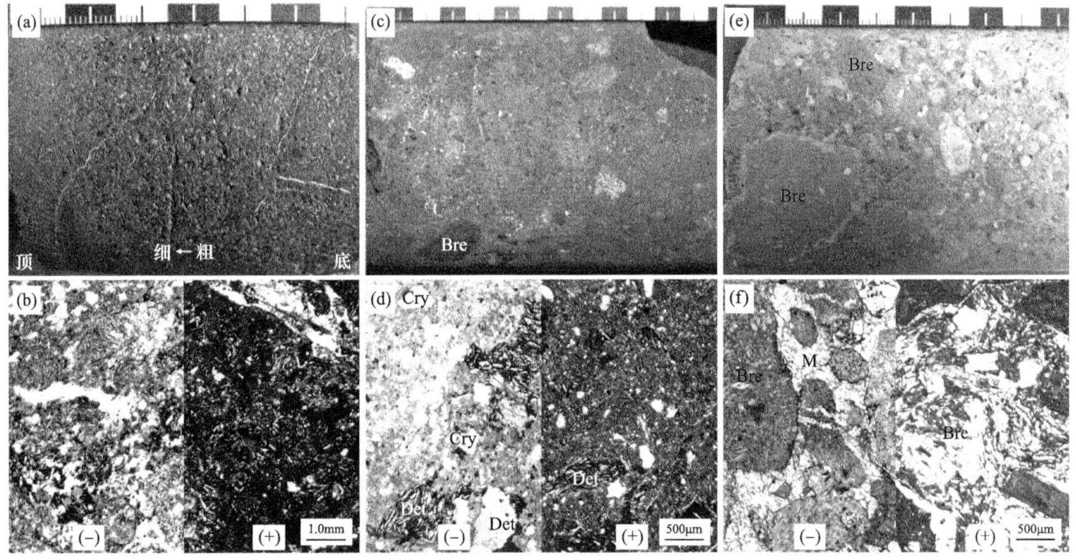

图 3-2-2　爆发相 3 类亚相典型岩心及显微薄片特征

（a）和（b）为空落亚相，玄武质凝灰岩，细粒凝灰结构，粒序层理，岩石全部由凝灰级（粒径<2mm）的火山碎屑物组成，欧 29 井，2490.61m，薄片照片分别以单偏光（−）和正交偏光（+）构成一个完整的视域（以下同）；（c）和（d）为热基浪亚相，玄武质晶屑/岩屑凝灰岩，由长石晶屑（Cry）、玄武岩岩屑（Det）和细粒火山灰组成，基质支撑，含角砾（Bre），大 22 井，2469.56m；（e）和（f）为火山碎屑流亚相，粗面质角砾岩，粗面岩角砾呈次棱角状—次圆状，以颗粒支撑为主，基质支撑次之；欧 51 井，3195.48m

特征是具有良好的分选性，见粒序层理、粗细条带状层理或内部无层理构造，局部可见火山弹或浮岩块坠落其中扰动形成的弹道状“坠石构造”。

2. 热基浪亚相

热基浪亚相指火山碎屑涌浪沉积，主要是载屑蒸汽流极快速搬运—沉积的火山碎屑堆积物。其主要构成岩石类型为火山碎屑岩，以凝灰岩为主，岩屑 / 晶屑凝灰结构，分选中等，层理极为发育。热基浪亚相的堆积物常顺古地形呈幔状覆盖，低洼处堆积物厚度明显大于高部位。热基浪亚相显微尺度的主要鉴别特征是其岩屑和晶屑的含量较高（图3-2-2c、d），宏观尺度上可见各种层理构造，如平行层理、波状层理和各类交错层理，局部可见沙丘或逆行沙丘。此外，热基浪亚相多见于陆上环境，岩屑和晶屑的淬碎结构少见。

3. 火山碎屑流亚相

火山碎屑流亚相指爆炸式火山喷发产生的各种火山碎屑物，快速搬运—沉积的火山碎屑堆积物复合体。其主要构成岩性为以棱角状—次棱角状粗粒火山碎屑物为主的火山碎屑岩及熔结火山碎屑岩，具火山碎屑结构、熔结结构，分选较差（图3-2-2e、f）。单层内部通常不发育层理，有时可见正粒序，多个冷却单元叠加时则可显示出粗—细韵律层理。在本区的代表性岩石类型为玄武质角砾岩、粗面质角砾岩和粗面质熔结角砾岩，其鉴别特征是分选差，以粗粒火山碎屑为主，含塑性玻屑、浆屑，具“焊接”特征。火山碎屑流沉积的分布受古地形影响，多见于低洼部位，常见反丘状充填的截面形态。值得一提的是，本区常见水下火山碎屑流堆积，其特点是无熔结结构（无“焊接”作用）、见玻质碎屑结构（碎屑中含淬碎火山玻璃）和多与湖相泥岩互层。其可能成因为当灼热的高密度火山碎屑流进入水体时，继续流动并迅速与水发生混合、冷却（淬火），最终以浊流或重力块体流形式水下沉积。火山碎屑流主要是由喷发柱崩塌形成的高密度气—固体混合物扩散而成，进而沿地表快速搬运形成重力流堆积，也可形成一部分由熔岩穹丘或熔岩流外层或表层在重力或爆发作用下崩塌破碎后形成的碎屑流堆积。

（三）溢流相

溢流相是洪泛式熔岩流，熔浆流动、冷凝、堆积、叠加的复合体。根据喷发机制和就位环境的不同，溢流相可细分为玻质碎屑岩、板状熔岩流和复合熔岩流 3 类亚相。在岩矿鉴别特征上，可依据致密、气孔和角砾化熔岩的组合及其相对比例加以确定。

1. 玻质碎屑岩亚相

玻质碎屑岩亚相是熔浆与水体接触或插入到含水的松散沉积物中，经淬火冷凝形成各种粒级的角砾状玻璃质碎屑堆积物。特征岩性是具有淬碎角砾结构、玻璃质结构和角砾状构造的角砾化玄武岩（图3-2-3a、b）和玄武质角砾熔岩。淬碎角砾边缘多成圆弧状，不见炸碎形成的棱角状角砾，其中组成的火山玻璃多为富含水的橙玄玻璃。玻质碎屑岩亚相是岩浆于水下就位的典型代表，广泛发育于辽河坳陷东部凹陷沙河街组三段（强烈断陷阶段，湖盆最大扩张期），钻井岩性剖面上显示其上下均发育厚层暗色泥岩。玻质碎屑岩亚相既可以由岩浆于水下喷出并就位形成，也可以由陆上喷出的岩浆沿地表流入湖盆之中形成，可与陆相堆积的板状熔岩流和复合熔岩流呈侧向相变。在地震剖面上，其外部几何形态多呈楔状和丘状，内部具倾斜状加积式前积结构，钻井揭示岩层厚度最大可达 220m。

2. 板状熔岩流亚相

主要发育熔岩，以气孔和致密熔岩为主。厚层平板状横向扩展熔岩流，单层厚度数米至几十米，横向连续性好，延伸可达数千米。岩浆自火山通道溢出后沿地表快速流动形成，常为厚层平板状、扁平状。单层熔岩内部具有明显的气孔带—致密带分带特征，相邻的两个板状熔岩流之间常发育数米厚的沉积岩夹层（反映为喷发的短暂间歇期）。板状熔岩流亚相内部具有明显的气孔垂向分带性，表现为上部及下部气孔发育，而中间气孔不发育或呈致密块状（图 3–2–3c、d）。

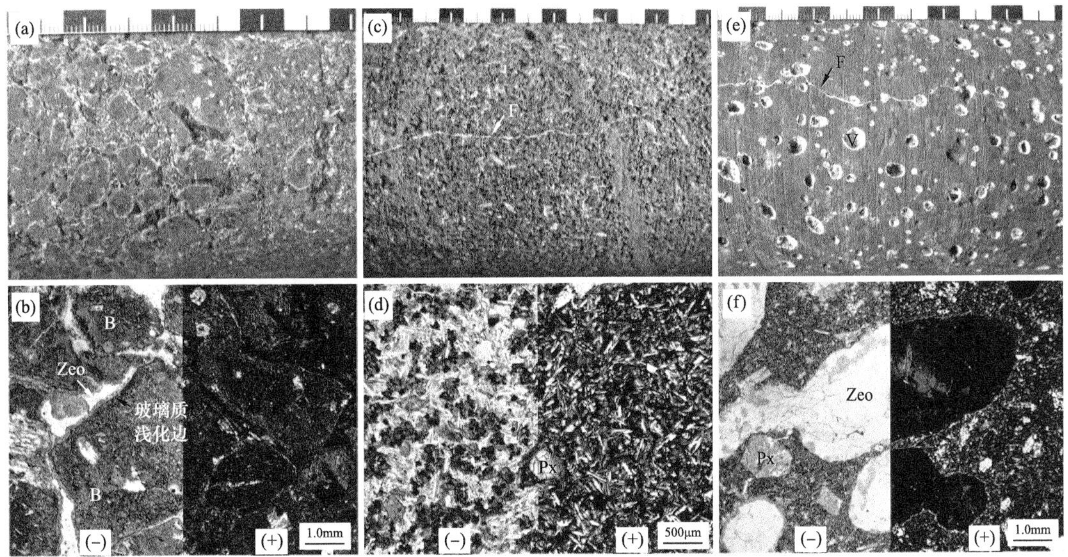

图 3–2–3　溢流相 3 类亚相典型岩心及显微薄片特征

（a）和（b）为玻质碎屑岩亚相，角砾化玄武岩，角砾为玻基斑状玄武岩，具玻璃质浅化边，角砾间充填沸石（Zeo，玻璃质熔浆蚀变产物），欧 52 井，2773.4m；（c）和（d）为板状熔岩流亚相，粒玄岩，间粒结构，少斑结构，斑晶为辉石（Px），块状构造，发育一组近垂直裂缝（F），开 38 井，2361.93m；（e）和（f）为复合熔岩流亚相，气孔—杏仁构造玄武岩，气孔（V）发育，充填物为沸石，桃 11 井，1985.61m

3. 复合熔岩流亚相

复合熔岩流亚相指多期叠加形成薄层交织状熔岩流的堆积复合体。单层横向延伸范围小、连续性差，常见于小规模、低黏度的玄武质熔岩中，主要由熔岩量相对较少的高频火山喷发形成。复合熔岩流单层厚度小，由多个单层厚度介于数十厘米至数米的小型辫状流动单元组成，单个流动单元内部由含管状气孔—杏仁体的底壳、块状构造核部和上部气孔—杏仁状构造外壳构成。由于连续喷发而形成的多个流动单元之间往往难以确定明显的界线，因此复合熔岩流亚相的典型特征表现为其内部由气孔—杏仁构造玄武岩和致密玄武岩互层构成，或为多孔与少孔玄武岩互层，气孔带一般与少孔或致密带厚度相当或略厚。

复合熔岩流亚相岩石组合在内部结构和构造上的显著特点是其多界面属性，即每个辫状单元层周围均被冷凝界面所围限；这在测井曲线上通常具有明显的响应特征，表现为声波时差、密度、补偿中子和电阻率等测井曲线呈指状叠加，每个指状单元对应于一个熔岩流动单元。一次集中喷发的数个流动单元所组成的熔岩流（组）顶部常发育风化壳，据此可将相邻的两个熔岩流（组）分开，并且向岩层顶部与河湖环境沉积相关的火山碎屑沉积岩（凝灰质砂岩 / 砾岩）占有更大比例。

（四）侵出相

侵出相指较黏稠（温度较低或硅质含量较高）、挥发分含量较少的岩浆，从火山通道中被“挤牙膏”式推举出地表而形成的熔岩穹丘，主要见于酸性、碱性及中性岩中，多见于火山喷发旋回中后期，堆积于火山机构上部。通常岩浆的黏度愈大，其产状愈陡。

侵出相属于非层状喷出相，中心式喷发侵出相多为熔岩丘（穹丘），裂隙式喷发侵出相为熔岩脊。纵截面主要表现为蘑菇形穹丘状，亦可呈钟状、面包状、洋葱状、碑状、塔状、塞状、针状产出，岩体具有较高的纵横比。平面上，多呈圆形或椭圆形。高度从几十米至数百米，一般为100～300m；直径几百米到千余米，以2000～4000m居多；纵横比高，多大于1/8，以1/3～1/2居多。本区侵出相岩石富含斑晶，具有聚斑结构、碎斑结构，斑晶含量可达30%以上；同时其基质结晶程度具分带性，即外部或边缘为玻璃质结构→中部或过渡带为霏细质结构→内部为显微粒状结构（图3-2-4）。水平上和纵向上均有结晶程度的分带性，但岩性单一，产状连续，内部通常无沉积夹层等界面。由于结构构造的差别，侵出相由内而外可划分为内带亚相、中带亚相和外带亚相。

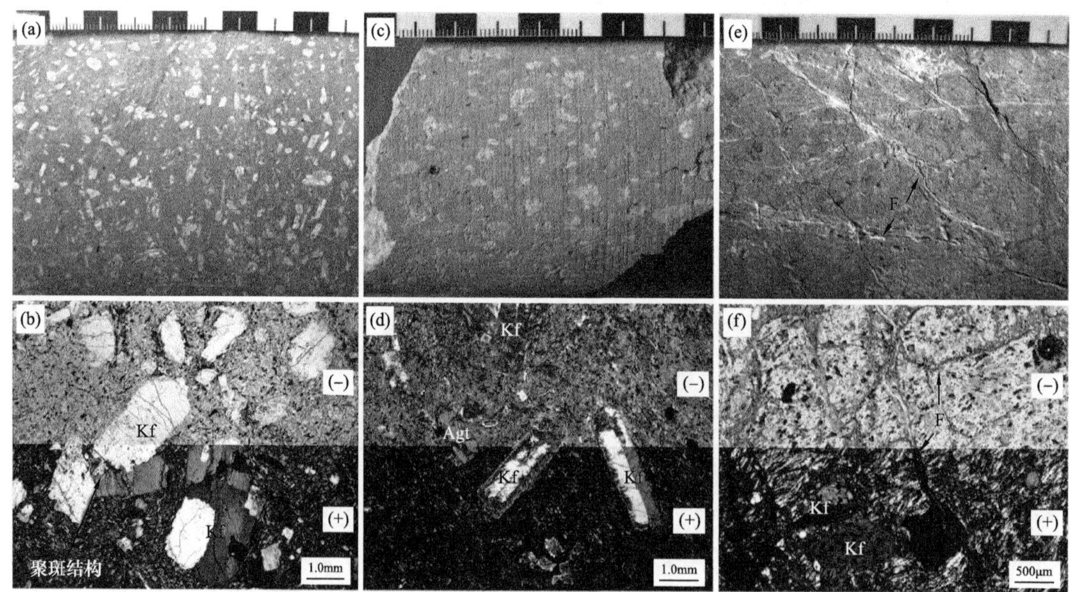

图3-2-4　侵出相3类亚相典型岩心及显微薄片特征

（a）和（b）为内带亚相，粗面岩，多斑、聚斑结构，斑晶全部为钾长石（Kf），基质为粗面结构，块状构造，欧52井，2682.64m；（c）和（d）为中带亚相，粗面岩，斑状结构，斑晶为钾长石（Kf）和霓辉石（Agt），基质为隐晶质结构，块状构造，欧51井，2830.7m；（e）和（f）为外带亚相，角砾化粗面岩，自碎角砾结构，欧29井，2217.0m

1. 内带亚相

内带亚相位于侵出相岩穹的核部，由高黏度熔浆受到内力挤压流动，停滞并堆积在火山通道附近形成。本区代表性岩石为块状粗面岩，具粗面结构、多斑结构、聚斑结构、碎斑结构，块状构造。内带亚相的鉴别特征主要表现为岩石富含斑晶（含量可达30%以上），见块状构造，具柱状和板状节理（图 3-2-4a、b）。

2. 中带亚相

中带亚相位于侵出相岩穹的中部，内带亚相和中带亚相均是由于高黏度熔浆在内力挤压作用下流动，遇水淬火、逐渐冷凝固结在火山口附近堆砌而成，但中带亚相距火山口相对较远，有一定流动距离，因此流动构造是其与内带亚相的重要区别之处。常见结构有玻璃质结构、见微晶结构，见流动构造。本区代表岩性为玻璃质粗面岩和微晶粗面岩，见块状构造，岩体呈层状、透镜状和披覆状。中带亚相岩石特征介于内带和外带之间，以基质微晶结构和霏细结构为标志（图 3-2-4c、d），流动构造常见。

3. 外带亚相

外带亚相位于侵出相岩穹的外部，并且常与溢流相呈过渡关系，通常由黏度较大的岩浆冷凝固结形成，常见强烈塑变的流动构造。本区代表岩性为具淬碎角砾结构或自碎角砾结构的粗面质角砾熔岩和角砾化粗面岩。熔岩由于膨胀、自身重力和淬火等作用形成了原地角砾和暗化或浅化边缘外貌（图 3-2-4e、f），基质多为隐晶质—玻璃质结构。

（五）火山沉积相

火山沉积相为原生火山碎屑物（或熔浆）初始就位后，经再次或多次搬运—沉积而成的、以火山碎屑为主的沉积复合体。与火山岩共生，可出现在火山活动的各个时期，尤其在火山活动的间歇期，与其他火山岩相侧向相变或呈夹层形式产出，平面分布范围广且远大于其他火山岩相，主要分布在火山岩隆起之间的洼陷之中，构成火山机构远源相带的主体部分。火山沉积相的构成岩性主要包括火山碎屑体积含量占 10%～90% 的火山碎屑沉积岩和沉火山碎屑岩。碎屑成分包括火山碎屑和外来碎屑，火山碎屑主要为凝灰级（岩屑、晶屑和玻屑）和少量角砾。根据岩心观测，区内火山沉积相包括含外碎屑火山沉积亚相和再搬运火山碎屑沉积亚相，两者可通过火山碎屑与外来碎屑的相对比例、火山碎屑磨圆度、分选性以及层理特征等进行识别和区分。

1. 含外碎屑火山沉积亚相

含外碎屑火山沉积亚相是由原始喷发火山碎屑物（或熔浆）初次就位或冷凝固结，后经风化剥蚀形成的碎屑物，与外来碎屑相混并于河湖环境沉积和压实成岩。其代表岩性是见有层理的、火山碎屑体积含量介于 10%～50% 的火山碎屑沉积岩。区内主要发育凝灰质泥岩、凝灰质砂岩和凝灰质砾岩（又称复成分砾岩）。碎屑磨圆度和分选好、含非火山碎屑（体积含量大于 50%）是其主要鉴定标志（图 3-2-5a、b）。

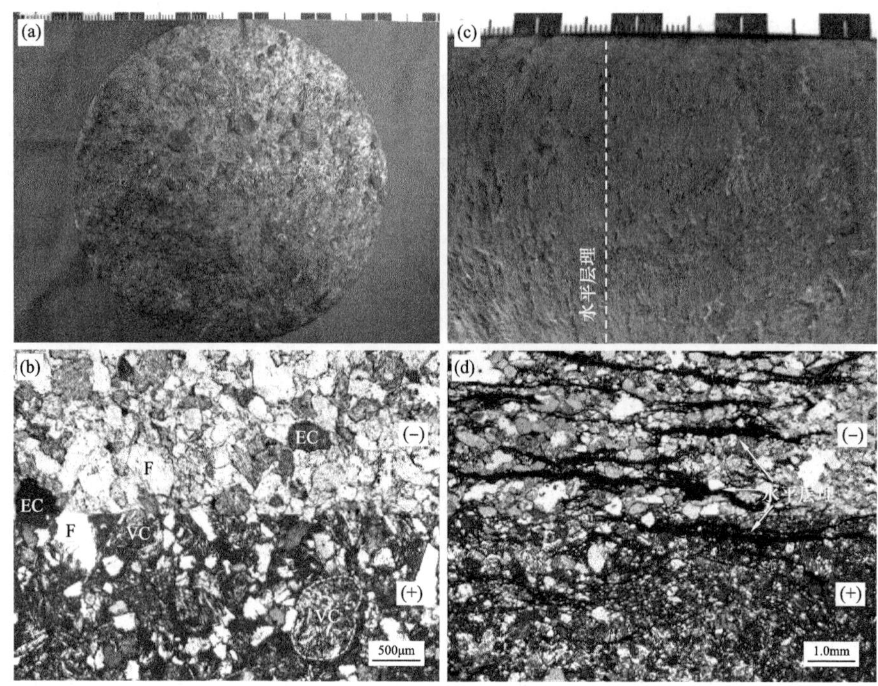

图 3−2−5 火山沉积相两类亚相典型岩心及显微薄片特征

（a）和（b）为含外碎屑火山沉积亚相，凝灰质含砾粗砂岩，岩石由火山碎屑（VC）、外碎屑（EC）和长石碎屑（F）组成，分选中等，碎屑有一定磨圆，欧 52 井，2617.8m；（c）和（d）为再搬运火山碎屑沉积亚相，玄武质沉凝灰岩，具水平层理，龙 23 井，3099.56m

2. 再搬运火山碎屑沉积亚相

再搬运火山碎屑沉积亚相是在火山作用的同期或准同生期内，由熔岩穹丘或熔岩流外缘的崩塌物以及未固结成岩的火山碎屑物经水流及风力作用再次或多次搬运，于火山机构的低部位堆积和压实成岩。在搬运过程中可有少量外碎屑加入（体积含量≤10%），岩石主要由角砾级和凝灰级火山碎屑组成，通常发育层理构造，岩石序列中有明显的反映再搬运的沉积构造或相关特征，如具有粒序层理和平行层理的浊积岩透镜体、水平层理沉凝灰岩层等。区内代表岩性为沉火山角砾岩和沉凝灰岩（图 3−2−5c、d）。砂砾级颗粒可见磨圆、分选中等或差、具水平层理、外碎屑含量少是其主要鉴定标志。

（六）侵入相

辽河油田近年在小型层状侵入体的上下界面附近发现多个工业油藏，说明后期岩席或岩脉是重要的储集岩类。按其与围岩接触关系，可分为整合侵入体和不整合侵入体。侵入岩与围岩相比密度较大，其地震反射特征表现为强振幅（在地震剖面上显示为“强轴”），沿断层两侧分布，远离断层方向逐渐尖灭，侵入岩体分布范围自断层向外侧延伸几百米至几千米（最大约 6km）。整合侵入体是岩浆沿围岩层面或片理面贯入形成岩床、岩盖、岩盆和岩脊（又称岩鞍），与围岩产状基本一致而呈整合接触。不整合侵入体的特征是截穿围岩层理或片理，由岩浆沿斜交层理或片理的裂隙贯入，在地震剖面上具有明显的“穿时”特征。

从火山岩岩石学角度，侵入岩的岩相主要依据其就位深度，划分为浅成相（<3km）、中深成相（3～10km）和深成相（>10km）。本书从火山岩储层研究的角度，将侵入相划分出边缘亚相和中心亚相，因为二者在结晶程度、蚀变情况与裂缝发育特点等方面有明显差别（原生与次生孔缝组合及其发育程度不同），因此将二者划分为不同亚相。该分类不仅密切结合储层，同时回避了侵入体深度和产状等因素，便于实际应用。

1. 中心亚相

中心亚相以辉绿岩为主，分布于侵入岩体内部，在外层的保温下冷却速度相对缓慢，岩石粒度较粗，多呈等粒结构或似斑状结构，见块状构造。岩层岩体（大于 50m）内部的岩石呈全晶质中—粗粒结构，辉石和长石晶体直径普遍大于 1mm，呈自形—半自形，具辉长结构、辉绿—辉长结构（图 3-2-6a、b）。

2. 边缘亚相

边缘亚相以辉绿岩为主，分布在侵入岩体边部，厚度数米，与围岩直接接触，因此处岩浆冷却速度快，故岩石多呈细粒（斑状）结构，常见沿侵入方向的流动构造和串珠状定向排列的气孔群，可见围岩捕虏体（图 3-2-6c、d），平行岩体与围岩接触面的原生层节理发育。边缘亚相厚度虽常常小于中心亚相，但储层意义重大，已发现的与侵入岩相关的油气藏，往往赋存在边缘亚相及其与围岩接触带之中，与界面附近次生溶蚀改造作用密切相关。

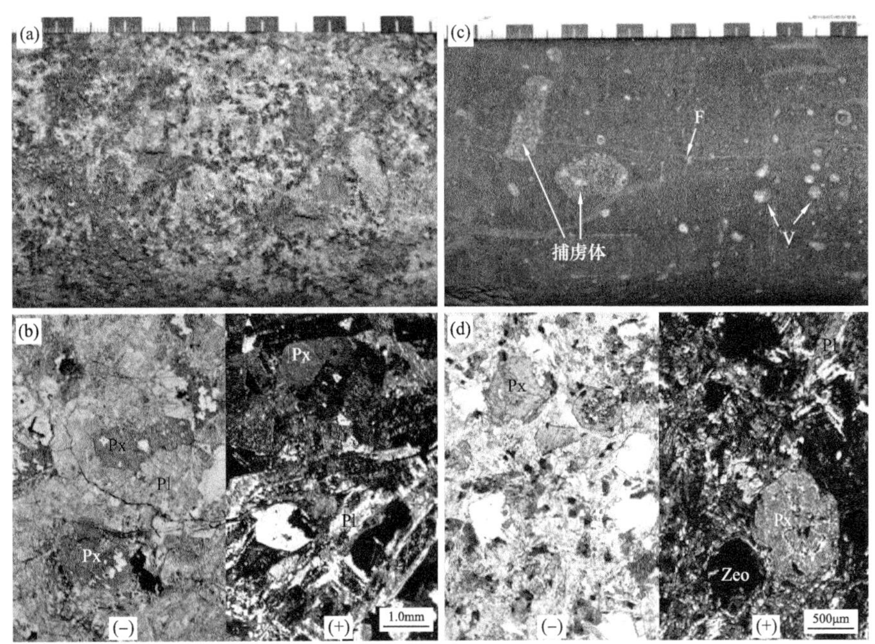

图 3-2-6 侵入相两类亚相典型岩心及显微薄片特征

（a）和（b）为中心亚相，辉长岩，中—粗粒粒状结构、辉长结构，黄 95 井，2708.91m；（c）和（d）边缘亚相，辉绿岩，细粒粒状结构，斑状结构，含捕虏体、气孔（V）、节理缝（F），黄 95 井，2649.8m

三、火山岩相测井识别

（一）火山通道相和爆发相

火山通道相隐爆角砾岩亚相是熔岩被后期热液或熔浆炸碎原地拼接的产物，岩心尺度可观察，测井曲线通常表现与原岩相近，不易识别。火山通道相火山颈亚相以及爆发相各亚相主要由玄武质/粗面质火山碎屑岩组成，成分相对均一，仅碎屑粒级的差别，因此常规测井通常区分不开，这里作为整体识别，归为爆发相。

测井特征：爆发相整体以箱形或微齿化—近平直曲线的低电阻率、中—低中子、中—低密度、中声波时差为典型特征，其顶底接触关系多为突变接触，其中玄武质爆发相多为薄层产出（图 3-2-7a、b），粗面质爆发相多为厚层产出（图 3-2-7c）。

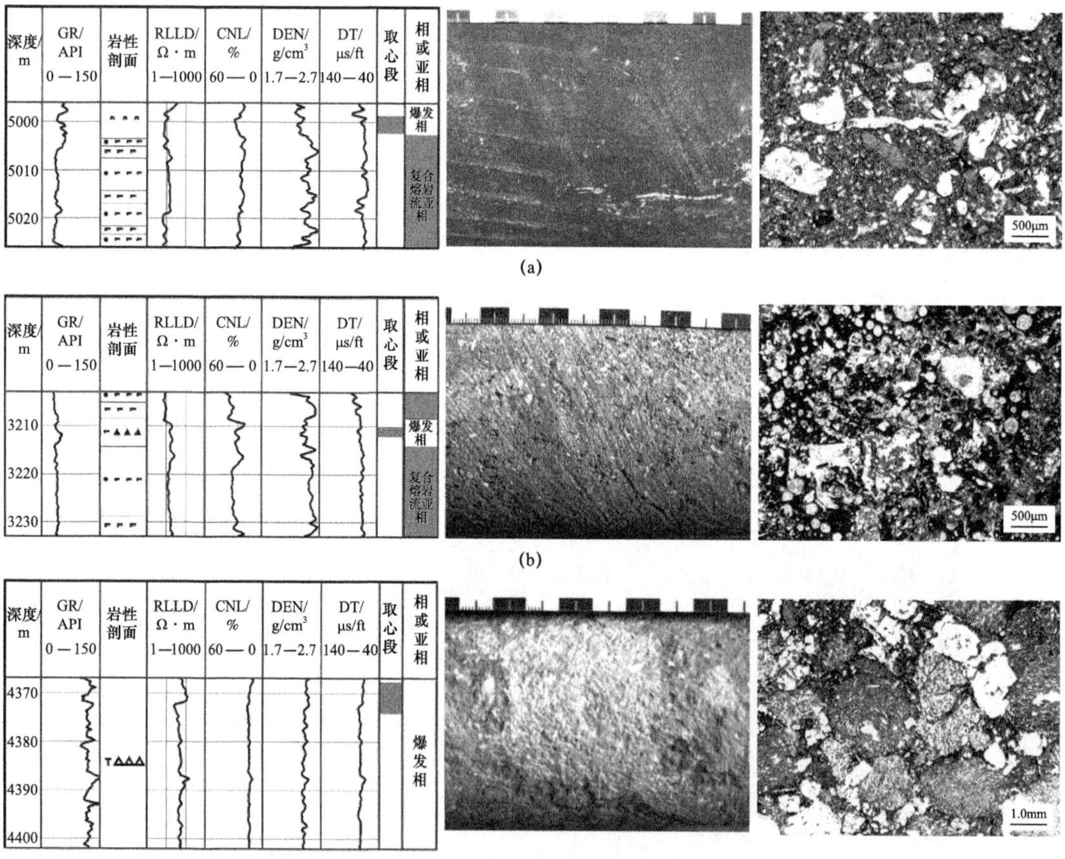

(a)

(b)

(c)

图 3-2-7　爆发相测井相特征

测井响应机理：由于爆发相火山岩多为火山碎屑结构，火山角砾之间多存粒间孔隙，因此其三孔隙曲线中子、密度、声波时差主要呈中低的特征，爆发相火山角砾之间的粒间孔隙多为相互连通，因此电阻率多呈低特征。爆发相火山碎屑岩均由单一成分岩石组成，纵向差别仅为碎屑粒级的差别，粒间孔隙纵向变化较小，其曲线通常呈箱形或微齿化—近平直的形态，是其主要的识别标志。由于基性火山岩黏度较低，因此多不易形成爆发相火山岩，并且其单层厚度通常较小，多以薄层产出；而中性火山岩黏度相对较大，单层厚度多较大，多以中—厚层产出。

（二）溢流相

溢流相主要以基性火山岩为主，共包括复合熔岩流、板状熔岩流、玻质碎屑岩三个亚相，利用常规测井曲线溢流相可识别到亚相，具体如下。

1. 复合熔岩流亚相

测井特征：复合熔岩流亚相整体以中—高振幅齿化的电阻率、中子、密度、声波时差为典型特征，具体分为两种，一种以高振幅齿化的电阻率、中子、声波时差以及中—高密度为特征（图 3-2-8a）；另一种以中振幅齿化的电阻率、中子、声波时差以及中—低密度为特征（图 3-2-8b）。

测井响应机理：复合熔岩流为熔浆溢出后，多次叠加形成薄层交织状熔岩流，单次喷发量相对较少，主要存在致密玄武岩和气孔玄武岩薄层互层以及气孔多孔少孔互层产出两种产出类型。由于致密玄武岩多以中—高电阻率、低中子、高密度、低声波时差为特征，气孔玄武岩多以中—低电阻率、中中子、中—低密度、中声波时差为特征，同时气孔玄武岩气孔含量越多，电阻率越低、中子越高、密度越低、声波时差越高，因此复合熔岩流亚相出现两种曲线类型，整体以中—高振幅齿化的电阻率、中子、密度、声波时差为典型特征。

2. 板状熔岩流亚相

测井特征：板状熔岩流亚相整体以钟形的中—高电阻率、中—低中子、高密度、中—低声波时差为典型特征，其顶部多为渐变接触，底部多为突变接触（图 3-2-8c）。

测井响应机理：板状熔岩流为岩浆沿地表快速流动形成的厚层平板状、扁平状熔岩流，单次喷发量通常较大，多以厚层产出，纵向主要发育三个带，即顶部薄层气孔带、中部厚层致密带和底部薄层气孔带。顶底冷凝速度和成岩方式存在差异，因此顶部气孔带多厚于底部气孔带。顶底气孔带由岩石界面至岩石内部气孔含量逐渐变少，电阻率、密度逐渐降低，中子、声波时差逐渐升高，因此曲线在顶底界面存在渐变带，顶部多厚于底部，曲线整体呈钟形。

3. 玻质碎屑岩亚相

测井特征：玻质碎屑岩亚相以箱形或微齿化—近平直曲线的低电阻率、高中子、中—低密度、中声波时差为典型特征，其顶底接触关系多为突变接触，厚度通常较厚（图 3-2-8d）。

测井响应机理：玻质碎屑岩为熔浆与水体接触经淬火冷凝而快速堆积形成各种粒级的玻璃质碎屑，岩石整体呈碎屑结构，纵向仅为粒级的差别，因此曲线纵向变化小多呈微齿化—近平直的特征，曲线特征除了中子曲线外，基本与爆发相曲线特征相似，由于玻质碎

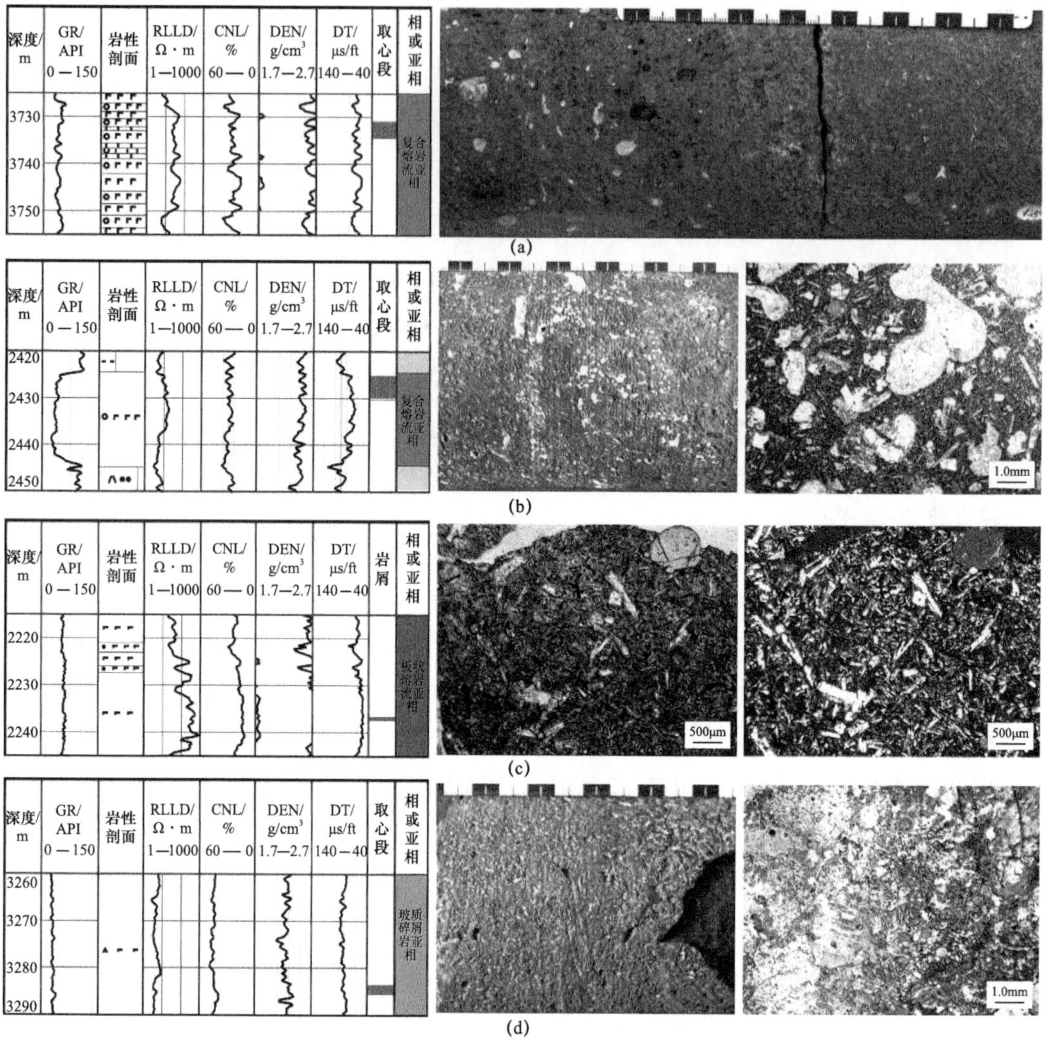

图 3-2-8　溢流相测井相特征

屑岩亚相为遇水形成，因此其形成玻璃碎屑多为富含水的橙玄玻璃，显微镜单偏光下多呈黄色，因此其在曲线上多呈高中子的特征。

（三）侵出相

侵出相主要以中性火山岩为主，共包括外带、中带和内带 3 个亚相，多作为整体产出，三种亚相之间多为过渡关系，利用常规曲线各亚相不易区分，多作为整体识别。

测井特征：侵出相整体以钟形的中—高电阻率、低中子、中密度、中—低声波时差为典型特征，其顶部多为渐变接触，底部多为突变接触（图 3-2-9）。

测井响应机理：侵出相为中性高黏度熔浆受到内力挤压流动，停滞堆砌在火山口附近形成岩穹，与基性火山岩相比黏度较大，单次喷发形成厚度较大，岩石整体由致密粗面岩、角砾化粗面岩以及粗面质角砾熔岩组成，其顶底部多为角砾化粗面岩或粗面质角砾熔

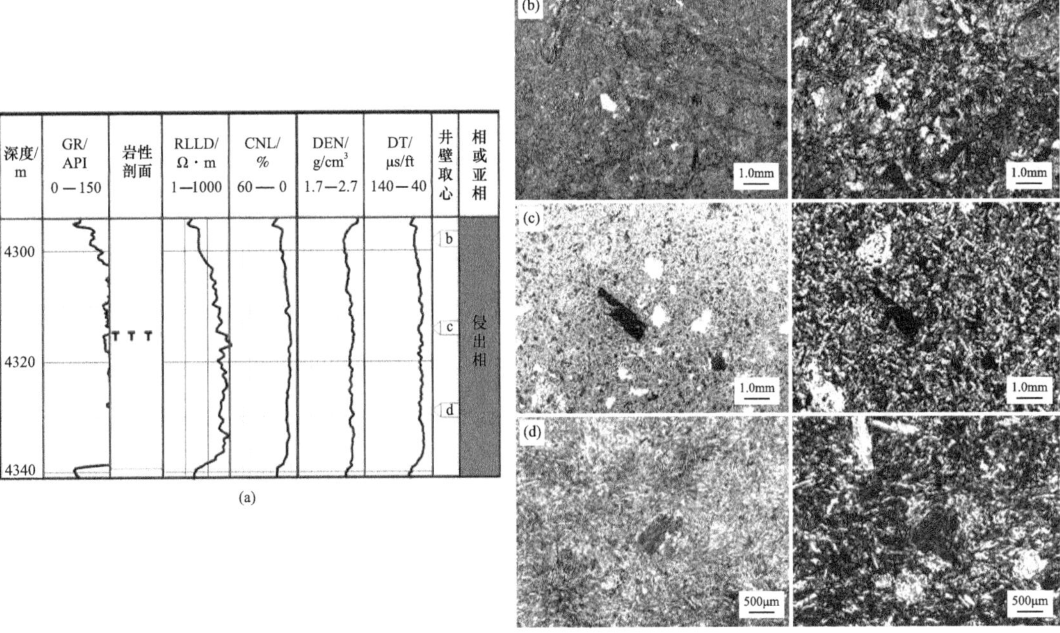

图 3-2-9　侵出相测井相特征

岩，内部多为致密粗面岩，致密粗面岩多具有中—高电阻率、低中子、中密度、低声波时差的特征，与内部致密粗面岩相比，外部粗面质岩石电阻率和密度逐渐降低，中子和声波时差逐渐降低，最终形成钟形的测井曲线形态。

（四）火山沉积相

火山沉积相和爆发相岩石结构相近，均为碎屑结构，仅成分存在差异，爆发相通常由单一成分的火山碎屑岩组成（玄武质火山碎屑岩或粗面质火山碎屑岩），而火山沉积相除火山碎屑以外会混入不同程度的非火山物质，因此火山沉积相与爆发相测井曲线特征主要体现在反应成分的自然伽马曲线上，而自然伽马曲线以外的其他曲线形态多相近，整体以箱形或微齿化—近平直曲线的低电阻率、中—低中子、中—低密度、中声波时差为典型特征，其顶底接触关系多为突变接触。由于玄武质岩石和粗面质岩石自然伽马特征区别较大，因此需分开讨论。以玄武质岩石为主的地层，其火山沉积相多以玄武质沉火山碎屑岩为主，由于玄武岩自然伽马值较低，因此随着岩石外碎屑含量的增加，自然伽马值会增高。依据自然伽马识别玄武质火山沉积相，通常自然伽马小于 80API，划分为再搬运火山碎屑沉积亚相；自然伽马大于 80API 划分为含外碎屑火山沉积亚相。以粗面质岩石为主的地层，其火山沉积相多以粗面质沉火山碎屑岩为主，由于粗面岩自然伽马值较高，因此随着岩石外碎屑含量的增加，自然伽马值会降低。依据自然伽马识别粗面质火山沉积相，通常自然伽马大于 120API，划分为再搬运火山碎屑沉积亚相；自然伽马小于 120API 划分为含外碎屑火山沉积亚相。

（五）侵入相

侵入相以辉绿岩为主，包括中心亚相和边缘亚相，多为整体产出，常规曲线特征相似，这里不作分开描述，仅作整体识别。

测井特征：侵入相整体以中高电阻率、中低中子、中高密度、低声波时差、低自然伽马为典型特征，其中，中心亚相密度、声波时差相对边缘亚相较低。

参考文献

[1] 王建飞．辽河东部凹陷火成岩岩性识别及储层评价［J］．世界地质，2019，38（2）：412–418.

[2] 董冬，杨申镳，段智斌．滨南油田下第三系复合火山相与火山岩油藏［J］．石油与天然气地质，1988，9（4）：346–353.

[3] 罗静兰，曲志浩，孙卫，等．风化店火山岩岩相、储集性与油气的关系［J］．石油学报，1996，17（1）：32–38.

[4] 王璞珺，冯志强，刘万洙，等．盆地火山岩：岩性·岩相·储层·气藏·勘探［M］．北京：科学出版社，2007.

[5] 王璞珺，迟元林，刘万洙，等．松辽盆地火山岩相：类型、特征和储层意义［J］．吉林大学学报：地球科学版，2003，3（4）：449–456.

[6] 王璞珺，郑常青，舒萍，等．松辽盆地深层火成岩岩性分类方案［J］．大庆石油地质与开发，2007，26（3）：6–14.

[7] 黄玉龙，单俊峰，边伟华，等．辽河坳陷中基性火成岩相分类及储集意义［J］．石油勘探与开发，2014，41（6）：671–680.

第四章　火山喷发序列与火山机构

火山岩油气勘探的首要任务是寻找火山岩储层，而火山岩储层刻画与对比需要在火山地层格架约束下进行，因此在进行火山岩油气藏勘探时首先需要研究火山喷发序列，建立火山地层格架，进而识别火山机构[1]。

第一节　火山喷发旋回和期次

辽河油田火山地层与沉积地层间互产出，沉积界面较多，并且受后期构造改造作用较强，仅以年代学资料划分的火山地层与火山地层追踪和对比的尺度往往不相匹配。近年来，通过以300余口钻遇火山岩层系的钻井的岩心及岩屑薄片、测井曲线和三维地震等资料为基础，依据火山地层学方法及地震火山地层学理论，通过火山地层界面识别，研究中—新生界火山喷发旋回和期次。

一、火山喷发旋回和期次的基本含义

（一）火山喷发旋回

火山喷发旋回指“在火山岩建造内部一个火山活动期内，由火山作用不同阶段形成，并通过一定构造形式表现的、同源火山喷发产物的总和”[2]。

以往在中国火山岩地区区域地质调查填图工作中，考虑到火山活动的规律性和火山地层的特殊性，提出以岩系—旋回—韵律—期次作为火山地层划分单位。其中一次或多次火山喷发活动，造成成分与活动方式的周期性变化或喷发的间断，就构成喷发韵律。若火山如此周而复始地间歇活动，岩浆成分和喷发强度等在活动中又形成若干个彼此有所区别的变化阶段，这样的变化阶段就称作喷发旋回。一个喷发旋回总是由一个至若干个喷发韵律构成。二者的区别只是在于时间的长短和级别的高低。

谢家莹（1996）在对陆相火山岩区火山地层单位与划分的论述中，提出用旋回—组—岩相—层四级作为火山地层划分单位和填图单元，其中旋回对应于火山机构，组对应于火山机构演化阶段，岩相对应于火山喷发类型，层为火山喷发产物的最小地层单位[3, 4]。

在盆地火山岩的勘探阶段，火山喷发旋回主要指火山喷发过程中岩浆成分和喷发强度彼此有所区别的变化阶段，旋回之间存在喷发间歇[5]。所以旋回之间可能存在沉积岩夹层、风化壳等喷发间断面，岩性岩相的类型和序列也存在差别。据此，可根据岩性特征、重磁特征、地震反射特征和同位素年龄划分火山喷发旋回[6, 7]，也可依据沉积岩夹层、岩

性组合特征[8, 9]、喷发物相互叠置关系、风化壳和同位素年龄资料识别火山喷发旋回[10]。旋回之间的差异，主要为成分变化，也可以是火山活动强度及规模上的不同。

（二）火山喷发期次

在盆地火山岩的相关研究中，喷发期次是指一个喷发中心的一次相对集中的（准连续）火山活动，在物质成分、喷发方式及喷发强度的规律性变化过程中，所形成的一套相序上具有成因联系的火山岩组合。这种规律性的变化，有的具周期性，有的具方向性。

一个喷发期次持续时间可长达数千年，形成的火山岩厚度可达几米至几十米（多者可达几百米），侧向分布范围通常为几百米至几千米。中、酸性火山岩地区的喷发期次与旋回的厚度一般要比基性火山岩地区大得多。火山岩喷发期次通常具有以下一些特征[1]。

（1）不同喷发期次之间具有小型间断面。由于构造环境的改变，不同火山活动阶段之间，发生了明显的全区性火山活动间断，间断期内火山产物遭受风化剥蚀或沉积改造，形成风化壳、沉积夹层等小型间断面。这些区域性不整合面是划分不同喷发期次最直观、最重要的标志。

（2）不同喷发期次具有时差性。由于不同的火山活动阶段发生在不同的地质历史时期，因此不同喷发期次和旋回的火山岩同位素年龄及其内部化石组合，归属于不同的时间区段。相比较而言，不同喷发旋回之间的时差性更为显著。

（3）不同喷发期次之间存在差异性。由于火山作用方式的改变，不同喷发期次在岩石组合和相序变化上存在差别。同一旋回的不同期次之间，火山岩成分差异一般不大，不同之处主要在于熔岩的结构构造的改变以及火山碎屑（熔）岩的粒序变化。

（4）不同喷发期次具有相似性和可比性。一方面，纵向上同一喷发源的不同喷发期次可呈现出周期性变化，类似的岩石组合和相序变化可重复出现；另一方面，在同一时期，即便是不同喷发源的喷发期次，由于一定范围内区域构造环境相同（似），因而在岩石和岩相的类型及组合特征上仍具有可比性。

一个至若干个喷发期次构成一个喷发旋回。在划分喷发期次的基础上，即可进行喷发旋回的划分。

二、火山岩旋回和期次的识别方法

划分火山喷发旋回与期次的核心是识别火山地层界面，主要包括不整合面、沉积夹层、岩性组合和岩相组合突变面等。其中不整合面是旋回界面，后 3 种为期次界面[11]。

（一）不整合面

由于盆地内火山活动通常发生在引张构造应力场背景下，当盆地所处的引张构造应力场发生改变时可能造成火山活动减弱直至停止，反映了火山喷发旋回的结束；同时也会造成盆地构造沉降的停止乃至抬升，使地层不接受沉积或遭受剥蚀，形成不整合面，因此不整合面可以反映火山喷发旋回的结束。

不整合面包括角度不整合面和平行不整合面两种。角度不整合界面主要通过地震剖面识别，界面在地震剖面上以下部地层被上部地层削截为特征，在岩性剖面上界面上下地层岩性组合可能存在差别。平行不整合主要依据年代学资料以及古生物资料，通过地层年代以及古生物自然记录的间断来识别，其在地震剖面以及岩性剖面上均不易识别。

（二）沉积夹层

辽河坳陷火山地层具有与沉积地层互层产出的特点，仅以沉积地层来识别火山期次具有一定困难。在单井、地质连井以及地震连井对比分析的基础上，依据沉积地层厚度、侧向连续性等特征，将辽河坳陷沉积地层划分为标志性沉积地层和非标志性沉积地层两种。标志性沉积地层以沉积厚度相对较大（厚度通常达上百米）、侧向连续性好、区域性稳定沉积为特征，可以作为火山期次划分的标志层；非标志性沉积地层以沉积厚度相对小、侧向连续性差、分布较局限和砂岩岩性为特征，多以薄层夹于火山地层之中，通常不能作为火山期次划分的标志层。另外，不同钻井由于位置不同，导致揭示标志性沉积地层厚度变化较大，局部地区甚至不发育，这时需要利用地震资料，通过地层对比，利用标志性沉积地层厚度较大的井标定标志性沉积地层厚度较小或不发育的井。

（三）岩性组合突变界面

火山活动通常表现出周期性的变化，包括喷出的物质成分、喷发强度和喷出熔岩厚度的变化等。同一期次内部岩性构成常见以下几种情况：（1）以熔岩为主，对其可以依据成分划分；（2）熔岩与（火山）沉积岩互层，期次内部岩性构成一般下部为熔岩，上部为火山沉积岩；（3）熔岩与火山碎屑（熔）岩互层，期次内部岩性构成一般下部为火山碎屑（熔）岩，上部为熔岩；（4）熔岩、火山碎屑岩、沉积岩交替互层，期次内部岩性构成一般为火山碎屑（熔）岩—熔岩—沉积岩。以上只是一般规律，实际情况要相对复杂得多，如在一个相对较短的时期内，若火山作用频繁，则一个期次可以形成多个上述完整序列，或者形成多个不完全序列。

（四）岩相组合突变界面

一个完整的火山岩相序组合在纵向上表现为爆发相—侵出相—溢流相—火山沉积相，其中火山通道相通常由于钻井揭示火山机构位置不同，可位于爆发相、溢流相、侵出相之间任意位置。由于中基性岩石岩浆黏度不同，因此具有不同的相序特征，中性岩相序特征以（火山通道相→）爆发相→侵出相→溢流相→火山沉积相为特征，基性岩以（火山通道相→）（爆发相→）溢流相→火山沉积相为特征，以上只是理想模式，实际情况中相序组合往往可能只出现其中的2～3种岩相类型，亦可为单一的岩相类型，还可能出现相序颠倒的情况。通常一个火山期次包含一个或多个这样的相序组，但相同期次内相序组具有一定的相似性。

三、火山岩旋回和期次划分及特征

（一）辽河坳陷新生界

辽河坳陷新生界火山地层内部共识别出3个不整合界面，依据火山地层界面的识别，将辽河坳陷新生界火山地层划分为4个旋回、15个期次（图4-1-1）。旋回一和旋回四为基性火山旋回，显示该地区新生界火山岩以基性岩开始，并以基性岩结束。旋回二和旋回三为基性—中性—基性火山旋回，显示该地区中部火山岩演化具有基性→中性偏碱性→基性的特点。

旋回一主要发育在房身泡组沉积期，内部共识别出1个期次界面，为岩性组合或岩相组合突变界面，共划分为2个喷发期次（期次1—2）。期次内部相序主要为溢流相（→火山沉积相）。期次1，岩性以玄武岩为主，相序主要发育溢流相（→火山沉积相），整体以溢流相玄武岩与（火山）沉积岩薄层互层为特征；期次2，岩性以玄武岩为主，相序为溢流相，整体以厚层溢流相玄武岩为特征。火山喷发强度演化方向为期次1（中等）→2（强）。

旋回二主要发育在沙三段沉积期，内部共识别出4个期次界面，期次3和4、期次5和6之间为沉积夹层界面（标志性沉积地层），期次4和5、期次5和6之间为岩性组合或岩相组合突变界面，共划分为5个喷发期次（期次3—7）。其中期次3和4、期次5和6之间的标志性沉积地层主要为厚层暗色泥岩沉积，有时可见煤层。期次3、4、6、7为基性岩期次，期次5为中性岩期次，其中基性岩期次3、6、7岩性以玄武岩为主，相序主要发育（爆发相→）溢流相（→火山沉积相），期次4岩性以角砾化玄武岩以及玄武质火山碎屑岩为主，相序主要发育（火山通道相→）爆发相→溢流相；中性岩期次5岩性以角砾化粗面岩、粗面质火山碎屑岩为主，相序主要发育溢流相→侵出相→溢流相，一个期次通常包括一个或多个相序组。整体上，期次3、7以溢流相玄武岩与（火山）沉积岩薄层互层为特征，期次4以厚层爆发相和溢流相玄武质岩石互层为特征，期次5以爆发相和侵出相粗面质岩石互层为特征，期次6以厚层溢流相玄武岩夹薄层沉积地层为特征。火山喷发强度演化方向为期次3（弱）→4（强）→5（强）→6（较强）→7（中等）。

旋回三主要发育在沙一段和东营组沉积期，内部共识别出6个期次界面，均是沉积夹层界面（标志性沉积地层），共划分为7个喷发期次（期次8—14）。各个期次之间的标志性沉积地层，主要为厚层砂泥岩互层沉积。期次12为基性+中性期次，其余的均为基性期次，基性期次岩性以玄武岩为主，期次8—9局部地区见少量玄武质火山碎屑岩，相序主要发育（爆发相→）溢流相（→火山沉积相）；基性+中性期次岩性以玄武岩为主，仅局部钻井（大28、大29井）中夹有粗面岩，相序主要发育溢流相（→火山沉积相），一个期次通常包括一个或多个相序组。整体上，期次8—9以溢流相薄层玄武岩与（火山）沉积岩薄层互层为特征，期次10、11、13、14以薄层溢流相玄武岩为特征，期次12以厚层溢流相玄武岩与厚层溢流相粗面岩互层为特征，并夹有薄层（火山）沉积地层。火山

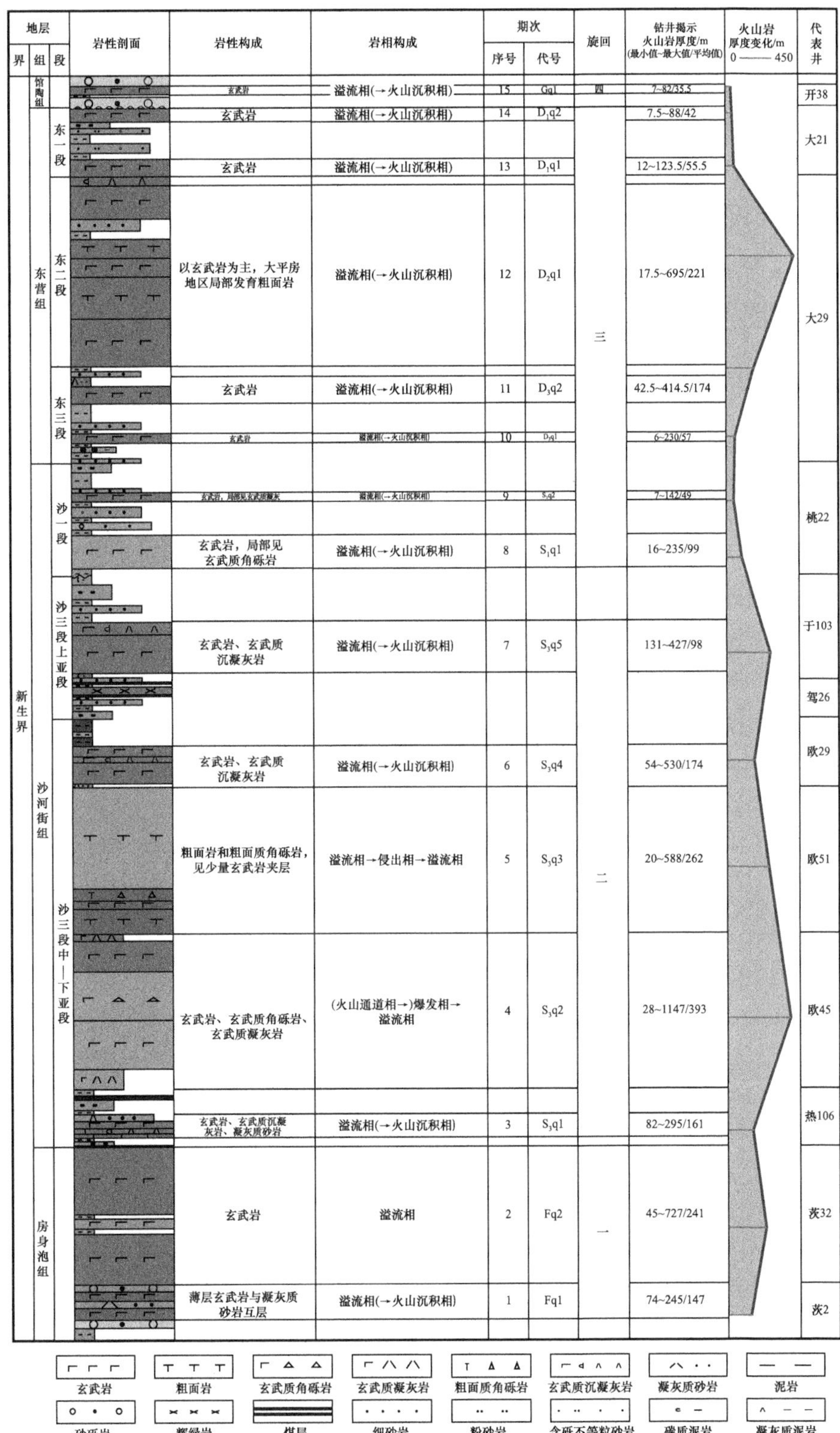

界	组	段	岩性构成	岩相构成	期次序号	期次代号	旋回	钻井揭示火山岩厚度/m(最小值~最大值/平均值)
新生界	馆陶组		玄武岩	溢流相(→火山沉积相)	15	Gq1	四	7~82/35.5
新生界	东营组	东一段	玄武岩	溢流相(→火山沉积相)	14	D_1q2	三	7.5~88/42
新生界	东营组	东一段	玄武岩	溢流相(→火山沉积相)	13	D_1q1	三	12~123.5/55.5
新生界	东营组	东二段	以玄武岩为主，大平房地区局部发育粗面岩	溢流相(→火山沉积相)	12	D_2q1	三	17.5~695/221
新生界	东营组	东三段	玄武岩	溢流相(→火山沉积相)	11	D_3q2	三	42.5~414.5/174
新生界	东营组	东三段	玄武岩	溢流相(→火山沉积相)	10	D_3q1	三	6~230/57
新生界	沙河街组	沙一段	玄武岩，局部见玄武质凝灰	溢流相(→火山沉积相)	9	S_1q2	三	7~142/49
新生界	沙河街组	沙一段	玄武岩，局部见玄武质角砾岩	溢流相(→火山沉积相)	8	S_1q1	三	16~235/99
新生界	沙河街组	沙三段上亚段	玄武岩、玄武质沉凝灰岩	溢流相(→火山沉积相)	7	S_3q5	二	131~427/98
新生界	沙河街组	沙三段中—下亚段	玄武岩、玄武质沉凝灰岩	溢流相(→火山沉积相)	6	S_3q4	二	54~530/174
新生界	沙河街组	沙三段中—下亚段	粗面岩和粗面质角砾岩，见少量玄武岩夹层	溢流相→侵出相→溢流相	5	S_3q3	二	20~588/262
新生界	沙河街组	沙三段中—下亚段	玄武岩、玄武质角砾岩、玄武质凝灰岩	(火山通道相→)爆发相→溢流相	4	S_3q2	二	28~1147/393
新生界	沙河街组	沙三段中—下亚段	玄武岩、玄武质沉凝灰岩、凝灰质砂岩	溢流相(→火山沉积相)	3	S_3q1	二	82~295/161
新生界	房身泡组		玄武岩	溢流相	2	Fq2	一	45~727/241
新生界	房身泡组		薄层玄武岩与凝灰质砂岩互层	溢流相(→火山沉积相)	1	Fq1	一	74~245/147

图 4-1-1　辽河坳陷新生界火山喷发旋回和期次划分

喷发强度演化方向为期次 8（弱）→9（较弱）→10（弱）→11（较强）→12（强）→13（弱）→14（弱）。

旋回四主要发育在馆陶组沉积期，仅发育 1 个喷发期次（期次 15）。期次 15 为基性期次，岩性以玄武岩为主，相序主要发育溢流相（→火山沉积相），整体以溢流相玄武岩与（火山）沉积岩薄层互层为特征。旋回四虽然坳陷内只有很弱的一期火山地层发育，但盆缘地区发育较广，山东昌乐等地区广泛分布该期火山地层，因此有必要将其单独归为一个旋回。

（二）辽河外围中生界

1. 张强凹陷义县组

辽西地区义县组火山岩自下而上可划分为旋回一、旋回二、旋回三、旋回四共 4 个旋回[12]。根据外围盆地张强凹陷钻井揭示情况和分析结果，该区目前仅钻遇辽西义县地区义县组火山岩的第四旋回，进一步可细分为 5 个主要喷发期次，每个期次内部可划分为 1～9 个冷凝单元。

期次 1：以安山岩类为主，目前钻井揭示有限，主要见于白 28 井区，该期次内主要发育 9 个冷凝单元，相序有爆发相→溢流相、火山通道相→溢流相、爆发相。需要说明的是，本书所指的期次 1，是针对张强凹陷钻井揭示的义县组顶部的火山岩，以目前钻井揭示的最下层的期次为准，将其暂定为期次 1，向上依次类推为期次 2—期次 5。

期次 2：以粗安岩类、粗面岩类为主，仅局部地区发育，主要见于白 28 井区和白 26 井区；该期次内发育 2 个冷凝单元，相序主要为爆发相→溢流相、火山通道相。

期次 3：以安山岩类、玄武安山岩类为主，张强凹陷所有钻遇义县组的钻井均有揭示；期次内最多可发育 9 个冷凝单元（白 4 井），相序主要有爆发相→溢流相、火山通道相→溢流相、火山通道相→爆发相、溢流相。

期次 4：以玄武岩类、玄武安山岩类为主，仅局部地区发育，主要见于白 1、白 7、白 18 井区；期次 4 与期次 3 之间存在一厚度不等的沉积夹层。期次内主要发育 1～2 个冷凝单元，每个冷凝单元以溢流相、爆发相→溢流相相序为主。

期次 5：岩性为安山玢岩，仅白 18 井区发育，该期次与期次 4 之间存在沉积岩层，上覆为九佛堂组。期次内发育 1 个冷凝单元，相序为火山通道相次火山岩亚相。

2. 陆西义县组

陆西义县组西北—东南走向根据岩性划分为两个期次。期次 1 根据岩相可划分两个冷凝单元，冷凝单元 1 主要岩性为粗安岩、粗面岩、粗安质 / 粗面质火山碎屑岩和粗面质凝灰岩，冷凝单元 2 主要岩性为粗安质集块熔岩及粗安质火山角砾岩，期次 2 主要岩性为安山岩及安山质角砾熔岩。

陆西义县组西南—东北走向根据岩性划分为两个期次，主要岩性为安山岩、安山质角砾熔岩 / 火山角砾岩、凝灰岩、沉凝灰岩和凝灰质砂岩。

3. 陆西九佛堂组

陆西九佛堂组下段共发生 3 次火山喷发，期次 1 主要岩性为安山岩、安山质火山角砾岩和凝灰质砂岩等，上覆一层泥岩、页岩沉积岩层。期次 2 主要岩性为安山岩和凝灰质粉砂岩，与期次 3 之间存在厚层的凝灰质泥岩沉积间断。期次 3 以细粒火山碎屑岩为主，包括凝灰岩、沉凝灰岩和凝灰质砂岩。

第二节 火山机构

火山机构是火山岩建造的基本构成单元[2]。《地球科学大辞典》将火山机构定义为火山作用的各种产物的总体组合，包括地面上的火山锥和岩浆在地下穿插形成的火山通道。考虑到地层产状变化规律与地层单元统一时，火山机构可定义为同一个主喷发口喷发的火山产物叠置而成的火山体或火山筑积物，其时间跨度可从数月至数十万年。火山机构主要由大型的喷发间断不整合界面围限，内部可存在小型（喷发）间断面。

一、火山机构分类及识别标志

（一）火山机构的分类

火山机构按岩石构成比例可划分为熔岩型、复合型和碎屑型火山机构，按岩石化学成分可划分为基性、中性和酸性火山机构，按地层结构则可划分为似层状、层状和块状火山机构，按照外形可划分为盾状、丘状、锥状和穹隆状等火山机构。在盆地内有钻井的情况下，可根据其岩石构成来划分火山机构类型。研究表明，酸性碎屑型火山机构的储层厚度变化较小，其形态为板状或席状；酸性复合型和熔岩型火山机构的储层厚度变化小，其形态为丘状和席状；中基性熔岩型火山机构的储层厚度变化较大，其形态为丘状或楔状。

（二）火山机构识别标志

火山机构由火山口、火山通道和围斜构造构成[13, 14]，火山口和火山通道是识别火山机构的重要标志。

前人研究表明[2]，火山口是火山喷出物在喷出口周围堆积而形成的环形坑，由于熔浆常在喷发结束后回撤，导致火山塌陷，火山口内部岩性混杂；周围火山弹、火山角砾岩及凝灰岩呈环状分布，岩石发育集块结构、角砾结构、凝灰结构和层理；伴有蘑菇状或云朵状侵出岩穹或岩体的产出，发育块状构造。火山通道是熔浆运移通道，位于火山口下方，最后由撤回的熔浆充填。火山颈亚相中发育呈岩株、岩脉、直立柱状产出的火山熔岩、熔结角砾岩及次火山岩，偶见捕虏体；隐爆角砾岩亚相中发育呈碎裂枝杈状、不规则脉状分布的隐爆角砾岩，具有隐爆角砾结构、自碎斑结构和碎裂结构。围斜构造由绕火山口分布的火山岩及机构内部的火山沉积岩构成。近火山口带以火山集块岩、火山角砾岩或气孔熔岩为主，多呈楔状、透镜状或块状；远火山口则以火山凝灰岩或小气孔熔岩为主，多呈层状。由火山口向外，火山碎屑的粒度逐渐变细，火山熔岩的气孔逐渐变小、流纹构造倾角逐渐减小。

二、辽河油田典型火山机构特征

（一）辽河油田典型火山机构类型

辽河油田主要发育玄武岩类和粗面岩类两大类火山机构。横向上，按照距离火山口由近及远将火山机构依次划分出火山口—近火山口相带、过渡相带和边缘相带 3 个岩相组合单元。

1. 玄武岩类火山机构

玄武岩岩浆黏度小、流动性好，火山作用方式以溢流为主，往往形成薄而广的熔岩流，火山机构由多期熔岩流叠加形成，规模相对较大，直径可达 10km 左右。玄武质火山机构多为溢流相与爆发相互层形成的复合型火山机构，其火山口—近火山口相带由溢流相玻质碎屑岩亚相和爆发相火山碎屑流亚相构成，岩性主要为角砾化玄武岩和玄武质角砾岩；过渡相带以爆发相空落亚相、溢流相玻质碎屑岩亚相和火山沉积相再搬运火山碎屑沉积亚相组成，岩性主要发育角砾化玄武岩、玄武质凝灰岩和玄武质沉凝灰岩；边缘相带发育溢流相玻质碎屑岩亚相和火山沉积相（图 4-2-1）。

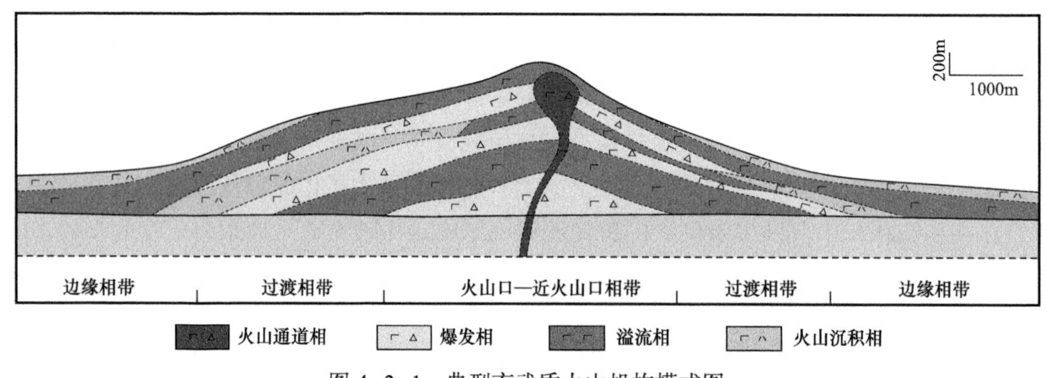

图 4-2-1　典型玄武质火山机构模式图

2. 粗面岩类火山机构

粗面岩岩浆黏度大、流动性差，火山作用方式以侵出和溢流为主，形成的火山机构规模相对较小，直径为 3～5km。其火山口—近火山口相带以火山通道相和侵出相为主，爆发相火山碎屑流亚相次之，岩性主要发育粗面岩、角砾化粗面岩和粗面质火山角砾岩；过渡相带以爆发相火山碎屑流亚相为主，局部可发育溢流相板状熔岩流亚相，岩性主要发育粗面质角砾岩、粗面质角砾凝灰岩和粗面岩；边缘相带主要发育爆发相热基浪亚相、空落亚相和火山沉积相，岩性以粗面质凝灰岩和粗面质沉凝灰岩为主（图 4-2-2）。相邻两个相带之间的岩性和岩相构成在横向上呈渐变过渡关系。

由于粗面岩喷发堆积多以水下环境为主，水体沿开启的活动断裂下渗，与上升的粗面

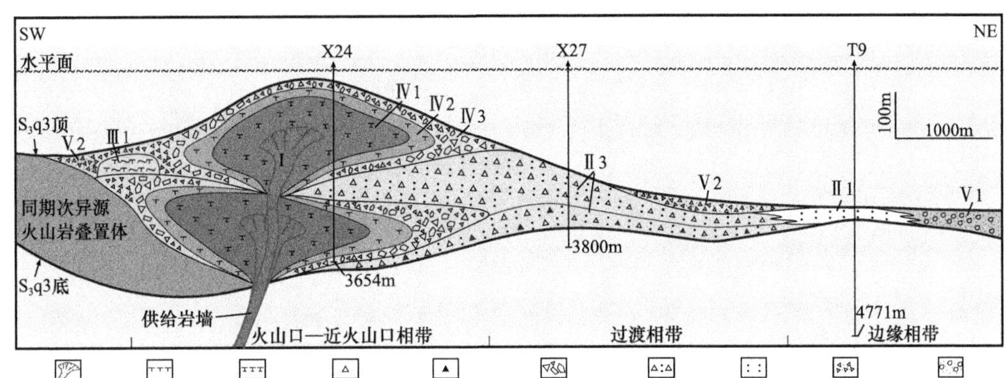

火山通道　粗面岩　粗面斑岩　粗面岩角砾　玄武岩角砾　角砾化粗面岩　火山角砾岩　凝灰岩　沉火山角砾岩　凝灰质砾岩

Ⅱ1—爆发相空落亚相　Ⅱ3—爆发相火山碎屑流亚相　Ⅲ1—溢流相板状熔岩流亚相　Ⅳ1—侵出相内带亚相　Ⅳ2—侵出相中带亚相　Ⅳ3—侵出相外带亚相　Ⅴ1—火山沉积相再搬运火山碎屑沉积亚相　Ⅴ2—火山沉积相含外碎屑火山沉积亚相

图 4-2-2　典型粗面质火山机构模式图

质岩浆接触后使其挥发分含量增加，并发生水汽—岩浆作用，从而形成强烈爆发。爆发作用产物一部分沿先期玄武质火山岩体斜坡以重力流方式形成以粗粒火山碎屑为主的火山碎屑流堆积，主要发育在火山口—近火山口相带及过渡相带，火山集块和角砾的比例较大，其间胶结物为细粒火山灰，呈集块（或角砾）凝灰结构；另一部分喷射到空中之后回落水体并沉积形成以细粒火山碎屑为主的空落堆积，主要发育在边缘相带[15]。

爆发相发育在每个喷发单元的初期，纵向上位于侵出相之下，截面形态呈楔状、板状，爆发相底部形态受古地貌影响表现为披覆状堆积，局部呈反丘状充填于负向构造之中，单层厚度自火山口向外先增后减，向远端逐渐尖灭并相变为火山沉积相。

随着爆发作用之后火山喷发能量减弱，贫挥发分且富含斑晶的粗面质岩浆由于自身黏度大，并且受上覆水体压力以及外壳遇水快速冷凝固结等因素共同影响，火山作用转变为缓慢的侵出方式，形成侵出岩穹。侵出相通常发育在火山口之上，围绕火山通道堆积，截面形态多呈透镜状、丘状等，平面上呈近于圆形至椭圆形，侧向覆盖于爆发相之上，厚度自中心向边缘减薄并尖灭。侵出相在粗面岩岩相中所占比例最大，是区内粗面岩最具代表性的岩相类型。侵出岩穹具圈层状结构，由内向外依次划分为内带、中带和外带 3 类亚相，三者呈渐变过渡关系。内带亚相位于岩穹核部，形成时冷却速度相对缓慢，岩石以多斑—聚斑结构、块状构造和柱状节理发育为特征；外带亚相由角砾化粗面岩和粗面质角砾/集块熔岩组成，因位于岩穹外部接触水体而冷却速度相对较快，岩石表现为具角砾状构造，角砾为原位淬碎堆积，边缘多发育浅化冷凝边，其内部基质为隐晶质—玻璃质结构。中带亚相为内带和外带之间的过渡部分，其岩石特征介于上述两者之间。

（二）辽河油田典型火山机构定量表征

1. 红星岩体

红星沙三段火山岩体断陷期主要发育 S_3q1、S_3q2、S_3q3、S_3q4、S_3q5 共 5 个期次的火山岩（表 4-2-1，图 4-2-3）。

表 4-2-1　红星岩体旋回二火山机构构成和分布规模量化表

火山类型	岩体	形态	期次	延伸半径 / m	火山口直径 / m	厚度 /m		横纵比	坡度 / (°)	剖面面积 / km^2	岩相	岩相厚度 / m	岩性
						平均	最大						
裂隙溢流火山	红星岩体	盾状	S_3q5	7445	—	263	374	33	4	2.28	火山沉积相	249	凝灰质泥岩
											溢流相	324	玄武岩
			S_3q4	2750	—	919	947	10	3～5	8.24	火山沉积相	247	凝灰质泥岩
											溢流相	73	玄武岩
											爆发相	173	玄武质角砾岩
											溢流相	220	玄武岩
											爆发相	348	玄武质角砾岩
											溢流相	173	玄武岩
			S_3q3	2125	627	751	1192	10	7～13	5.80	溢流相	222	粗面岩
											火山沉积相	542	粗面质沉凝灰岩
											溢流相	296	粗面岩
											侵出相	271	粗面岩
											溢流相	221	粗面岩
			S_3q2	4220	627	396	695	33	3～20	5.10	火山沉积相	123	凝灰质泥岩
											溢流相	345	玄武岩
											爆发相	542	玄武质角砾岩
											溢流相	517	玄武岩
			S_3q1	3300	627	170	248	25	14～25	0.73	溢流相	99	玄武岩

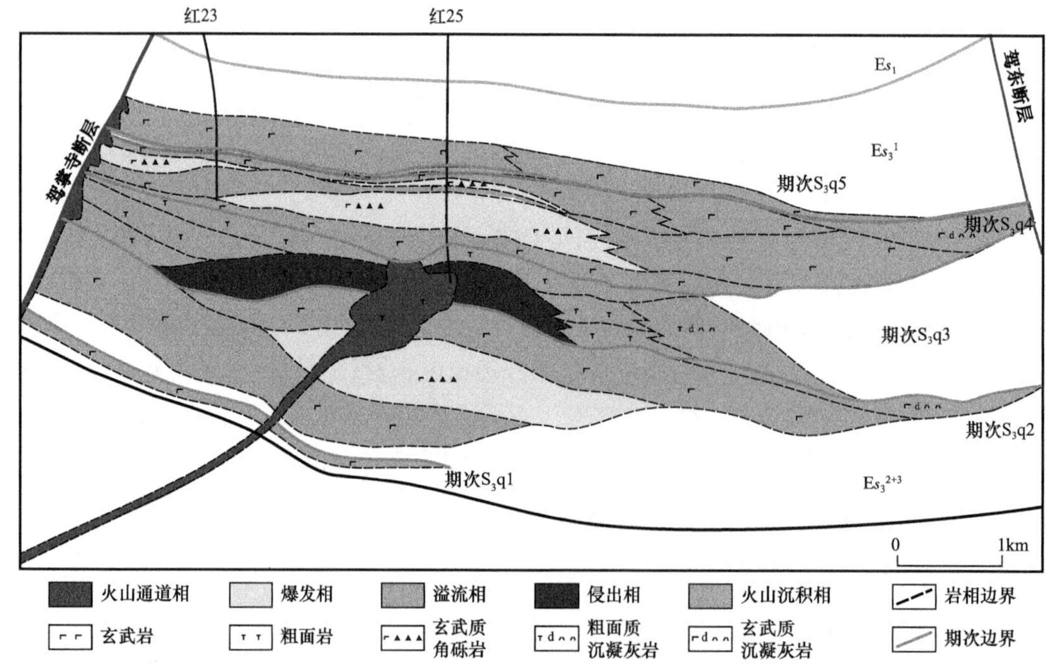

图 4-2-3　红星岩体火山机构解剖

S_3q5 火山岩主要受驾掌寺断层控制，喷发方式为裂隙式，火山通道沿着驾掌寺断层呈串珠状分布。由于各个火山通道之间地震轴较连续，难以区分火山机构，因此期次内共识别出一个火山机构。火山机构内发育火山通道相、溢流相和火山沉积相，以溢流相和火山沉积相为主，发育相序主要为火山通道相→溢流相→火山沉积相；厚度相对较大，最大可达 1192m，延伸半径在所有期次中最大，可达 7445m。整个期次火山岩分布面积最广，基本覆盖了整个红星地区。

S_3q4 火山岩主要受驾掌寺断层控制，喷发方式以中心式为主。期次内共识别出 3 个火山机构，分别为红 25 井、红 22—红 23 井和红 26 井附近的火山机构。3 个火山机构内均发育火山通道相、爆发相、溢流相和火山沉积相，以爆发相和溢流相为主。发育相序主要为火山通道相→爆发相→溢流相→火山沉积相，发育厚度比 S_3q5 火山岩大。由于 S_3q4 火山岩以中心式喷发为主，其火山机构侧向延伸半径远小于 S_3q5 火山岩，仅为 2750m。整个期次火山岩分布面积略小于 S_3q5 火山岩，约 119.5km^2。

S_3q3 火山岩主要受驾掌寺断层控制，喷发方式以中心式为主。期次内共识别出 5 个火山机构，分别为红 25 井、红 31 井、红 26 井、驾 31 井和于 70 井附近的火山机构，其中红 25 井和红 31 井附近的两个火山机构内发育火山通道相、侵出相、溢流相和火山沉积相，以侵出相为主，发育相序主要为火山通道相→侵出相→溢流相→火山沉积相；红 26 井、驾 31 井和于 70 井附近的 3 个火山机构内发育火山通道相、爆发相、侵出相、溢流相和火山沉积相，以爆发相和溢流相为主，发育相序主要为火山通道相→爆发相→溢流相→侵出相→火山沉积相，发育厚度略小于 S_3q4 火山岩。由于 S_3q3 火山岩以中心式喷发为主，其侧向延伸半径略小于 S_3q4 火山岩，最小仅为 3287m。整体期次火山岩分布面积小于 S_3q4 火山岩，约 84.2km^2。

S_3q2 火山岩未有钻井揭示，基于地震识别结果，S_3q2 火山岩主要受驾掌寺断层控制，喷发方式为中心式和裂隙式。期次内发育火山通道相、爆发相、溢流相和火山沉积相，以溢流相和爆发相为主。发育相序主要有两种，分别为火山通道相→溢流相→火山沉积相和火山通道相→爆发相→溢流相→火山沉积相。发育厚度在所有期次中最大，可达上千米，延伸半径为 4220m。

S_3q1 火山岩未有钻井揭示，地震识别表明，火山岩主要受驾掌寺断层控制，喷发方式以裂隙式为主。期次内发育火山通道相、溢流相和火山沉积相，以溢流相主，发育相序主要为火山通道相→溢流相→火山沉积相。发育厚度在所有期次中最小，仅为 115m，延伸半径为 3330m。

2. 小龙湾岩体

小龙湾沙三段火山岩体断陷期主要发育 S_3q1、S_3q2、S_3q3、S_3q4、S_3q5 共 5 个期次的火山岩（表 4-2-2，图 4-2-4）。

表 4-2-2 小龙湾岩体旋回二火山机构构成和分布规模

岩体	旋回	期次	最大厚度/m	延伸半径/m	面积/km^2	岩性组合	岩相构成/%										典型井
							剖面					平面					
							Ⅰ	Ⅱ	Ⅲ	Ⅳ	Ⅴ	Ⅰ	Ⅱ	Ⅲ	Ⅳ	Ⅴ	
小龙湾岩体	旋回二	S_3q5	37	3296	55.4	玄武质角砾岩、致密玄武岩与气孔玄武岩互层、致密玄武岩、凝灰质泥岩	—	—	100	—	—	3	—	97	—	—	于 68
		S_3q4	10	1960	43.2	玄武质角砾凝灰岩、致密玄武岩与气孔玄武岩互层、角砾化玄武岩、凝灰质泥岩	—	—	—	—	—	3	9	75	—	13	小 39
		S_3q3	599	6413	47.7	粗面岩、粗面质角砾岩、粗面质凝灰岩、粗面质沉凝灰岩	3	32	—	41	24	4	48	9	31	8	于 68
		S_3q2	1380	6750	—	—	2	4	94	—	—	—	—	—	—	—	—
		S_3q1	95	4280	—	—	—	—	100	—	—	—	—	—	—	—	—

注：Ⅰ—火山通道相，Ⅱ—爆发相，Ⅲ—溢流相，Ⅳ—侵出相，Ⅴ—火山沉积相。

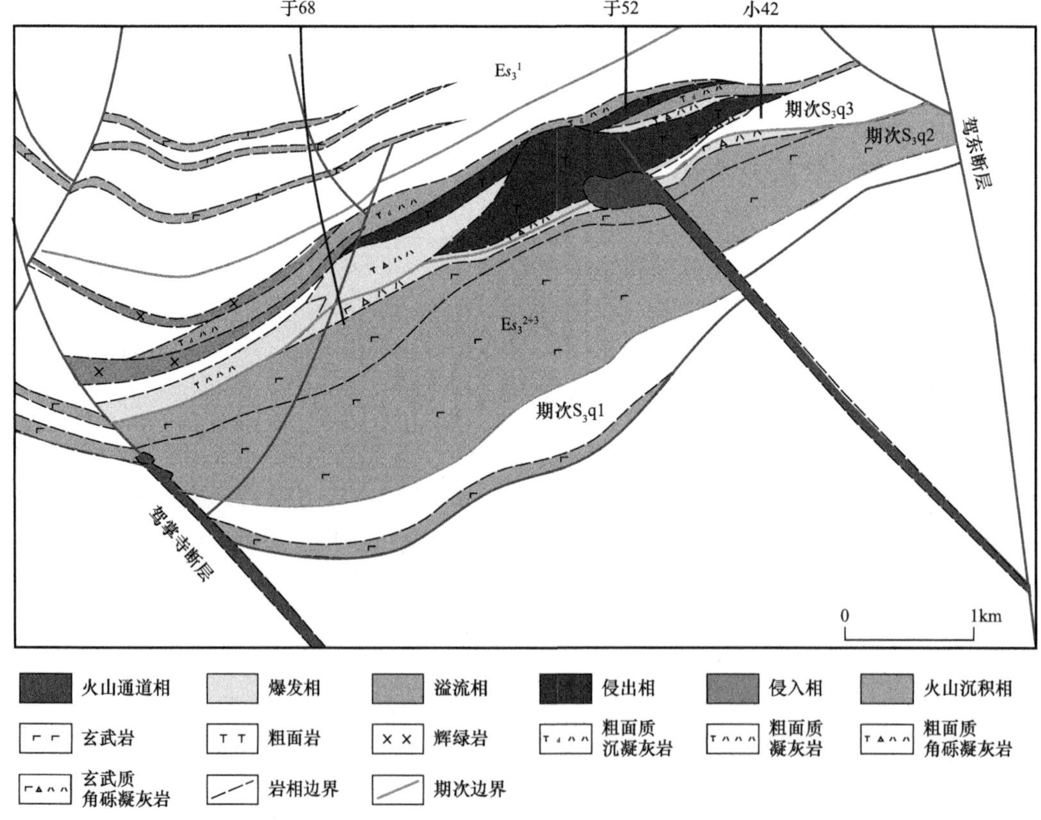

图 4-2-4 小龙湾岩体火山机构解剖

S_3q5 火山岩主要受驾掌寺断层控制，喷发方式为裂隙式，火山通道沿着驾掌寺断层呈串珠状分布。由于各个火山通道之间地震轴较连续，难以区分火山机构，因此期次内共识别出一个火山机构。火山机构内发育火山通道相、溢流相，主要为溢流相，发育相序主要为火山通道相→溢流相。厚度相对较小，仅为 37m，延伸半径为 4900m。整个期次火山岩分布面积最广，基本覆盖了整个小龙湾地区。

S_3q4 火山岩主要受驾东断层控制，喷发方式以中心式为主。期次内共识别出两个火山机构，分别为于 71 井和小 31 井附近的火山机构。于 71 井附近的火山机构内发育火山通道相、爆发相、溢流相和火山沉积相，以爆发相和溢流相为主，发育相序主要为火山通道相→爆发相→溢流相→火山沉积相；小 31 井附近的火山机构内发育火山通道相、溢流相和火山沉积相，发育相序为火山通道相→溢流相→火山沉积相，发育厚度较小，约 10m 左右。由于 S_3q4 火山岩以中心式喷发为主，其火山机构侧向延伸半径远小于 S_3q5 火山岩，仅为 2780m。整个期次火山岩分布面积略小于 S_3q5 火山岩，约 43.2km^2。

S_3q3 火山岩主要受驾掌寺和驾东断层控制，喷发方式以中心式为主。期次内共识别出 4 个火山机构，其中于 73 井、于 52 井、界 13 井附近火山机构受驾东断层控制，小 44 井附近的火山机构受驾掌寺断层控制。于 52 井和于 73 井附近的火山机构内发育火山通道相、爆发相、侵出相和火山沉积相，以侵出相为主，发育相序主要为火山通道相→爆发相→侵出相→溢流相→火山沉积相；界 13 井附近的火山机构内发育火山通道相、侵出相、溢流相和火山沉积相，以溢流相为主，发育相序主要为火山通道相→侵出相→溢流相→火山沉积相；小 44 井附近的火山机构发育火山通道相、爆发相和火山沉积相，发育相序主要为火山通道相→爆发相→火山沉积相，发育厚度约 600m。由于 S_3q3 火山岩以中心式喷发为主，其侧向延伸半径略小于 S_3q4 火山岩，最小仅为 2150m，整体期次火山岩分布面积小于 S_3q4 火山岩，约 47.7km^2。

S_3q2 火山岩未有钻井揭示，基于地震识别结果，S_3q2 火山岩主要受驾掌寺和驾东断层控制，喷发方式以裂隙式为主。期次内火山岩发育火山通道相、溢流相和火山沉积相，以溢流相为主，发育相序主要为火山通道相→溢流相→火山沉积相。发育厚度在所有期次中最大，可达上千米，延伸半径为 3920m。

S_3q1 火山岩未有钻井揭示，地震识别结果表明 S_3q1 火山岩主要受驾掌寺断层控制，喷发方式以裂隙式为主。期次内发育火山通道相、溢流相和火山沉积相，以溢流相为主，发育相序主要为火山通道相→溢流相→火山沉积相。发育厚度在所有期次中最小，仅为 95m，延伸半径为 3600m。

3. 欧利坨子岩体

欧利坨子沙三段火山岩体主要发育 S_3q1、S_3q2、S_3q3、S_3q4、S_3q5 共 5 个期次的火山岩，其中 S_3q2 火山岩发育厚度最大，S_3q5 火山岩发育厚度最小，整体 5 个期次火山岩相以溢流相为主，各个期次具体特征如下（表 4-2-3，图 4-2-5）。

表 4-2-3 欧利坨子岩体火山机构构成和分布规模

岩体	旋回	期次	最大厚度/m	延伸半径/m	面积/km²	岩性组合	岩相构成/% 剖面					岩相构成/% 平面					典型井
							Ⅰ	Ⅱ	Ⅲ	Ⅳ	Ⅴ	Ⅰ	Ⅱ	Ⅲ	Ⅳ	Ⅴ	
欧利坨子岩体	旋回二	S_3q5	20	4250	—	玄武岩、玄武质凝灰岩	—	—	100	—	—	—	—	—	—	—	欧 45
		S_3q4	94	11250	—	致密玄武岩、角砾化玄武岩、玄武质凝灰岩、玄武质沉凝灰岩	—	15	73	—	12	—	—	—	—	—	欧 29
		S_3q3	244	3850	—	粗面岩、粗面质角砾熔岩、粗面质凝灰熔岩、角砾化粗面岩、粗面质角砾岩、粗面质凝灰岩	—	20	—	62	18	—	—	—	—	—	欧 29
		S_3q2	1610	11500	—	玄武岩、玄武质角砾熔岩、玄武质凝灰熔岩、角砾化玄武岩、玄武质角砾岩、玄武质凝灰岩、玄武质含角砾凝灰岩、玄武质沉凝灰岩、凝灰质泥岩	4	36	48	—	12	—	—	—	—	—	欧 45
		S_3q1	280	18750	—	玄武岩、玄武质角砾熔岩、玄武质角砾岩、玄武质凝灰岩、玄武质沉凝灰岩、凝灰质泥岩	1	39	36	—	24	—	—	—	—	—	欧 45

注：Ⅰ—火山通道相，Ⅱ—爆发相，Ⅲ—溢流相，Ⅳ—侵出相，Ⅴ—火山沉积相。

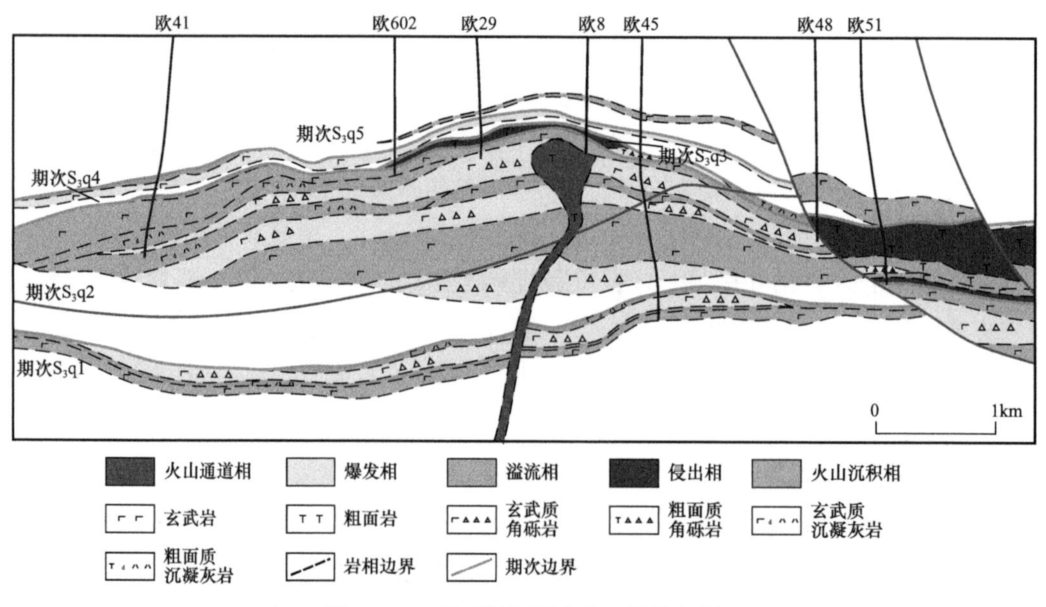

图 4-2-5 欧利坨子岩体火山机构解剖

S_3q5 火山岩在剖面上最大厚度为 20m，延伸半径为 4250m；岩性以基性岩为主，主要发育玄武岩、玄武质凝灰岩等；火山岩相剖面上统计比例，溢流相占比为 100%。从统计结果来看，欧利坨子岩体 S_3q5 火山岩最大厚度为 20m，延伸长度为 4～5km，岩性以基性火山岩为主，火山岩相主要为溢流相。

S_3q4 火山岩在剖面上最大厚度为 94m，延伸半径为 11250m；岩性以基性岩为主，主要发育致密玄武岩、角砾化玄武岩、玄武质凝灰岩和玄武质沉凝灰岩等；火山岩相剖面上统计比例，爆发相为 15%，溢流相为 73%，火山沉积相为 12%。从统计结果来看，欧利坨子岩体 S3q4 火山岩最大厚度为 94m，延伸范围广，岩体延伸长度为 11～12km，岩性以基性火山岩为主，火山岩相主要为溢流相，其次为爆发相。

S_3q3 火山岩在剖面上最大厚度为 244m，延伸半径为 3850m；岩性以中性岩为主，主要发育粗面岩、粗面质角砾熔岩、粗面质凝灰熔岩、角砾化粗面岩、粗面质火山角砾岩和粗面质凝灰岩等；火山岩相剖面上统计比例，爆发相为 20%、侵出相为 62%、火山沉积相为 18%。从统计结果来看，欧利坨子岩体 S_3q3 火山岩最大厚度为 244m，岩体延伸长度为 3～4km，岩性以中性火山岩为主，火山岩相主要为侵出相，其次为爆发相。

S_3q2 火山岩在剖面上最大厚度为 1610m，延伸半径为 11500m；岩性以基性岩为主，主要发育玄武岩、玄武质角砾熔岩、玄武质凝灰熔岩、角砾化玄武岩、玄武质火山角砾岩、玄武质凝灰岩、玄武质含角砾凝灰岩、玄武质沉凝灰岩和凝灰质泥岩等；火山岩相剖面上统计比例，火山通道相为 4%、爆发相为 36%，溢流相为 48%、火山沉积相为 12%。从统计结果来看，欧利坨子岩体 S_3q2 火山岩最大厚度为 1610m，延伸范围广，岩体延伸长度为 11～12km，岩性以基性火山岩为主，火山岩相主要为溢流相，其次为爆发相。

S_3q1 火山岩在剖面上最大厚度为 280m，延伸半径为 18750m；岩性以基性岩为主，主要发育玄武岩、玄武质角砾熔岩、玄武质火山角砾岩、玄武质凝灰岩、玄武质沉凝灰岩和凝灰质泥岩等；火山岩相剖面上统计比例，火山通道相为 1%、爆发相为 39%、溢流相为 36%、火山沉积相为 24%。从统计结果来看，欧利坨子岩体 S_3q1 火山岩最大厚度为 280m，延伸范围广，岩体延伸长度为 18～19km，岩性以基性火山岩为主，火山岩相主要为爆发相，其次为溢流相。

参考文献

[1] 黄玉龙，王璞珺，门广田，等．松辽盆地营城组火山岩旋回和期次划分：以盆缘剖面和盆内钻井为例［J］．林大学学报：地球科学版，2007，37（6）：1183-1191.

[2] 冉启全，王拥军，孙圆辉，等．火山岩气藏储层表征技术［M］．北京：科学出版社，2011.

[3] 谢家莹，陶奎元，尹家衡，等．中国东南大陆中生代地质及火山—侵入杂岩［M］．北京：地质出版社，1996.

[4] 侯启军，赵志魁，王立武．火山岩气藏：松辽盆地南部大型火山岩气藏勘探理论与实践［M］．北京：科学出版社，2009.

[5] 唐华风，边伟华，王璞珺，等．松辽盆地下白垩统营城组火山岩喷发旋回特征［J］．地质勘探，2010，30（3）：35-39.

[6] Davy B W，Caldwell T G.Gravity，magnetic and seismic surveys of the caldera complex，Lake Taupo，North Island，New Zealand [J].Journal of Volcanology and Geothermal Research，1998，81：69-89.

[7] Nappi G，Antonelli F，Coltorti M.Volcanological and petrological evolution of the Eastern Vulsini District，Central Italy [J].Journal of Volcanology and Geothermal Research，1998，87：211-232.

[8] 谢家莹．试论陆相火山岩区火山地层单位与划分：关于火山岩区填图单元划分的讨论 [J]．火山地质与矿产，1996，17（3/4）：85-94.

[9] 张立东，郭胜哲，张长捷，等．北票—义县地区义县组火山构造及其与化石沉积层的关系 [J]．地球学报，2004，25（6）：639-646.

[10] 白志达，徐德斌，张秉良，等．龙岗火山群第四纪爆破火山作用类型与期次研究 [J]．岩石学报，2006，22（6）：1473-1480.

[11] 冯玉辉，于小健，黄玉龙，等．辽河盆地新生界火山喷发旋回和期次及其油气地质意义 [J]．中国石油大学学报：自然科学版，2015，39（5）：50-56.

[12] 彭艳东，张立东，张长捷，等．辽西北票—义县地区义县旋回火山岩的岩石化学特征 [J]．中国地质，2004，31（4）：356-364.

[13] 李石，王彤．火山岩 [M]．北京：科学出版社，1981.

[14] 张永忠，何顺利，周晓峰，等．兴城南部深层气田火山机构地震反射特征识别 [J]．地球学报，2008，29（5）：578.

[15] 黄玉龙，单俊峰，刘海波，等．辽河盆地古近系水下喷发粗面岩相模式及其储层意义 [J]．中国石油大学学报：自然科学版，2019，43（1）：1-9.

第五章　火山岩储层特征及影响因素

火山岩储层相较于沉积岩储层有其特殊之处，如发育原生的气孔和裂缝、在酸性条件下易溶成分含量高有利于形成次生孔隙、遭受埋藏前风化淋滤作用的改造等。研究火山岩储层特征及其影响因素对火山岩油气藏的勘探开发具有重要意义。

第一节　火山岩储层特征

为了系统分析火山岩储层的特殊之处，本节从火山岩储层的储集空间类型、物性特征和非均质性 3 个方面阐述火山岩储层特征。

一、火山岩储集空间类型

火山岩储层是一种裂缝、孔洞双重孔隙介质的非均质性储层[1-3]。储集空间类型及分布受成岩作用和就位环境控制[4]，是储层特征研究的重要组成部分。根据岩心、显微薄片、铸体薄片、扫描电镜等综合分析和统计，辽河油田中基性火山岩储集空间主要发育原生孔隙、原生裂缝、次生孔隙和次生裂缝 4 大类 9 种类型[5]（表 5-1-1）。

表 5-1-1　辽河坳陷火山岩储集空间类型和特征

孔隙类型		形成机制	特征和分布	岩性	岩相
原生孔隙	原生气孔	挥发分出溶，气泡聚合成孔	清晰的弧形轮廓，形状多样；熔岩流顶部和底部，熔岩角砾内部	粗面岩、玄武岩	溢流相、爆发相
	砾—粒间孔隙	颗粒支撑	刚性角砾堆砌残留的空隙，不规则棱角状	粗面质/玄武质碎屑（熔）岩、沉火山碎屑岩	火山通道相、爆发相、火山沉积相
原生裂缝	碎裂缝（斑晶炸裂缝、碎裂砾间缝）	减压碎裂、遇水淬火碎裂（水下环境）	裂而不碎，斑晶形貌可见；单成分角砾，位移不大，视域范围内可拼接还原；单成分碎屑，锯齿状，沿碎屑边缘分布	粗面岩、玄武岩	溢流相、侵出相
	冷凝收缩缝	冷凝收缩作用	不规则状，延伸不大，连通气孔和粒间孔	粗面岩、玄武岩、凝灰熔岩	溢流相、爆发相

续表

孔隙类型		形成机制	特征和分布	岩性	岩相
次生孔隙	斑晶—基质溶蚀孔	溶蚀作用	矿物晶体（斑晶或晶屑）部分或完全溶解、水解或交代的体积效应，长石溶蚀孔最为常见；筛孔状，大小、分布不均	各类火山岩、火成碎屑岩	各类岩相
	杏仁体溶蚀孔		杏仁孔有裂隙连通，沿杏仁孔边缘和充填矿物解理开始，杏仁体部分或全部溶蚀	气孔杏仁构造的玄武岩	溢流相、爆发相
次生裂缝	构造缝	构造作用	穿层，切割层理，边缘平直，延伸远，成组出现；多见于致密块状火山岩（熔岩、熔结凝灰岩）	各类火山岩、火成碎屑岩	各类岩相
	隐爆缝	热液角砾缝	枝杈状、网脉状，火山通道附近	隐爆角砾岩	火山通道相
	溶蚀缝	溶蚀作用	延伸方向上缝宽不一致，缝壁不规则，裂缝相交处构成溶孔	各类火山岩、火成碎屑岩	各类岩相

（一）原生储集空间

原生储集空间是指形成于火山岩完全冷却之前的封闭系统条件下，在原生成岩作用下形成的各种开放式孔缝，包括挥发分逸出形成的气孔和浆屑内部孔，冷凝收缩作用形成的珍珠裂缝和柱状节理缝等。

1. 原生孔隙

原生气孔是成岩过程中气体膨胀逸出所形成。在玄武岩和玄武质角砾岩的角砾内常见，粗面岩和辉绿岩（主要见于辉绿岩体边缘亚相）原生气孔较少。气孔多呈圆状、椭圆状、拉长扁平状和不规则状，直径一般不超过 1cm（图 5-1-1a），岩相通常发育于溢流相，也可见于爆发相。

砾—粒间孔隙指岩石骨架颗粒之间的孔隙，形状不规则，通常沿碎屑边缘分布，主要发育于火山碎屑（熔）岩和沉火山碎屑岩中（图 5-1-1b）。粗面岩比玄武岩更易于形成火山碎屑（熔）岩，前者砾—粒间孔隙相对更发育，辉绿岩不发育此种储集空间，岩相主要见于火山通道相火山颈亚相、爆发相和火山沉积相。

玄武岩类原生孔隙约占储集空间的 19.1%，以原生气孔为主；粗面岩类原生孔隙约占 17.7%，以砾—粒间孔隙为主；辉绿岩原生孔隙约占 3.6%，主要为原生气孔。

2. 原生裂缝

碎裂缝包括由于温压骤变形成的斑晶炸裂缝或岩浆遇水淬火碎裂形成角砾化熔岩的碎裂砾间缝，特征是单个碎屑无明显位移。在玄武岩、粗面岩中均见有这类储集空间（图 5-1-1c、d），辉绿岩中不发育。辽河坳陷东部凹陷沙三中亚段沉积期主体为水下喷发环境，由岩浆遇水淬火作用形成的碎裂缝较为发育，岩相主要见于溢流相玻质碎屑岩亚相和侵出相。

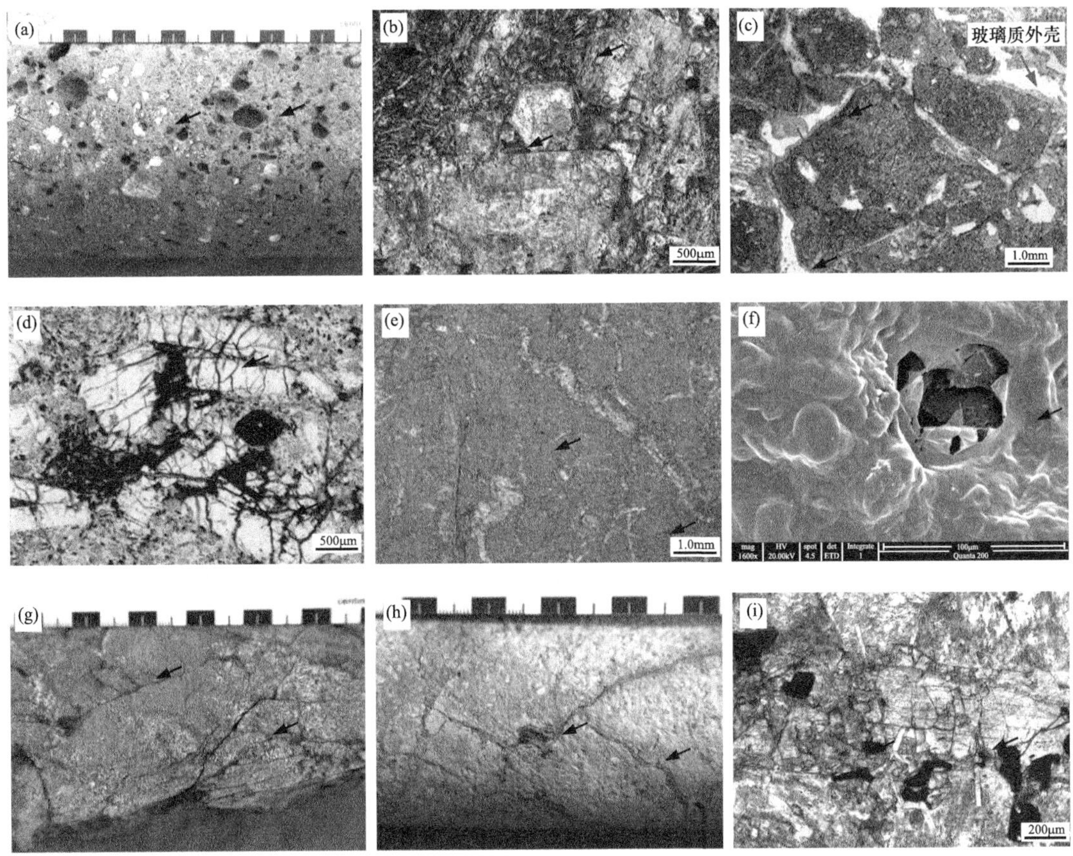

图 5-1-1　辽河坳陷火山岩储集空间类型

(a) J31 井，3732.3m，原生气孔，杏仁体内孔，气孔—杏仁玄武岩，溢流相复合熔岩流亚相；(b) Y70 井，4374.1m，砾—粒间孔隙、溶蚀孔隙，粗面质角砾岩，爆发相火山碎屑流亚相（铸体薄片）；(c) O52 井，2773.4m，碎裂砾间缝，发育玻璃质外壳（水下环境），角砾化玄武岩，溢流相玻质碎屑岩亚相（单偏光）；(d) X28 井，2945.5m，斑晶炸裂缝，粗面岩，侵出相外带亚相（单偏光）；(e) X23 井，2863.2m，冷凝收缩缝，玄武岩，溢流相板状熔岩流亚相（单偏光）；(f) Ho25 井，4421.8m，溶蚀孔，粗面岩，溢流相板状熔岩流亚相（扫描电镜）；(g) Y69 井，3897.3m，构造缝，辉绿岩，侵入相边缘亚相；(h) Y70 井，4040.5m，隐爆缝，粗面质隐爆角砾岩，火山通道相隐爆角砾岩亚相；(i) J26 井，3643.0m，溶蚀孔、缝，辉绿岩，侵入相边缘亚相（铸体薄片）

冷凝收缩缝是岩浆冷凝、结晶和固结过程形成的张裂缝。裂缝开度多在 1mm 以下，裂开部分不发生错动，多呈相互近平行的线状，连续或断续分布。本区玄武岩、粗面岩和凝灰熔岩在显微尺度下均见这类储集空间（图 5-1-1e）。冷凝收缩缝在宏观尺度上表现为火山岩的柱状节理和板状节理，常垂直于岩体冷凝等温面方向发育，基于钻井资料的节理缝识别难度大，多与高角度构造缝相混淆。斑晶、基质冷凝收缩缝主要见于溢流相、爆发相火山碎屑流亚相，节理缝主要见于火山通道相次火山岩亚相、侵出相和侵入相边缘亚相（浅层 / 超浅层侵入岩）。

玄武岩类原生裂缝约占储集空间的 11.9%，以冷凝收缩缝为主；粗面岩类原生裂缝约占 8.9%，以碎裂缝为主；辉绿岩原生裂缝较少发育。

（二）次生储集空间

次生储集空间形成于火山岩完全冷却之后的开放系统条件下，在次生成岩作用下，由原生储集空间发生改造（充填、闭合、扩大）或者有新的储集空间形成（溶解、裂缝作用）。固结成岩后的火山岩在后生成岩过程中完全未受改造的情况极为少见。在温度、压力、流体和应力等因素作用下，火山岩发生蚀变和形变，并引起其结构和矿物的变化，促使原生储集空间的破坏和次生储集空间的形成。

1. 次生孔隙

斑晶或基质被溶蚀形成的孔隙（图 5-1-1f），形状不规则，是本区最主要的储集空间类型，在粗面岩、玄武岩、辉绿岩中最常见，发育于各类亚相中。

杏仁体是原生气孔被沸石、方解石、绿泥石和硅质等矿物充填而形成。本区的杏仁体普遍具有溶蚀现象，形成杏仁体溶蚀孔，溶蚀孔隙多发育于杏仁体边缘（图 5-1-1a）。这类储集空间主要见于气孔杏仁构造的玄武岩中，粗面岩和辉绿岩中不发育，主要发育于溢流相复合熔岩流亚相和爆发相中。

玄武岩类次生孔隙约占储集空间的 34.1%，粗面岩类次生孔隙约占 42.2%、辉绿岩次生孔隙约占 52.6%，均以斑晶—基质溶蚀孔为主。

2. 次生裂缝

构造缝是火山岩成岩后受构造应力作用产生的裂缝，致密熔岩构造缝发育程度要高于多孔火山岩和火山碎屑岩。构造缝是连通火山岩中孤立孔隙的重要因素，不仅是深层油气运移的主要通道，也是本区重要的储集空间（图 5-1-1g）。构造缝在玄武岩、粗面岩和辉绿岩中均发育，构造位置和地层层系不同，构造裂缝发育程度差别较大。

隐爆缝是高压热液流体向上运移过程中使先期岩石炸裂—再充填或部分充填所形成的隐爆角砾缝[6, 7]。本区主要见于玄武质 / 粗面质隐爆角砾岩中（图 5-1-1h），辉绿岩中不发育，岩相主要发育于火山通道相隐爆角砾岩亚相。

溶蚀缝是流体沿着裂缝与岩石相互作用的痕迹，溶蚀缝可表现为对原有裂缝的溶蚀改造，也可见于角砾间和角砾内部，缝宽一般为 0.05～0.20mm[8]。在各类火山岩、火山碎屑岩中均有发育（图 5-1-1i），是本区重要的储集空间。

玄武岩类次生裂缝约占储集空间的 34.9%，粗面岩类次生裂缝约占 31.2%，均以溶蚀缝为主；辉绿岩次生裂缝约占 43.8%，以构造缝为主，其次为溶蚀缝。

二、火山岩储层物性特征

（一）火山岩岩性与物性关系

通过对辽河坳陷东部凹陷火山岩样品的综合统计，火山岩孔隙度介于 0.9%～29.2%，平均值为 9.2%，渗透率介于 0.01～56mD，平均值为 0.23mD，总体上表现为中孔—低渗储层。其中粗面岩与玄武岩的孔隙度呈单峰式正态分布，峰值区间均为 5%～10%（中孔），渗透率呈双峰式分布，并且以偏向低值一侧样品所占比例较大（图 5-1-2、图 5-1-3）。辉绿岩的孔隙度以低于 5% 的特低孔为主（图 5-1-4），反映出其基质物性偏低，裂缝和大的溶蚀孔洞对其储层贡献较大。

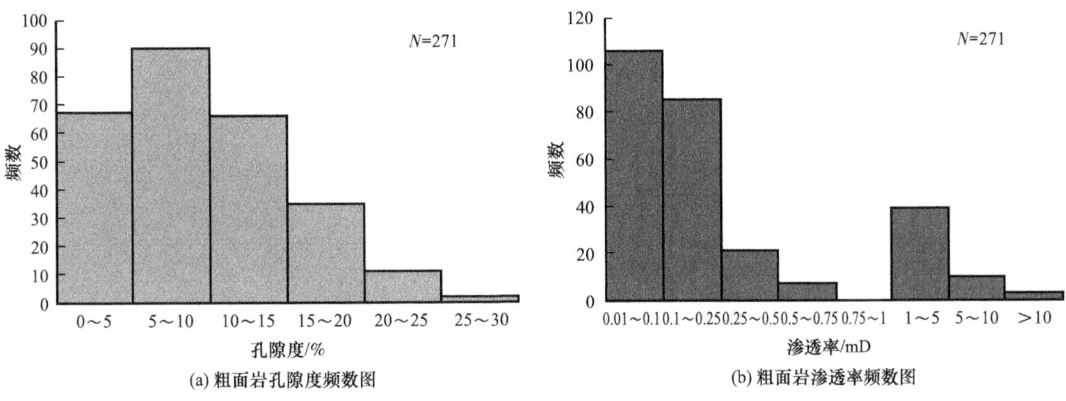

(a) 粗面岩孔隙度频数图　(b) 粗面岩渗透率频数图

图 5-1-2　粗面岩孔隙度和渗透率分布特征

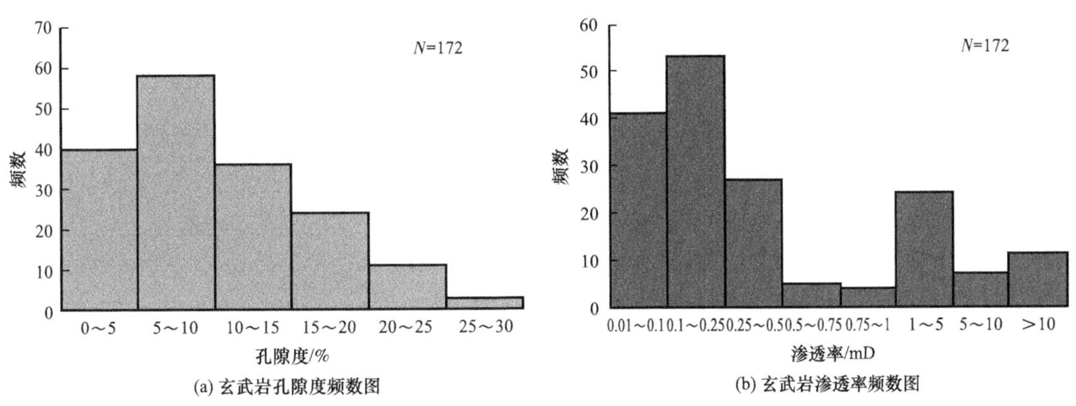

(a) 玄武岩孔隙度频数图　(b) 玄武岩渗透率频数图

图 5-1-3　玄武岩孔隙度和渗透率分布特征

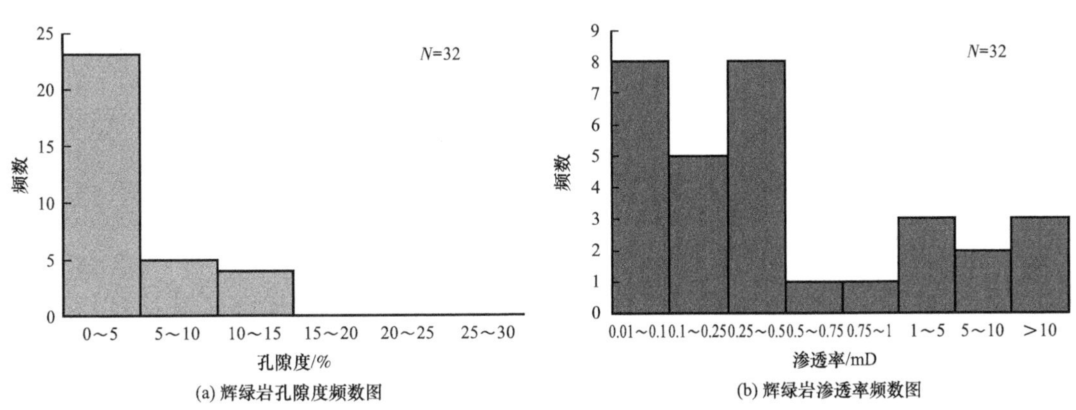

(a) 辉绿岩孔隙度频数图　(b) 辉绿岩渗透率频数图

图 5-1-4　辉绿岩孔隙度和渗透率分布特征

上述研究表明，粗面岩类和玄武岩类基质物性略好于辉绿岩，但总体上差别不大。将不同岩石结构的火山岩进行分类物性统计，结果表明角砾化粗面岩、粗面质角砾岩、角砾化玄武岩、玄武质角砾岩整体上物性最好，其次为气孔玄武岩、沉火山角砾岩和块状粗面岩，辉绿岩、致密玄武岩物性最差（图 5-1-5）。

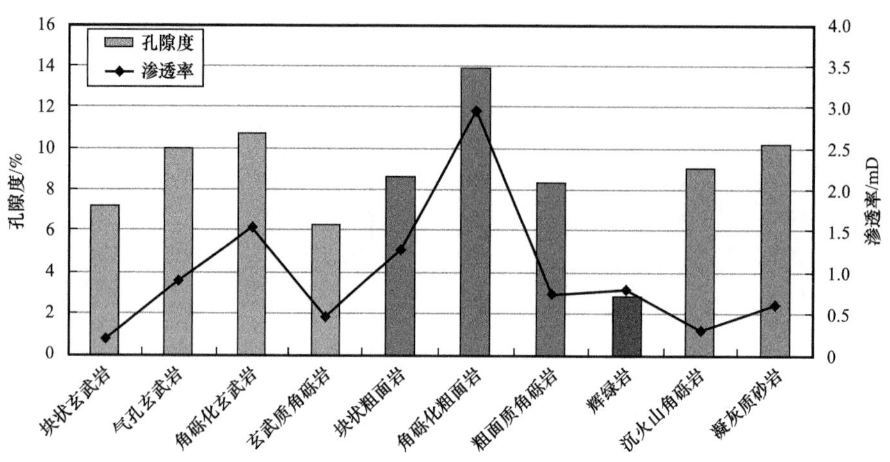

图 5-1-5　火山岩岩性与物性关系图

玄武质 / 粗面质角砾岩、沉火山角砾岩的储集空间主要为角砾间孔和缝，常规物性测试值多为“原岩”角砾的储层物性，因此物性测试值通常低于真实值，可采用面孔率分析与常规孔渗测试相结合的方法，综合分析其储集物性特征。火山角砾岩、沉火山角砾岩的储层物性受砾间孔缝充填程度的影响，储层物性变化较大，未充填或充填程度低则储层物性好，充填程度高或完全充填则储层物性变差。

（二）火山岩岩相与物性关系

储层物性受火山岩岩相、亚相影响，但不同地区、不同构造背景下同种岩相或亚相的储层物性也可能不同。根据本区实测物性统计（图 5-1-6），溢流相玻质碎屑岩亚相、侵出相外带亚相物性最好，属于高孔中渗储层；火山通道相火山颈亚相、爆发相空落亚相、火山碎屑流亚相、侵出相内带亚相和中带亚相物性较好，属于高孔低渗储层；火山通道相隐爆角砾岩亚相、溢流相板状熔岩流亚相、复合熔岩流亚相、火山沉积相含外碎屑火山沉积亚相物性中等，属于中孔低渗储层；火山沉积相再搬运火山碎屑沉积亚相、侵入相边缘亚相物性最差，分别属于中孔特低渗和特低孔低渗储层。

三、火山岩储层非均质性

火山岩储层非均质性是指火山岩储层在形成过程中由于受沉积环境、成岩作用和构造作用的影响，在空间分布及内部各种属性上都存在的不均匀的变化，具体表现在火山岩相、岩性、物性等内部属性特征和储层空间分布等方面的不均一性。

火山岩储层的有效孔隙度和渗透率普遍较低，但孔隙和裂缝较为发育，这也直接导致

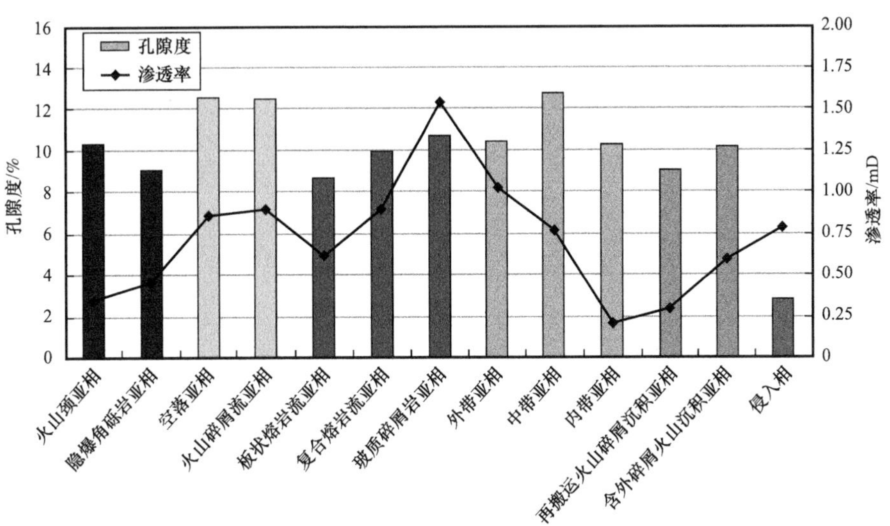

图 5-1-6　火山岩岩相与物性关系图

测井得出的孔隙度和渗透率值比实际的值偏大，尤其是渗透率的变化幅度，远大于孔隙度的变化幅度，因此火山岩储层的非均质性主要体现在渗透率的差异上。主要采用渗透率变异系数（V_K）、渗透率均质系数（K_P）和渗透率级差（J_K）等非均质性参数表征火山岩储层的非均质性。

渗透率变异系数（V_K）为单层内渗透率的标准差与平均渗透率的比值，用于度量统计的若干数值相对于其平均值的分散程度。

渗透率均质系数（K_P）为单层平均渗透率与最大渗透率的比值。K_P 值介于 0～1，越接近 1 表示均质性越强。

渗透率级差（J_K）为单层内最大渗透率与最小渗透率的比值，该值越大则表示非均质性越强。

从各类岩相的非均质性参数对比表（表 5-1-2）和储层描述与综合柱状图（图 5-1-7—图 5-1-11）综合分析可以得出，在储层非均质性的表现上，渗透率强于孔隙度。综合各类岩相的各项非均质性参数，各火山岩相非均质性由弱至强依次为爆发相火山碎屑流亚相、侵出相外带亚相、侵出相内带亚相、溢流相板状熔岩流亚相和溢流相复合熔岩流亚相。

爆发相火山碎屑流亚相的非均质性最弱，层内渗透率无明显变化。侵出相非均质性稍强，其中外带亚相非均质性一般强于内带亚相，部分内带亚相井段因发育裂缝使内带亚相非均质性增强。溢流相板状熔岩流亚相中，玄武岩气孔发育于顶部气孔带和底部气孔带，中部发育致密带，显示出较强的非均质性。其中顶部气孔带可作为储层流动单元。溢流相复合熔岩流亚相非均质性最强，气孔—致密层互层，单层内部的顶部和底部气孔带物性较好，中部致密带物性相对较差。

表 5-1-2　各岩相非均质性参数对比

评价参数		渗透率变异系数	渗透率均质系数	渗透率级差
计算公式		$V_K=\frac{\sqrt{\sum_{i=1}\left(K_i-\bar{K}\right)^2/n}}{\bar{K}}$	$K_P=\frac{\bar{K}}{K_{max}}$	$J_K=\frac{K_{max}}{K_{min}}$
爆发相	火山碎屑流亚相（玄武质）	0.636～2.647	0.03～0.375	7.215～89.649
	火山碎屑流亚相（粗面质）	0.362	0.415	9.997
侵出相	外带亚相	0.463～2.825	0.057～0.430	6.797～166.327
	内带亚相	0.348～9.304	0.012～0.383	3.538～827.292
溢流相	板状熔岩流亚相	0.949	0.140	32.343
	复合熔岩流亚相	1.583～7.086	0.013～0.096	83.314～1046.095

图 5-1-7　爆发相火山碎屑流亚相（玄武质）非均质性特征（红 33 井）

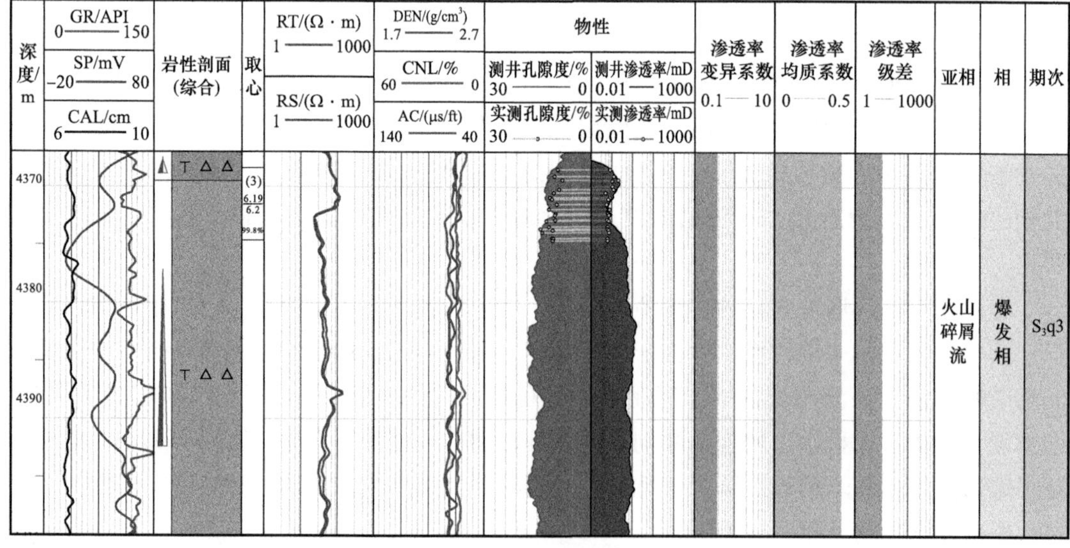

图 5-1-8　爆发相火山碎屑流亚相（粗面质）非均质性特征（于 70 井）

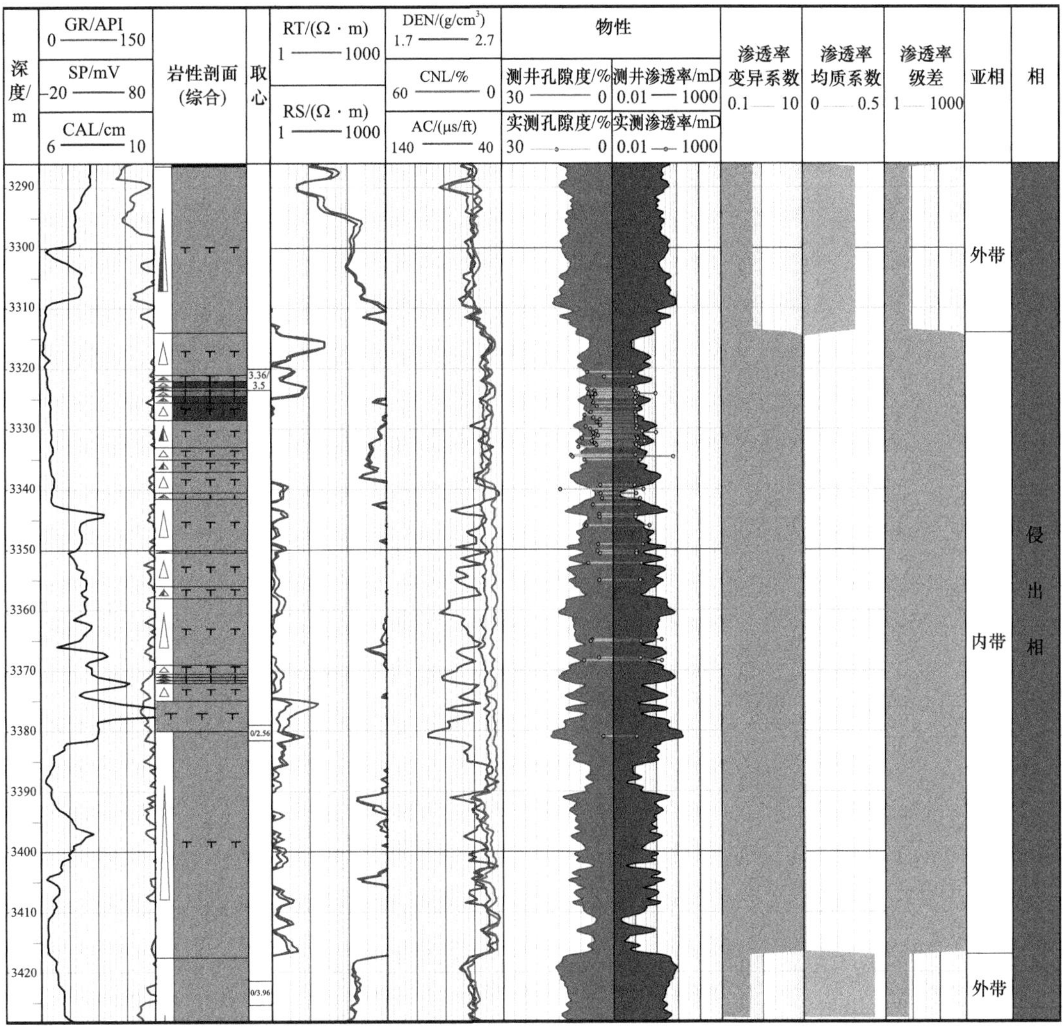

图 5-1-9　侵出相非均质性特征（小 24 井）

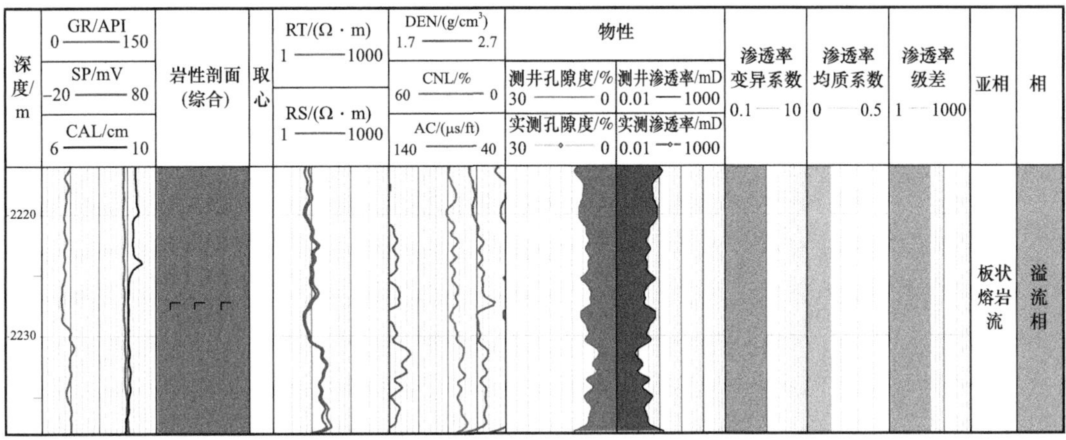

图 5-1-10　溢流相板状熔岩流亚相非均质性特征（开 21 井）

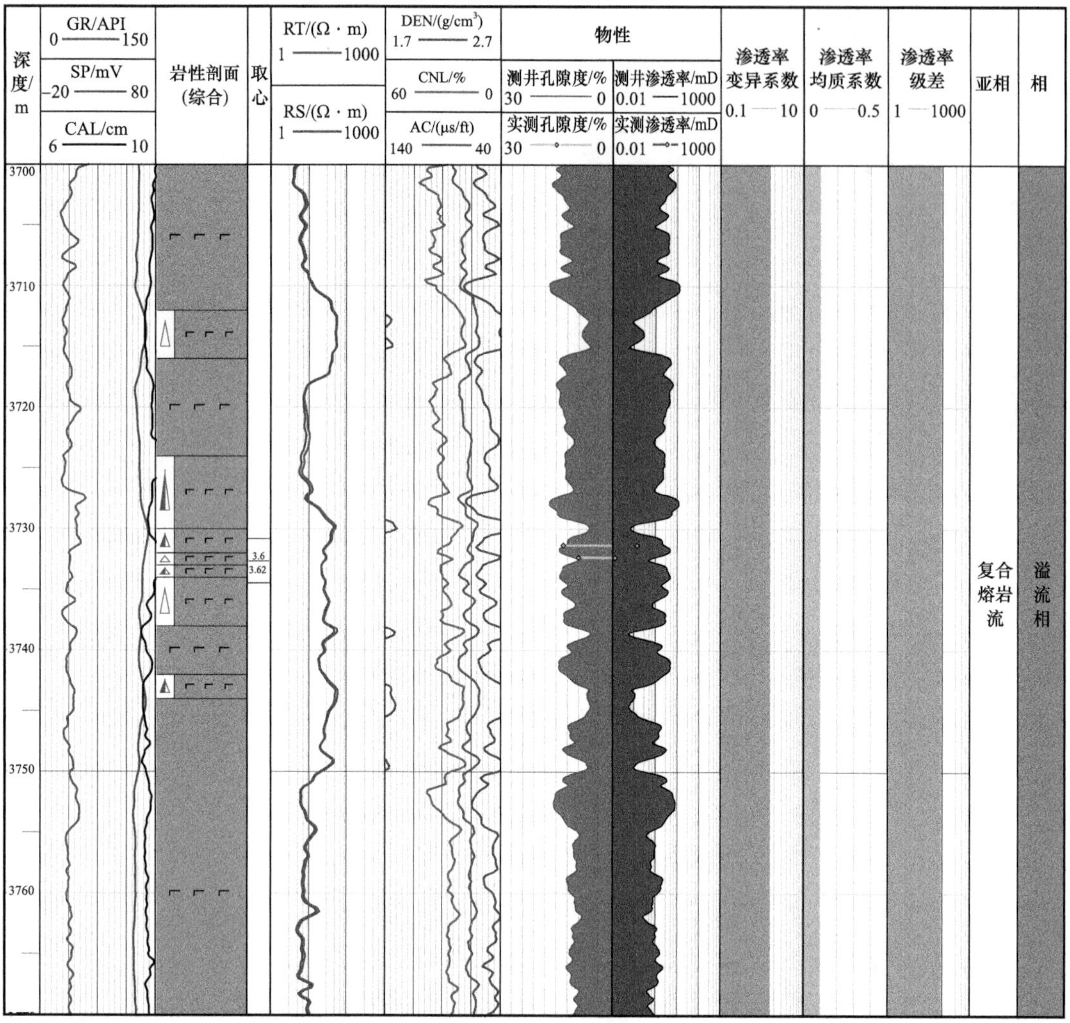

图 5-1-11　溢流相复合熔岩流亚相非均质性特征（驾 31 井）

第二节　火山岩储层影响因素

火山岩储层的储集性能与岩性、岩相密切相关，成因上受成岩作用、火山机构相带、断裂和岩体界面等多种因素的联合影响。

一、成岩作用

火山岩从喷出地表到成为油气储层，其间历经了固结成岩、风化淋滤、抬升剥蚀和埋藏改造等地质过程，并在此过程中经受了一系列复杂的成岩作用和改造作用。由于火山岩储集空间发育程度与分布规律直接控制着火山岩储层的好坏与分布，而储集空间又受成岩作用控制，因此火山岩成岩作用与储集空间研究都是火山岩储层研究的重要组成部分。在盆地火山岩储层研究中，成岩作用可划分为早期成岩作用和晚期成岩作用。其中，早期成岩作用主要决定了原生孔隙的形成和分布，而晚期成岩作用主要影响原生孔隙的改造和次生孔隙的发育，晚期成岩作用是原生孔隙不发育的火山岩能否形成有效储层的关键。

（一）早期成岩作用

辽河油田火山岩早期成岩作用依据成岩作用方式分为冷凝固结成岩作用和压实固结成岩作用两大类，其中冷凝固结成岩作用包括挥发分逸出作用、冷凝收缩作用、淬火作用、脱玻化作用、斑晶炸裂作用、准同生期热液沉淀作用和熔结作用 6 类；压实固结成岩作用包括压实胶结作用，共 7 类成岩作用（表 5-2-1）。在 7 类成岩作用中，挥发分逸出作用、冷凝收缩作用、淬火作用和压实固结成岩作用对火山岩储集性能影响最大。

表 5-2-1　辽河油田中基性火山岩成岩作用类型及其储层意义

<table>
<tr><th>成岩作用阶段</th><th colspan="2">成岩作用类型</th><th>成岩作用过程</th><th>成岩作用标志</th><th>储层意义</th></tr>
<tr><td rowspan="8">早期（决定原生孔隙的形成与分布）</td><td rowspan="7">冷凝固结成岩作用（火山熔岩、火山碎屑熔岩）</td><td>挥发分逸出</td><td>岩浆上升、喷出和冷却过程中，挥发分饱和度递减导致气体出溶形成气泡</td><td>火山熔岩和火山碎屑熔岩层上部发育的气孔构造</td><td>有利</td></tr>
<tr><td>冷凝收缩作用</td><td>岩浆冷却过程中发生的体积收缩效应</td><td>火山熔岩和火山碎屑熔岩顶部发育收缩缝</td><td>有利</td></tr>
<tr><td>淬火作用</td><td>熔浆流入地表水体或接触含水沉积物，水下喷发迅速冷却发生碎裂形成</td><td>火山熔岩顶部发育淬火缝</td><td>有利</td></tr>
<tr><td>脱玻化作用</td><td>火山玻璃随时间和温度、压力的变化，逐渐转化为雏晶或微晶的作用</td><td>不稳定的火山玻璃（包括火山碎屑岩中的玻屑）逐渐转化为黏土矿物雏晶、蛋白石或沸石</td><td>有利</td></tr>
<tr><td>斑晶炸裂作用</td><td>深部岩浆喷出地表通常会导致压力释放降低</td><td>熔岩中斑晶发育炸碎缝</td><td>有利</td></tr>
<tr><td>准同生期热液沉淀结晶</td><td>在火山熔岩冷凝固结前，热液活动普遍，进入到气孔中的热液随着温度的逐渐降低沉淀结晶，是杏仁体形成的主要原因</td><td>准同生期热液活动造成气孔充填</td><td>不利</td></tr>
<tr><td>熔结作用</td><td>载有大量的塑性玻屑、浆屑以及刚性碎屑（岩屑、晶屑）的火山物质涌出火山口后，处于炽热状态下的火山碎屑在重力影响下，发生不同程度的熔结</td><td>浆屑、玻屑发育塑性变形，形成假流纹构造</td><td>不利</td></tr>
<tr><td>压实固结成岩作用（火山碎屑岩、沉火山碎屑岩）</td><td>压实胶结作用</td><td>火山作用形成的火山碎屑物质在早期成岩压实的火山灰分解产物或化学沉积物交结作用下固结成岩</td><td>碎屑颗粒间接触紧密，火山碎屑物质被火山灰和准同生期孔隙流体沉淀胶结</td><td>不利</td></tr>
</table>

续表

成岩作用阶段	成岩作用类型	成岩作用过程	成岩作用标志	储层意义
晚期（影响原生孔隙的改造和次生孔隙的形成）	充填作用	后生成岩作用阶段发生的热液活动和地下水活动使原生孔隙被充填	石英、绿泥石、方解石等次生交代蚀变矿物充填孔隙	变差
	溶解作用	后生成岩作用阶段发生的热液活动和地下水活动使斑晶、基质以及孔隙先期充填的矿物间溶解	斑晶、基质、晶屑岩石原始成分以及后期充填作用形成的方解石、沸石等矿物遭受溶解	改善
	构造作用	火山岩岩体总体上沿断裂分布，受构造活动影响使火山岩形成构造裂缝	岩石发育构造裂缝	改善
	隐爆角砾岩化作用	原有的近火山口岩石被高压流体炸碎形成原地角砾、之后又被灌入的富含矿物质“岩汁”胶结形成隐爆角砾岩	高压流体导致原岩原地破碎，隐爆角砾可拼合	改善
	胶结作用	在晚期成岩作用阶段埋藏作用期，伊利石、绿泥石、方解石和石英等矿物对火山碎屑岩和沉火山碎屑岩进行胶结作用	自生黏土矿物分布在粒间孔隙中胶结碎屑颗粒，部分石英晶屑可见次生加大现象	变差
	机械压实压溶作用	后生成岩阶段普遍存在，随着深度的增加，火山碎屑岩和沉火山碎屑岩中刚性颗粒间压实产生碎裂或以缝合线接触	火山碎屑岩和沉火山碎屑岩中刚性颗粒间压实产生碎裂或缝合线构造，火山熔岩中标志不明显	变差

1. 挥发分逸出

岩浆上升、喷出和冷却过程中，随着压力和温度降低，挥发分饱和度递减，导致气体出溶形成气泡，气泡上升、聚合并最终被冷凝面所截获，形成相对更大的气孔。熔岩流动过程中，形成上部和下部两个冷凝界面，并向熔岩内部推进，底部出溶的气泡被下部冷凝界面所截获，而下部冷凝界面以上的气泡则全部被上部冷凝界面所截获，最终形成熔岩流纵向上的气孔分带性，即上部厚层气孔带、中部致密块状带和下部薄层气孔带。三者区别在于气孔含量、大小和形态差异。上部气孔带通常占熔岩流总厚度的50%，向下气孔直径增大、数量减少，直到其底部气孔直径达到最大；中部致密带无气孔或见极少量的大气孔，有时发育节理缝；下部气孔带厚度较小（通常不足1m，与熔岩流总厚度关系不大），向上气孔直径增大、数量减少，至其顶部孔径达到最大。

尽管熔岩流的形成过程复杂多变，但气孔形成机理决定其固结成岩后所具有的分带特征在各类熔岩中都是占据主导地位的。气孔的分带性是决定熔岩有效储层分布的主要控制因素。

2. 冷凝收缩作用

冷凝收缩作用是指岩浆快速冷却过程中发生的体积收缩效应，可形成收缩孔（石泡孔）和收缩缝（珍珠裂隙、柱状节理缝等），不但增加了储集空间，提高了岩石的储集性能，同时也起到连通孔隙的作用。在宏观上，层间收缩缝和柱状节理缝对于储层单元的形成和规模具有重要的控制作用。

3. 淬火作用

淬火作用是熔浆未完全冷却成岩时，由于气体膨胀、塌陷、自身重力以及层间流动性差异等因素造成，角砾成分单一，角砾间为熔浆胶结。研究区流纹岩中常见淬火作用，通常发生在熔岩流顶部和边缘相，形成角砾流纹岩和集块流纹岩，可作为喷溢相顶部的标志。

4. 压实固结作用

压实固结是碎屑岩的主要成岩方式，其对储集空间的影响主要表现为碎屑颗粒紧密排列导致孔隙体积减小、孔隙度降低、渗透性变差。散落成因的火山碎屑物堆积在地表后与正常沉积的碎屑岩一样，经历相似的压实成岩过程：（1）压实和孔隙度减小，压实作用的影响持续至自生矿物形成之前，因压实作用而减少的孔隙可达30%～80%；（2）部分非稳定组分溶解，形成黏土和沸石类矿物，充填粒间孔和基质孔隙并堵塞喉道，从而降低储层孔隙度和连通性；（3）新矿物析出和胶结，进一步减少了压实作用下的残留孔隙，同时压实作用对孔隙的影响逐渐减小；（4）适应于新温压条件的重结晶，压实作用的影响逐渐消失。因而，机械压实是导致火山碎屑岩孔隙度降低的直接因素。

与正常沉积的碎屑岩所不同的是火山碎屑岩中不稳定组分（玻质碎屑和火山灰）含量高，在温度超过100℃（压力0.5GPa）将发生一系列矿物相转变，例如沸石变为富钙浊沸石，相变的结果总体上使胶结程度增加、孔隙度变小、孔隙结构遭受破坏。机械压实和矿物相转变是导致火山碎屑岩孔隙度降低的主要因素。这两种作用都随上覆岩层厚度的增大而增加，从而致使孔隙度随埋深迅速降低。这也是为什么在盆地深层火山碎屑岩物性普遍比熔岩差，并且有效储层发育较少的原因之一。

（二）晚期成岩作用

辽河油田火山岩晚期成岩作用包括充填作用、溶解作用、构造作用、隐爆角砾岩化作用、胶结作用和机械压实压溶作用6类，其中溶解作用、构造作用和隐爆角砾岩化作用对储层原生储集空间具有改善作用，而充填作用、胶结作用和机械压实压溶作用会使储层原生储集空间变差（表5-2-1）。

1. 溶解作用

主要表现为物质的带出过程，形成的溶蚀孔缝可以有效改善储集性能（图5-2-1），在本区起主导作用的是长石溶孔和杏仁体溶孔。碱性火山岩对溶解作用尤为敏感，是该类火山岩可能形成优质储层的决定因素。研究区中基性火山岩中碱性岩占有较大比例，相对钙碱性岩而言，含有较多的强活动性碱金属离子（K^+、Na^+），在酸性环境下碱性长石极易发生溶蚀。此外，斜长石的选择性溶蚀的结果是钙长石被溶解，钠长石被保留下来，同时产生长石溶孔。通过电子探针分析发现本区高产层段的中基性火山岩中几乎完全缺失中基性斜长石，而以大量纯净的钠长石（钠长石摩尔分数大于98%）为主，可见长石的次生变化对于能否形成有利储层具有重要影响。

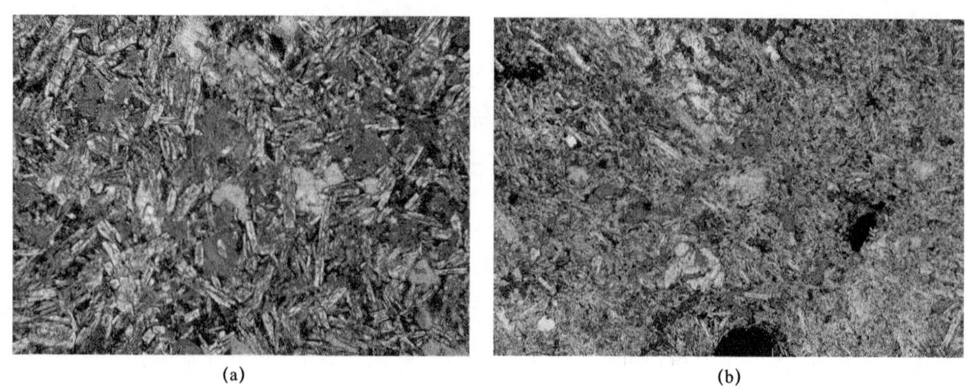
(a) (b)

图 5-2-1 溶解作用镜下特征

（a）玄武质角砾集块岩，基质溶蚀作用，单偏光（25×10），驾探1井，4366.18m，沙三中亚段；（b）粗面岩，基质溶蚀作用，单偏光（5×10），于70井，4374.10m，沙三中亚段

现有研究表明，溶解作用的流体来源主要为油气侵位过程中有机质脱羧产生的有机酸溶液和由矿物间的相互作用产生的无机酸溶液。在研究中还发现，深源无机气形成的 CO_2 气藏构成的酸性水溶液对火山岩具有显著的溶解作用。

2. 构造作用

研究区火山机构总体上沿断裂分布，火山口—近火山口部位受构造活动影响最大，形成的构造裂缝最为发育。构造裂缝不仅是一种重要的储集空间类型，同时也是深部酸性流体和油气运移的主要通道，从而成为深层火山岩成储、成藏的重要因素。尤其对玄武岩而言，多期喷发形成的每个岩流单元都是一个相对独立的储渗单元，远离断裂或火山机构中心的部位，有效储层通常仅发育在喷发旋回的顶部；而在靠近断裂或火山机构中心的部位，纵向上相邻的各个储渗单元相互连通，形成的储集体厚度往往较大。此外，对于原生孔隙相对不发育的辉绿岩而言，构造作用和溶解作用对储层的次生改造是决定辉绿岩能否形成有效储层的关键因素（图 5-2-2）。

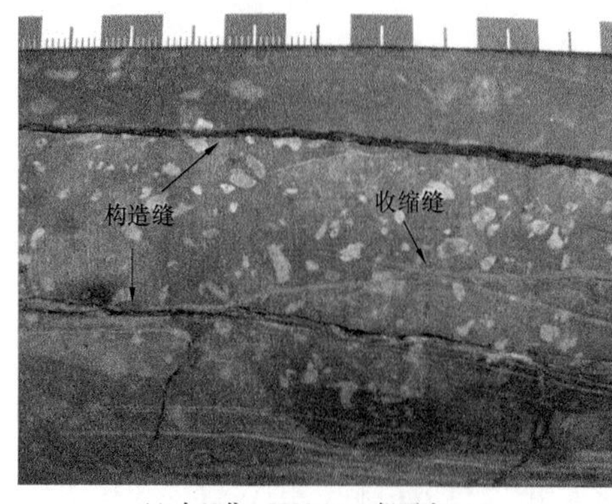

(a) 小40井，2798.1m，粗面岩

(b) 于69井，3897.3m，辉绿岩

图 5-2-2 构造裂缝发育特征

3. 隐爆角砾岩化作用

岩浆期后热液活动十分发育，隐爆角砾岩化是其主要表现形式之一。原有的近火山口相岩石（原岩）被高压流体炸碎形成原地角砾，之后又被灌入的富含矿物质“岩汁”胶结形成隐爆角砾岩，这一过程称为隐爆角砾岩化。高压的岩浆期后热液导致围岩炸裂发生角砾岩化，形成大量角砾间孔、缝，这是造成火山口—近火山口相带成为优质储层的重要因素（图 5-2-3）。

(a) 玄武质隐爆角砾岩，红15井，1937m，东营组

(b) 粗面质隐爆角砾岩，小40井，3537.31m，沙三段

图 5-2-3　隐爆角砾岩特征

4. 充填作用

在中基性火山岩中极为普遍，对于储集性能十分不利，初步统计储集空间因被充填而减少的部分可达 70% 以上。岩心和显微镜下观察发现，玄武岩和安山岩的孔隙充填程度明显高于粗面岩，流纹岩充填程度最低。充填物主要来源于蚀变作用或热液活动，玄武岩和安山岩中含有大量不稳定矿物（中基性斜长石、橄榄石和辉石等），蚀变作用的发生强于粗面岩和流纹岩（图 5-2-4）。此外，玄武岩喷发具有多期性，伴随岩浆期后的热液活动对原生孔隙造成多期充填，这种充填方式十分不利于后期溶蚀作用的发生，而且还会对溶蚀孔隙形成再次充填。

二、火山机构相带

火山机构可划分为火山口—近火山口相带、过渡相带和边缘相带，火山机构不同相带控制储层的宏观分布规律[9]：火山口—近火山口相带主要发育火山通道相、爆发相和侵出相，以火山碎屑岩为主，受多期喷发火山活动影响，火山口周边围岩常经历多次后期改造，岩石破碎、网状裂缝发育，孔、洞、缝储集空间十分发育；过渡相主要发育爆发相火山碎屑岩和溢流相火山熔岩，好、差储层并存；边缘相带发育爆发相和火山沉积相，差储层比例增加（图 5-2-5）。综合而言，火山口—近火山口相带是优势储层集中发育区。

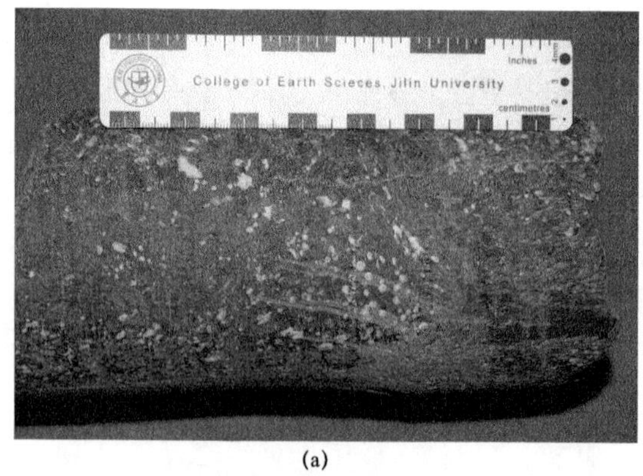

(a)

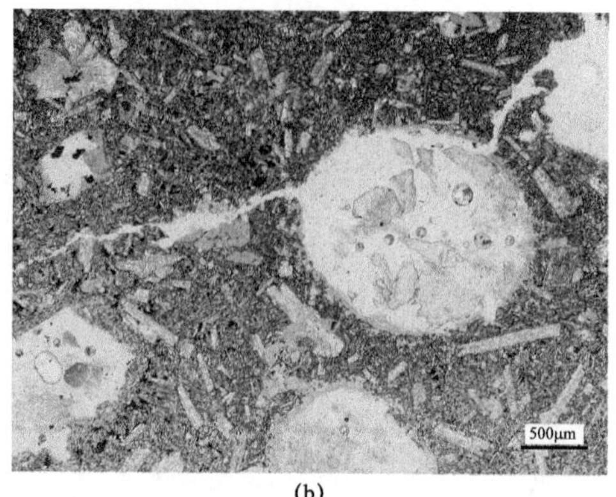

(b)

图 5-2-4　充填作用岩心与镜下特征

（a）气孔—杏仁构造玄武岩，方解石、沸石充填岩心照片，小 23 井，2918.36m，沙三中亚段；
（b）气孔杏仁构造玄武岩，绿泥石充填，单偏光（10×4），红 22 井，3686.4m，沙三段

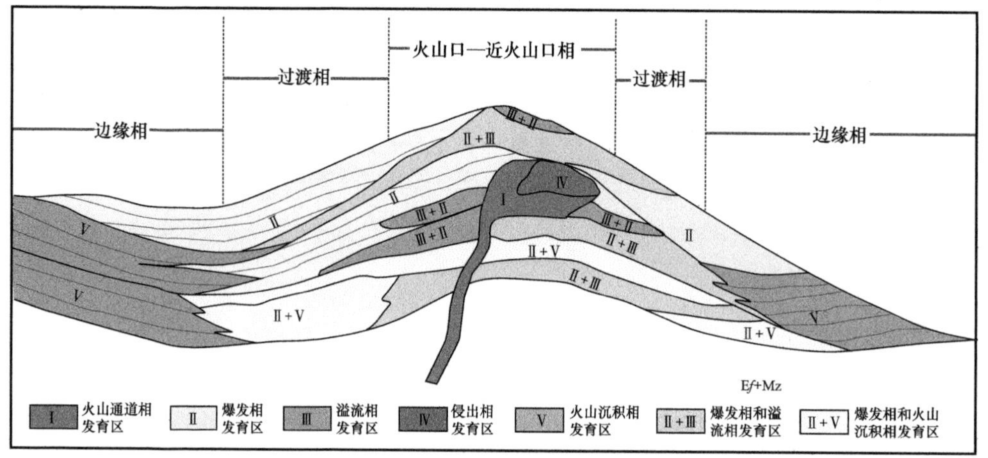

图 5-2-5　火山机构模式图

三、断裂

火山岩体分布通常受深大断裂的控制，以辽河坳陷东部凹陷新生界火山岩为例，火山岩体分布主要受中央构造带的大平房—欧利坨子—茨西断裂和东部构造带的沟沿—驾东断裂控制（图 5-2-6）。靠近大断裂的构造高部位，通常是古火山口相对发育的地区，也是火山岩风化壳的主要发育区[10]，并且火山口沿断裂具有呈串珠状分布的规律[11]。东部凹陷古近纪经历了裂陷→断陷→断坳转化→走滑—构造反转等构造活动，这种持续活动断裂附近的火山岩体，易于形成多期裂缝，有利于储层的构造作用、溶蚀作用等多期改造。

四、岩体界面

由于火山活动往往是多期发育的，火山岩与碎屑岩、不同期次火山岩之间以及各期火山岩内部岩相和亚相之间存在多级界面。整体上，火山地层界面可划分为喷发整合、喷

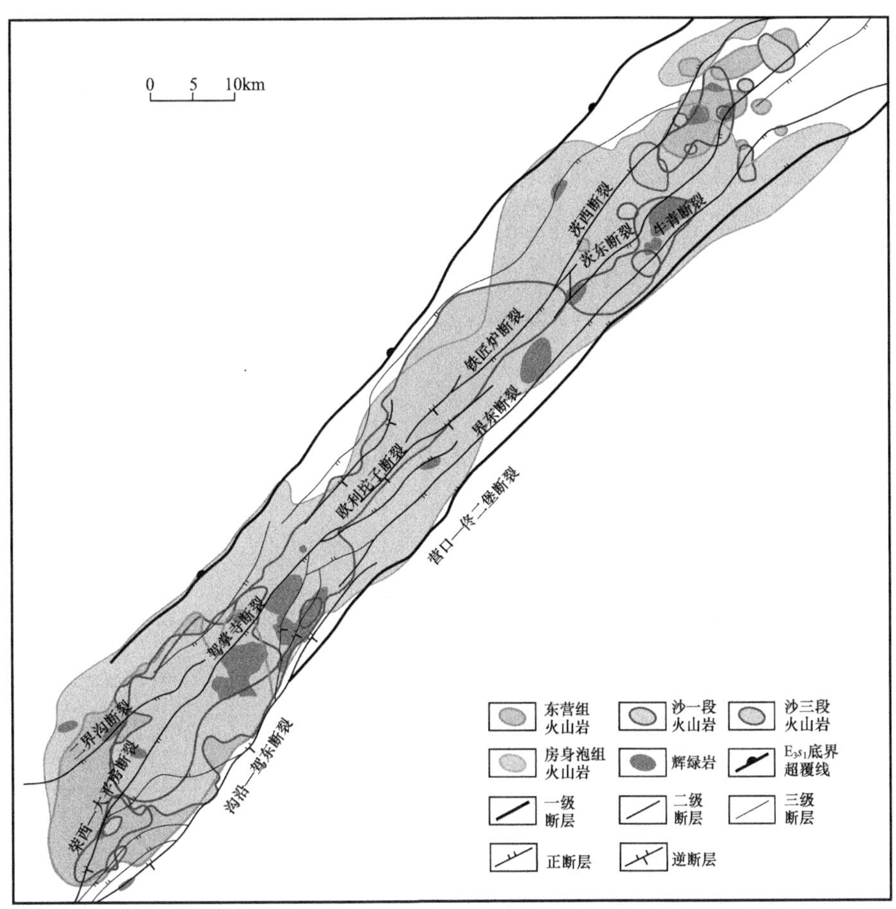

图 5-2-6　辽河坳陷东部凹陷火山岩分布与断裂关系

发不整合、喷发间断不整合和构造不整合界面。火山岩的次生孔隙发育与流体通道关系密切，火山地层界面系统中喷发间断不整合界面和构造不整合界面可以指示暴露时开放体系流体作用区域和埋藏时流体通道位置，所以这两类界面与储层分布关系密切。喷发间断不整合界面指火山岩在经受喷发间歇期（一般为数十年至数千年）的侵蚀或剥蚀后与上覆火山岩形成的接触关系。构造不整合界面指盆地或次级构造单元范围内的火山岩经历整体抬升剥蚀或差异埋藏后与上覆岩层间形成的接触关系。当构造抬升时，火山岩经受长期剥蚀夷平作用，发育广泛分布的风化壳。有学者研究表明，多数火山岩有利储层分布于喷发间断不整合和构造不整合界面之下的 200m 范围内，少数情况可延伸到界面之下 500m 的范围。

研究表明，辽河油田火山岩期次界面附近的火山岩原生孔、缝发育，并且受表生作用和流体溶蚀改造等次生改造作用相对更强，相比火山岩体内部，界面附近火山岩次生储集空间发育，易于形成有效储层。从火山岩物性与相对期次顶面距离的变化可以看出，距离界面越近，孔隙度和渗透率相对高值部分所占比例越大，显示储层物性越好（图 5-2-7）。S_3q3 粗面岩顶部界面之下（侵出相外带亚相）溶蚀孔隙发育，包括长石斑晶溶蚀孔、基质

溶蚀孔和角砾间溶孔，储层孔隙度和渗透率相对于期次内部（中带和内带亚相）更高。结合录井显示和试油结果分析，期次界面附近火山岩含油气性相对较好。因此，研究认为通常界面越多，优势储层越发育。

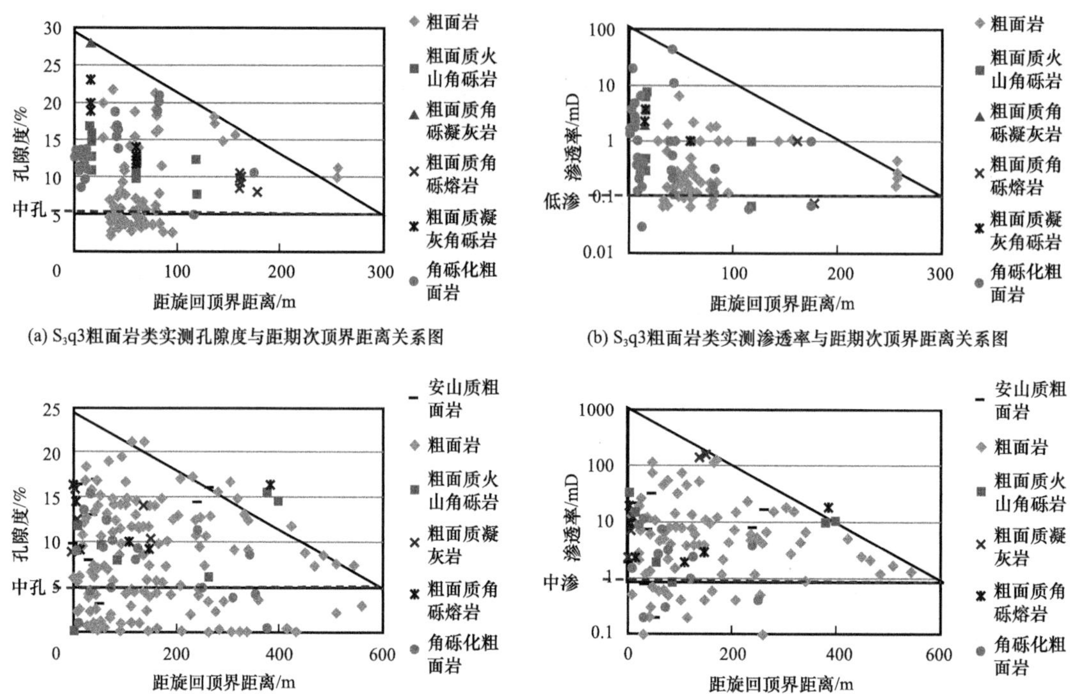

图 5-2-7　S_3q3 粗面质岩类物性与距期次顶界距离关系图

参考文献

[1] 侯启军. 松辽盆地南部火山岩储层主控因素[J]. 石油学报，2011，32（5）：749-756.

[2] 王璞珺，陈树民，刘万洙，等. 松辽盆地火山岩相与火山岩储层的关系[J]. 石油与天然气地质，2003，24（1）：18-23.

[3] 王志平，冉博，童敏，等. 双孔双渗火山岩气藏裸眼压裂水平井产能预测方法[J]. 石油勘探与开发，2014，41（5）：585-590.

[4] 唐华风，杨迪，邵明礼，等. 火山地层就位环境对储集层分布的约束：以松辽盆地王府断陷侏罗系火石岭组二段流纹质火山地层为例[J]. 石油勘探与开发，2016，43（4）：573-579.

[5] 张斌，顾国忠，单俊峰，等. 辽河东部凹陷新生界火成岩岩性—岩相特征和储层控制因素[J]. 吉林大学学报：地球科学版，2019，49（2）：279-291.

[6] 黄玉龙，王璞珺，舒萍，等. 松辽盆地营城组中基性火山岩储层特征及成储机理[J]. 岩石学报，2010，26（1）：82-92.

[7] 王璞珺，陈树民，李伍志，等. 松辽盆地白垩纪火山期后热液活动的岩石地球化学和年代学及其地质意义[J]. 岩石学报，2010，26（1）：33-46.

[8] 王岩泉，胡大千，蔡国刚，等. 辽河盆地东部凹陷火山岩储层特征与主控因素[J]. 石油学报，2013，34（5）：896-904.

[9] 孟卫工，陈振岩，张斌，等．辽河坳陷火成岩油气藏勘探关键技术[J]．中国石油勘探，2015，20（3）：45-57.

[10] 侯连华，罗霞，王京红，等．火山岩风化壳及油气地质意义：以新疆北部石炭系火山岩风化壳为例[J]．石油勘探与开发，2013，40（3）：257-274.

[11] 赵文智，邹才能，冯志强，等．松辽盆地深层火山岩气藏地质特征及评价技术[J]．石油勘探与开发，2008，35（2）：129-142.

第六章　火山岩体识别及储层预测

辽河坳陷沙三中下亚段火山岩为主要勘探层系，但岩体埋藏较深，如何有效识别火山岩体和预测火山岩储层为勘探的重点和难点[1-3]。为降低深层勘探风险，提高勘探效益，需要综合利用地震、地质、测井等多学科技术，形成一套适合于深层火山岩体识别及储层预测的方法。本章充分利用重力、磁性、电性、地震和钻井等多种勘探资料，形成火山体综合识别刻画的技术方法，通过开展叠前、叠后综合反演，预测火山岩有利储层[4,5]。

第一节　火山岩体识别刻画

火山岩勘探实践表明，利用地球物理综合解释技术预测深层火山岩较为有效。火山岩与围岩的沉积地层之间，火山岩各种岩性之间在密度、磁性、电性等岩石物性特征上均存在不同程度的差异，可从重力、磁性、电性不同方面获取火山岩的地球物理信息。利用重磁电资料能较好刻画火山岩宏观展布规律，但分辨率不及地震资料，综合考虑，提出以地震资料为主，非地震重磁电资料为辅的策略开展火山岩识别与刻画。下面以东部凹陷沙三段火山岩为勘探目标，阐述如何利用重磁电震资料识别火山岩。

一、重力异常识别主干断裂

通过收集统计辽河坳陷东部凹陷 300 余口井密度钻井资料，东部凹陷区域上主要存在馆陶组底部、东营组底部以及房身泡组底部 3 个主要密度界面（图 6-1-1）。

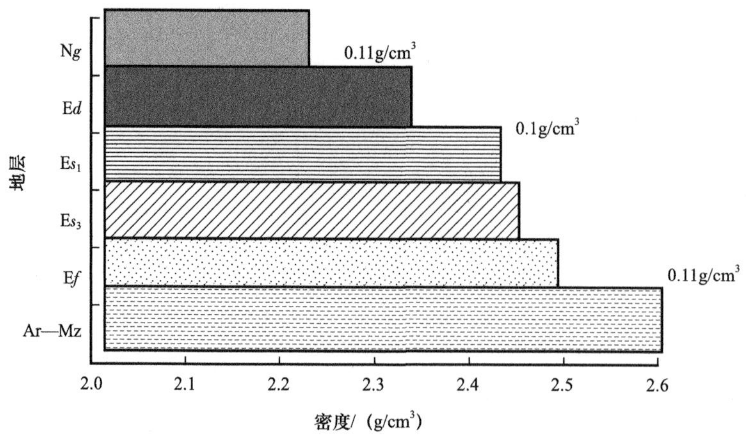

图 6-1-1　东部凹陷地层密度统计

实测火山岩密度和声波时差测井资料证实，东部凹陷大部分火山岩比沉积岩的密度大，发育最广泛的玄武岩一般比地层密度高 0.1～0.3g/cm^3（图 6-1-2）。实测火山岩密度与正常沉积岩相比，大部分火山岩比围岩的密度大，不同岩性之间的密度差异明显，具备开展重力勘探的物性基础。

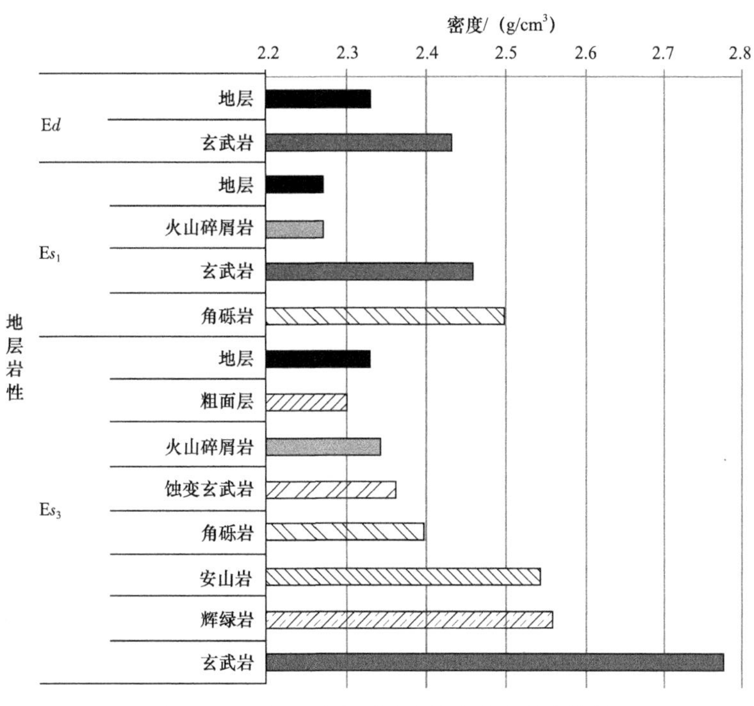

图 6-1-2　东部凹陷不同岩性火山岩密度统计

重力异常是地下岩石、矿物密度分布不均匀或地质体与围岩密度的差异所引起的。岩石的密度主要受 3 种因素控制，即构成岩石物质的矿物颗粒的密度、孔隙度和孔缝中的流体。沉积岩、火山岩和变质岩通常具有以下规律：（1）沉积岩一般来讲岩石越老，埋藏越深，密度就越大；（2）火山岩的密度取决于所含矿物的成分，由酸性岩到基性岩，随着铁镁质矿物含量的增加，岩石密度通常也增大；（3）变质程度的加深，密度也相应增大 。

重力资料主要是从平面上研究洼陷结构、识别研究区主干断裂。采用重力异常剥层技术，从原始布格重力异常数据中去除馆陶组、东营组的重力影响，再去除房身泡组下伏地层的重力影响，获得新生代早期沉积剩余重力异常（图 6-1-3）。

断裂在布格重力异常图上，一般表现为沿一定方向延伸的重力梯级带，而重力异常等值线的扭曲也往往与断裂切割有关。重力水平总梯度异常计算是将重力梯级带转换为极大值，其极大值带更好地对应了断裂位置，从而提高了对断裂的平面分辨能力。重力异常水平总梯度极大值连线反映断裂的位置，其幅值大小反映了断裂的规模、断距等，极大值走向突变和错断代表断裂被切割和错开。如图 6-1-4 所示，研究区三条主干断裂（二界沟断层、驾掌寺断层和驾东断层）均呈北东向展布。

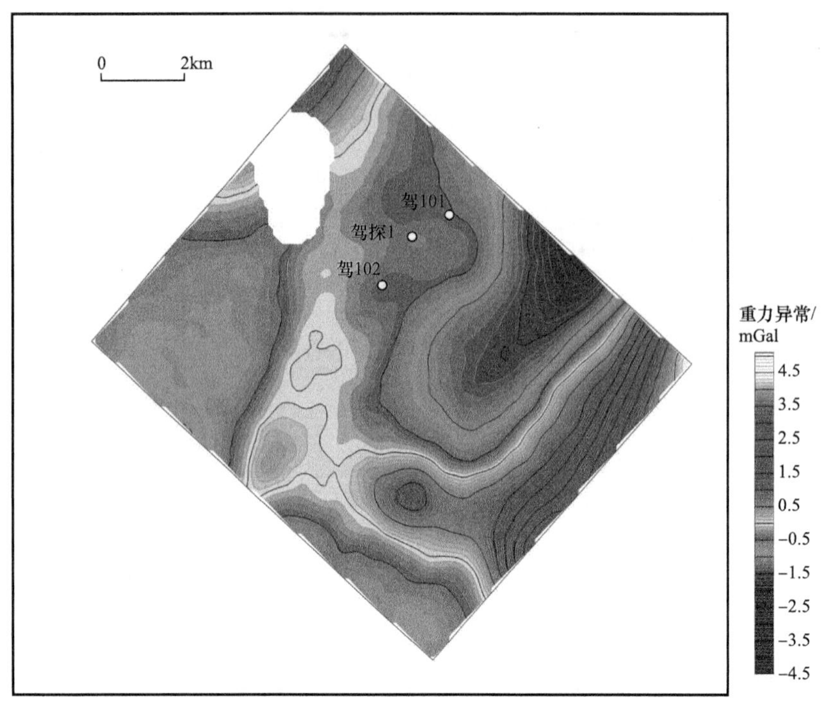

图 6-1-3 桃园—大平房—驾掌寺地区新生代早期沉积剩余重力异常

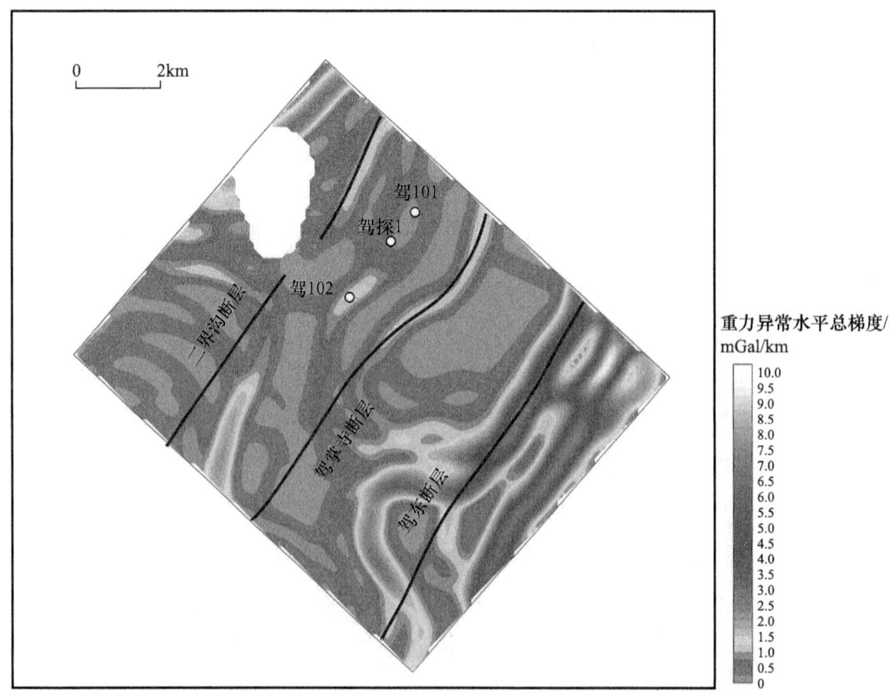

图 6-1-4 桃园—大平房—驾掌寺地区新生代早期沉积剩余重力异常水平总梯度

二、磁力异常识别火山岩平面展布

磁力异常是由于不同地质体间的磁性差异引起的，岩石的磁性是由所含磁性矿物的类型、含量、颗粒大小、结构以及温度、压力等因素决定的，但主要取决于所含铁磁性矿物的多少。岩浆岩磁性一般较高，由酸性岩到基性岩，铁磁性矿物含量逐渐增加，岩石磁性也逐渐增强。沉积岩磁性一般都很弱，其中有许多可认为是无磁性，变质岩的磁性常与其原岩有关。通过统计东部凹陷主要岩性磁力异常，整体来看，火山岩磁力异常大于沉积岩，不同类型的火山岩之间磁力异常也存在差异：玄武岩>辉绿岩>粗面岩，这为磁力反演识别火山岩提供了物性基础（图 6-1-5）。

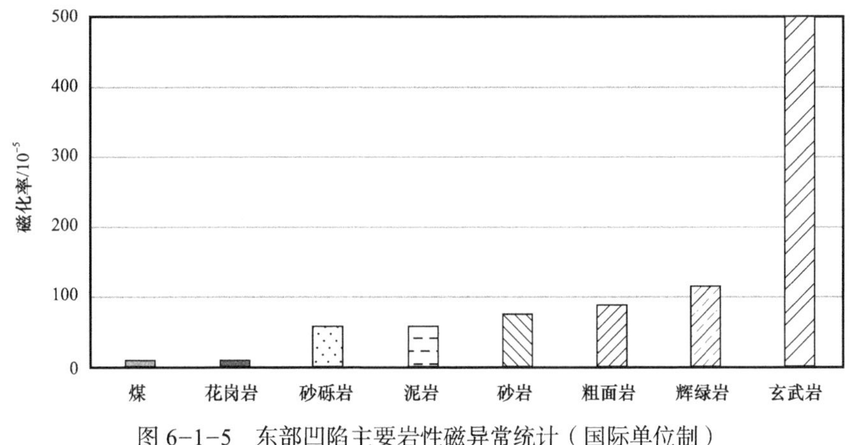

图 6-1-5　东部凹陷主要岩性磁异常统计（国际单位制）

利用地质、钻井、地震、时频电磁等资料和岩石磁性实测结果进行本区磁源的三维建模，包括东营组火山岩、沙一段火山岩、沙三段火山岩、房身泡组火山岩及基底变质岩 4 个主要磁源层，之后利用三维正演计算上述模型在观测面的计算磁力异常，比较计算磁力异常与原始磁力异常直接的差别并通过迭代算法不断修改三维磁性模型，最终使得计算和原始磁力异常基本一致，一个轮次的三维反演结束。反演结束后，利用已知资料来对反演的三维磁性分布进行评估，如果磁性分布符合地质解释的认识并与已知资料吻合，则反演结束，否则需要调整模型和反演参数重新进行反演，直至反演结果可接受为止。图 6-1-6 为磁力反演三维空间展布情况，通过镂空及透明处理，在桃园—大平房—驾掌寺地区东南部，从浅到深发育强磁性磁源，有太古界变质岩和沿主要断裂侵入或喷发的强磁基性岩两个主要磁源组成；中部，围绕主要钻井发育大面积喷发岩；西北部，深部发育中强磁性磁源，推测为基底变质岩。

结合磁力三维反演结果和各主要构造资料，针对各主要目的层系沙三段火山岩进行磁力异常分离，获得反映火山岩横向分布特征的磁力异常，落实火山岩平面展布规律（图 6-1-7），深层岩浆在洼陷内部沿深大断裂多期次喷发，同时沿凹陷东部边界断裂火山活动加剧，磁力异常分布在驾东断层附近。

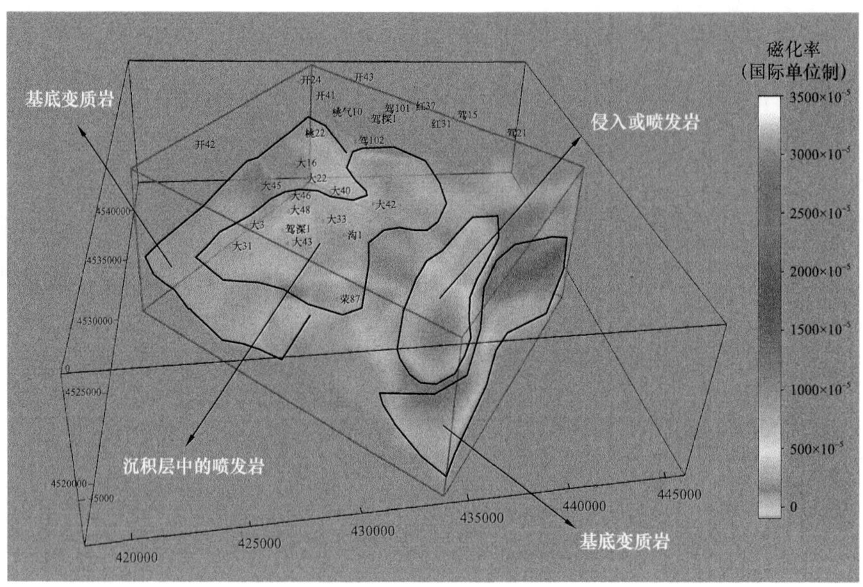

图 6-1-6　桃园—大平房—驾掌寺地区磁力反演三维空间展布图

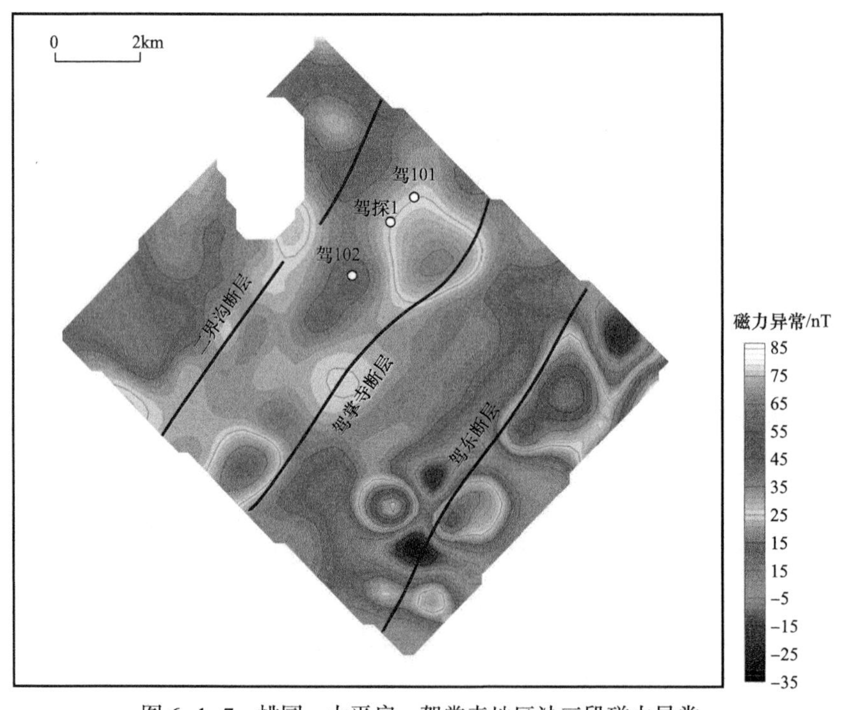

图 6-1-7　桃园—大平房—驾掌寺地区沙三段磁力异常

三、时频电磁识别火山机构

时频电磁（TFEM）勘探方法是中国石油东方地球物理公司自主研发的一项电磁勘探技术，其勘探原理是发射不同频率的交流电（一次电流），在地下介质中产生“一次磁场”，“一次磁场”遇到地下不均匀体（不均匀体的内部感应出二次电流或称涡流），产生“二次磁场”，被地面接收。同时接收时间域和频率域两种电磁信号，因此称为时频电磁。

时频电磁法相对常规电磁勘探方法具有采用人工场源，信号强、信噪比高等特点。

激发周期决定探测深度，激发周期越长，探测深度越大，由于没有静态位移，对地下电性层的反映更真实、清楚。时频电磁作为一种非地震勘探手段，对深层火山岩体识别刻画具有重要辅助作用。利用时频电磁资料识别火山岩的物性基础是火山岩与沉积岩电阻率存在差异，东部凹陷沙三段火山岩分布广，岩性多变，按照表 3-1-2 对不同岩性电测井资料进行统计。

统计结果表明，火山岩电阻率明显区别于沉积岩，电阻率整体较高，呈现高阻特征，这为利用时频电磁资料识别火山岩提供了物性基础，但由于其岩性不同而电阻率差异较大，变化范围一般介于 10～65Ω · m。泥岩电阻率正态分布范围集中在 2～5Ω · m，平均电阻率约 3.54Ω · m；玄武岩电阻率正态分布范围集中在 10～35Ω · m，平均电阻率约 30Ω · m；粗面岩电阻率最高，电阻率正态分布范围集中在 30～90Ω · m，平均电阻率约 60Ω · m（图 6-1-8）。

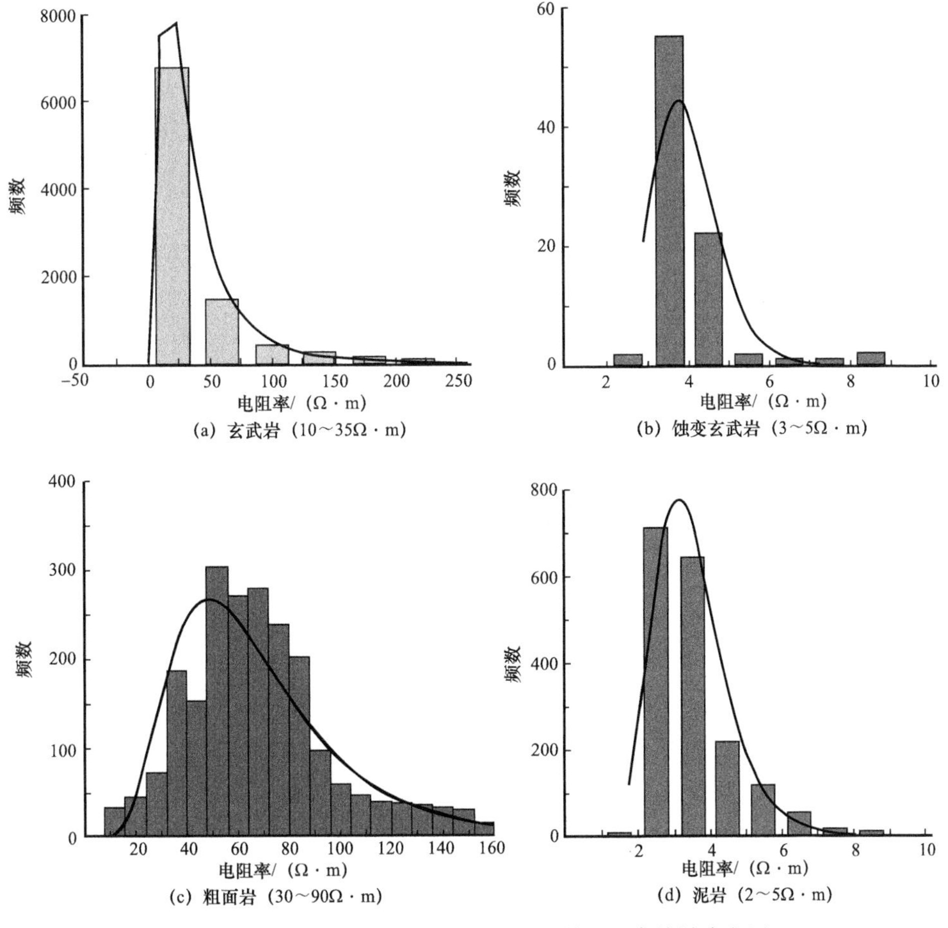

图 6-1-8　东部凹陷火山岩与泥岩测井电阻率统计直方图

火山岩体在时频电磁剖面上表现为红黄色高阻异常，“丘状高阻异常”反映火山岩体的外部轮廓，“底辟状高阻异常”反映岩浆活动通道。如图 6-1-9 所示，时频电磁剖面纵向上具有多个穿刺状高阻异常带，能粗略刻画火山机构的外部几何形态，在纵向上圈定火山机构展布范围。

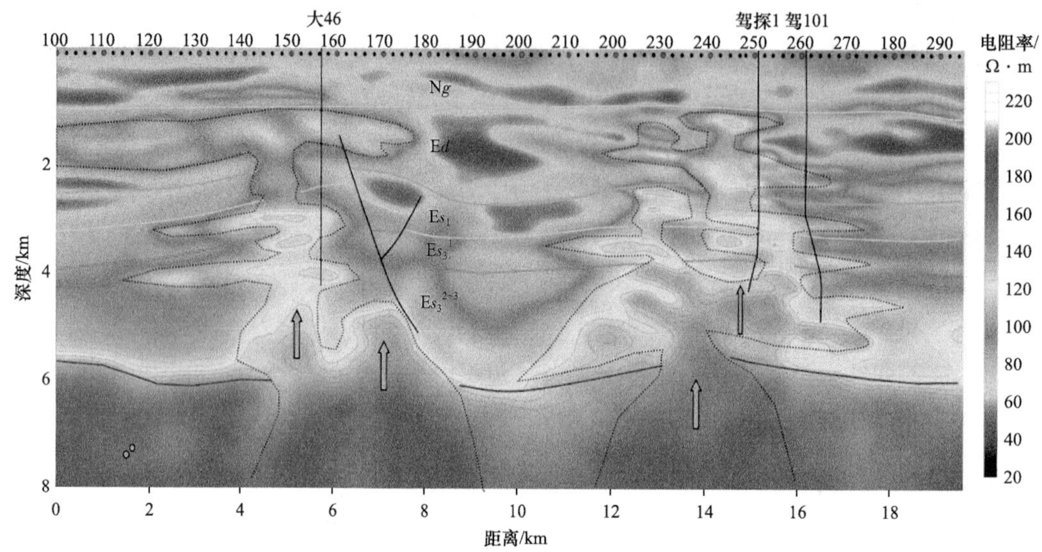

图 6-1-9　东部凹陷桃园—大平房地区高精度时频电磁反演剖面

四、地震相及地震属性识别火山岩发育区

（一）地震相识别

由于火山岩具有与碎屑岩不同的形成机制，并且其岩石矿物组成不同，从而在地震资料上造成其几何形状特征、地震属性、波形特征和阻抗特征等方面具有较大的差异。因此利用其在地球物理特征上的差异，综合应用多种地球物理方法对火山岩体开展识别[6]。

通过井—震标定开展井旁地震相分析，总结出东部凹陷 8 种地震相类型（表 6-1-1），为缺少钻井约束的地区实现火山岩相识别和预测提供了基础。过单井火山岩相的标定和井—震约束，利用地震相在剖面上的反射特征来分析火山岩体的旋回展布规律和岩相或亚相在平面上的序列和叠置关系。靠近断裂一侧岩相往往发育火山通道相、爆发相火山碎屑流亚相、溢流相和侵出相，岩性以玄武质火山角砾岩、玄武质角砾熔岩、粗面质火山角砾岩和侵出相粗面岩为主，整体看靠近断裂的火山岩体厚度大，如红 22 井、热 106 井和小 40 井等都发育厚较大的火山岩。从地震反射特征上看，地震相外部形态为丘状、波状和穹状，局部发育透镜状，内部反射结构为杂乱反射、波状反射和平行反射，振幅强—弱，频率中—低，连续性好—差。远离断层一侧岩相往往发育溢流相板状熔岩流亚相、溢流相复合熔岩流亚相、溢流相玻质碎屑岩亚相和爆发相火山碎屑流亚相，岩性以玄武岩、粗面岩为主夹少量火山碎屑岩和沉火山碎屑岩，地震相外部几何形态为楔状、席状，内部为平行和亚平行反射结构、杂乱反射结构，中强振幅，频率中—高，连续性中—好。

表 6-1-1　东部凹陷火山岩地震相类型及特征

火山岩相	火山岩亚相	外部几何形态	内部反射结构	频率	振幅	连续性	过井地震剖面	资料来源
火山通道相	次火山岩亚相	席状	平行—亚平行	高频—中频	强	好	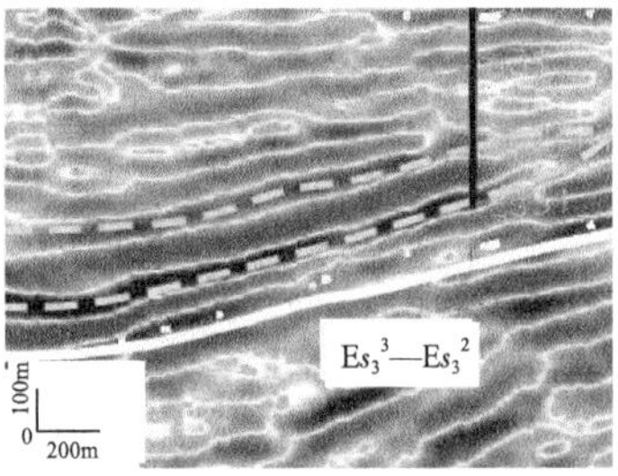	驾 26 井
	火山颈亚相	碗状	波状、杂乱	中频—低频	中—弱	中	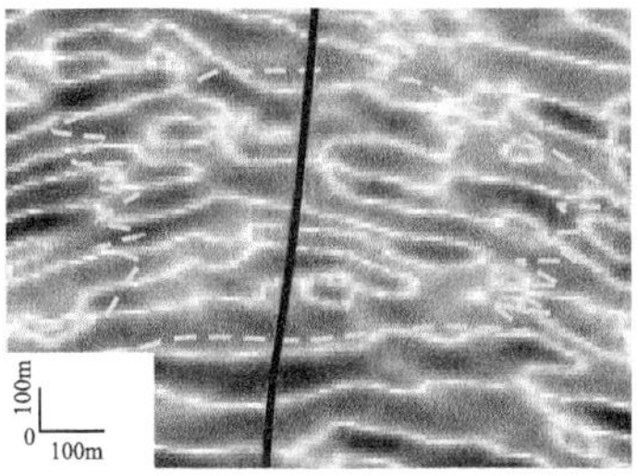	欧 45 井
爆发相	火山碎屑流亚相	席状	平行—亚平行	高频—中频	强—中	好	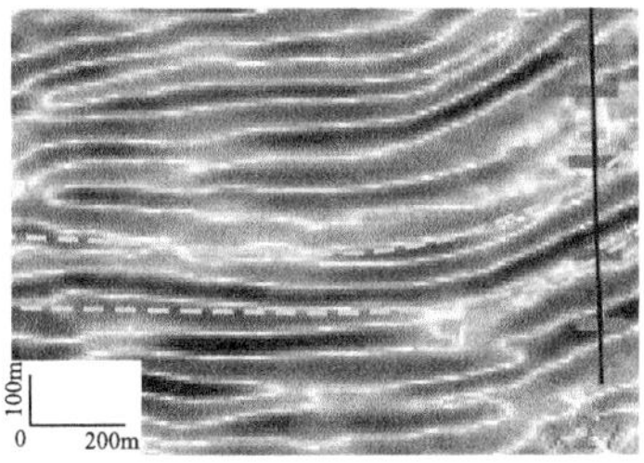	小 27 井
溢流相	板状熔岩流亚相	席状—板状	平行—亚平行	高频—中频	强	好	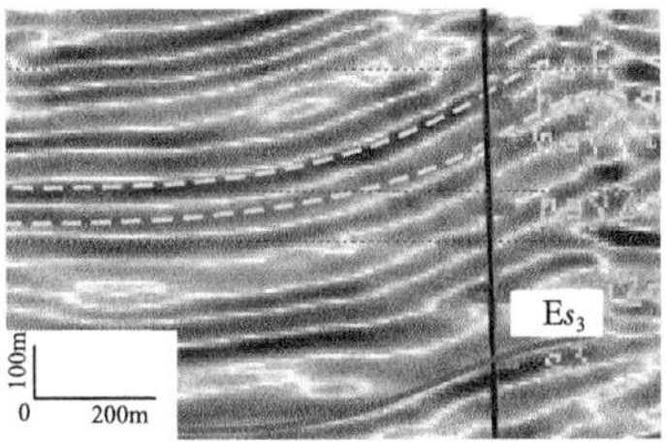	小 27 井
	复合熔岩流亚相	丘状、板状	波状、杂乱	高频—中频	中—强	中—差	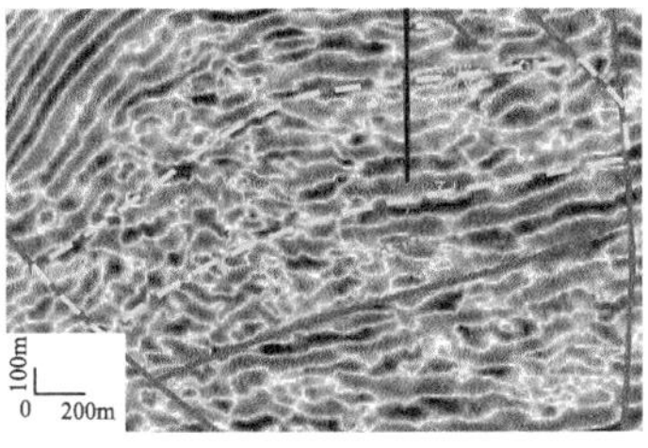	小 40 井

续表

火山岩相	火山岩亚相	外部几何形态	内部反射结构	频率	振幅	连续性	过井地震剖面	资料来源
溢流相	玻质碎屑岩亚相	楔状	亚平行、杂乱	中频—低频	中—弱	中—差、好	100m 0 200m	铁 9 井
侵出相	外带亚相	透镜状、眼球状	波状、杂乱	中频低频	中—弱	中—差	Es_3^1 100m 0 200m	小 40 井
	中带亚相							
	内带亚相							
火山沉积相	再搬运火山碎屑沉积亚相	板状	亚平行	中频—低频	中—强	好—中	100m 0 200m	驾 28
	含外碎屑火山沉积亚相							

辽河坳陷以中基性火山岩为主，由于其岩浆黏度低、流动单元的纵横比低，火山隆起通常不很明显，因此其古火山中心识别和岩相刻画难度较大。针对这一特点，采用单井火山岩岩相的地质—测井识别、连井火山岩岩相的对比、层序界面约束下的井震结合火山岩岩相立体识别与刻画相结合的技术，识别效果显著，满足了目前火山岩油气勘探的需求。

在火山岩地层层序建立的基础上，采用地震火山地层学的方法，依据顶超、底超（上超、下超）、削截等地震反射终止现象识别地震反射界面，进行火山喷发期次内一级地震相单元的划分，识别尺度相当于火山机构或火山机构复合体[7-9]。以钻井火山岩岩相标定为基础，依据地震剖面外部几何形态、内部反射结构、振幅、频率、连续性等地震参数，建立针对辽河坳陷中基性火山岩的岩相地震响应特征的识别标准，将一级地震相单元进行二级地震相单元划分，并通过火山岩相与地震相对应关系以及火山岩相序分析，实现二级地震相单元内火山岩岩相或亚相的识别与刻画（图 6-1-10）。

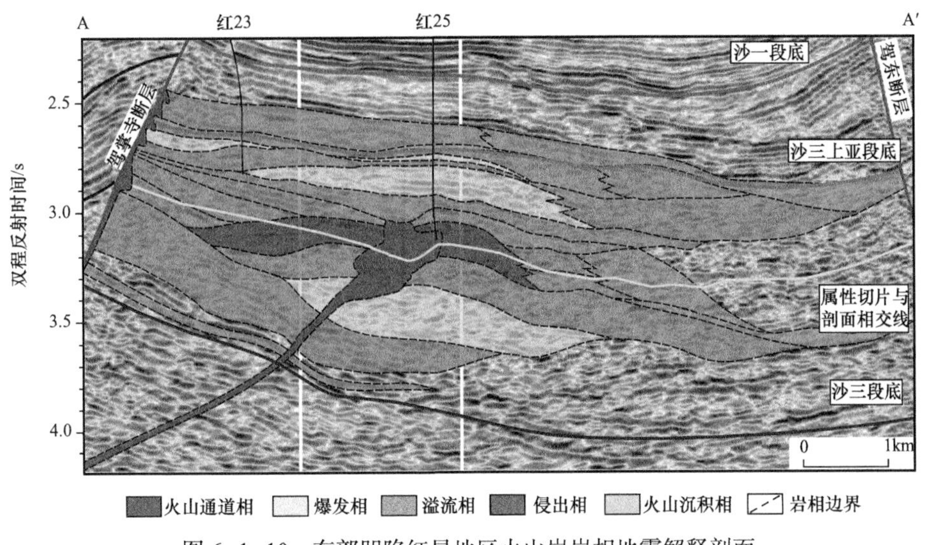

图 6-1-10　东部凹陷红星地区火山岩岩相地震解释剖面

波形分类属性主要是依据地震波振幅、频率、相位等地震参数对地震波进行分类，因此波形分类属性在一定程度上可以反映地震相特征。以连井地震剖面岩相识别为约束，建立火山岩岩相与波形分类属性的对应关系（图 6-1-11），最终实现火山岩岩相的平面识别与刻画（图 6-1-12）。在岩性岩相储层评价的基础上，结合火山喷发期次内岩相预测结果，锁定有利靶区进行勘探部署。

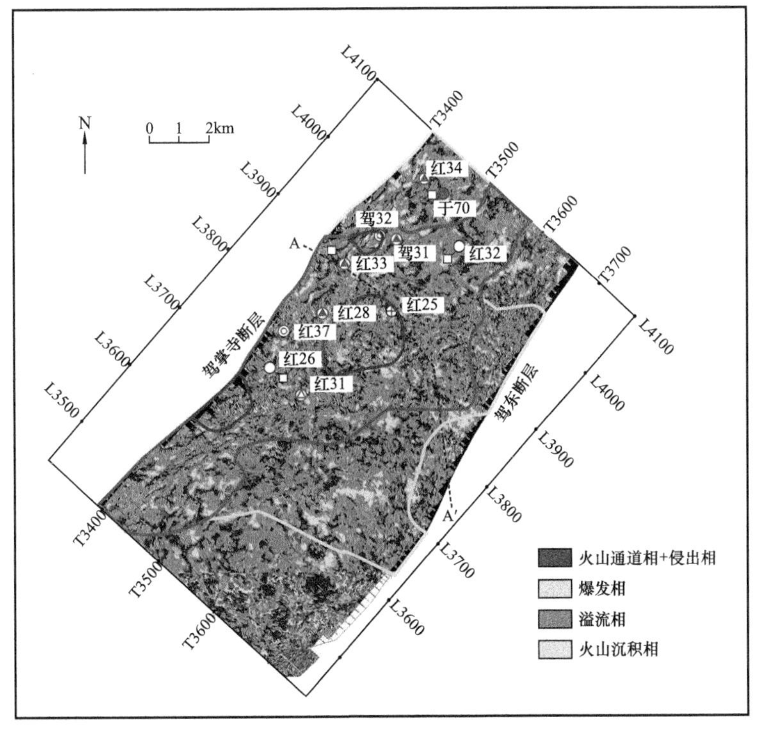

图 6-1-11　连井地震剖面约束下的波形分类属性火山岩岩相识别

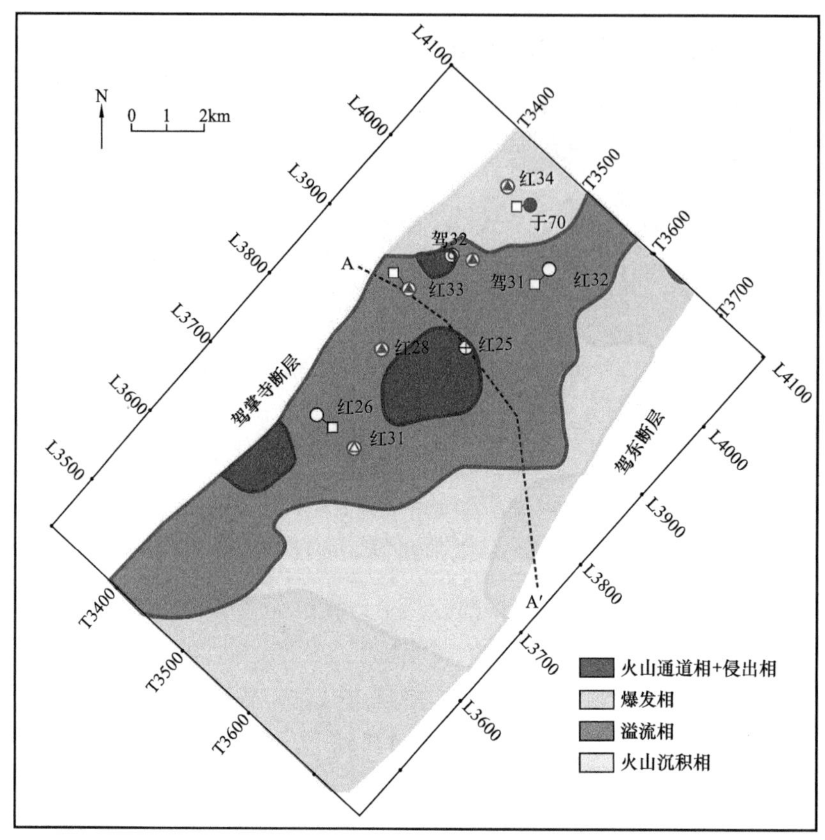

图 6-1-12　火山岩岩相平面分布图

（二）地震属性识别

综合利用地震属性识别火山岩较为有效[10-14]，深层火山岩与沉积岩存在振幅差异，火山岩在地震上通常为中强振幅反射，沉积岩为相对弱反射，通过对不同地质体开展频谱分析，优选频率类高亮体属性刻画岩体内部反射特征，高亮体是频谱有效范围内峰值振幅与平均振幅之差，如图 6-1-13 所示，通过对沙三段火山岩和沉积岩进行频谱分析，火山岩振幅谱主频为 8Hz 左右，峰值振幅约为 400000，平均振幅约为 150000，高亮体值为 150000；沉积岩振幅谱主频约为 18Hz，峰值振幅为 95000，平均振幅约为 50000，高亮体值为 45000，频谱分析结果表明火山岩高亮体值远大于沉积岩。

东部凹陷沙三段火山岩高亮体属性剖面中（图 6-1-14），红黄色高值区代表火山岩，蓝色低值区代表沉积岩，该属性对岩体内部反射特征有较为清晰反映，结合地震相分析结果，能有效圈定火山岩发育区，岩体与上覆地层之间呈超覆接触关系。

相干体属性分析是识别火山岩体的有效方法，相干体是通过计算常规三维数据体地震波形的相似性而得到的。一般说来，相干值较低的点与地质不连续性（断层和地层、特殊岩性体边界）密切相关。碎屑岩沉积相对稳定、相干值高，而火山岩由于多期喷发、岩性复杂，其整体表现为相干值低。根据这个特征，利用相干属性就可以识别出火山岩体的分布范围，图 6-1-15 白色虚线圈定的红色及黄色区域反映了火山岩体的分布范围。

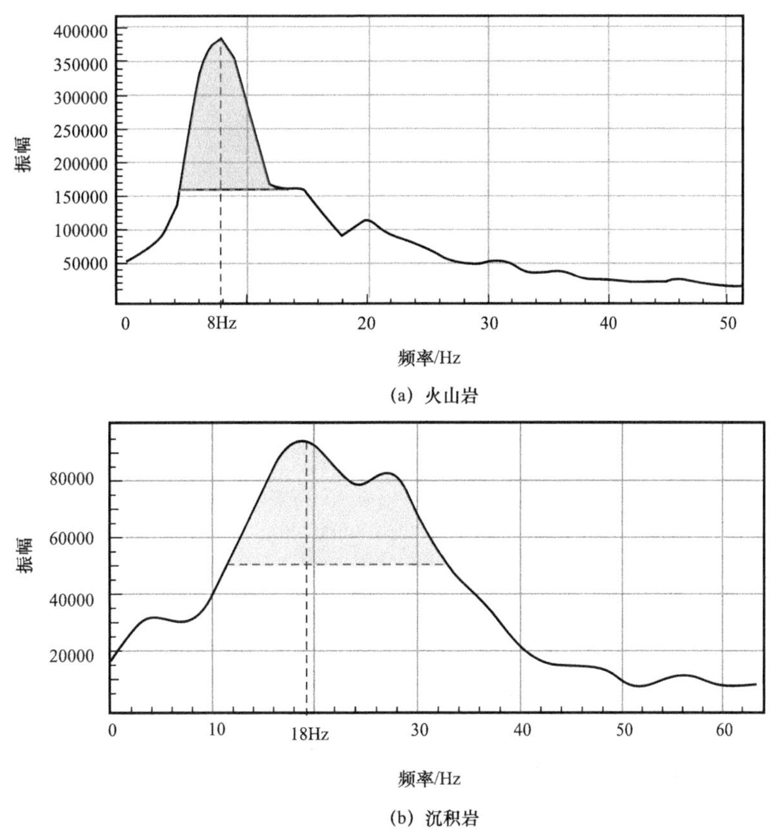

图 6-1-13 火山岩与沉积岩频谱特征

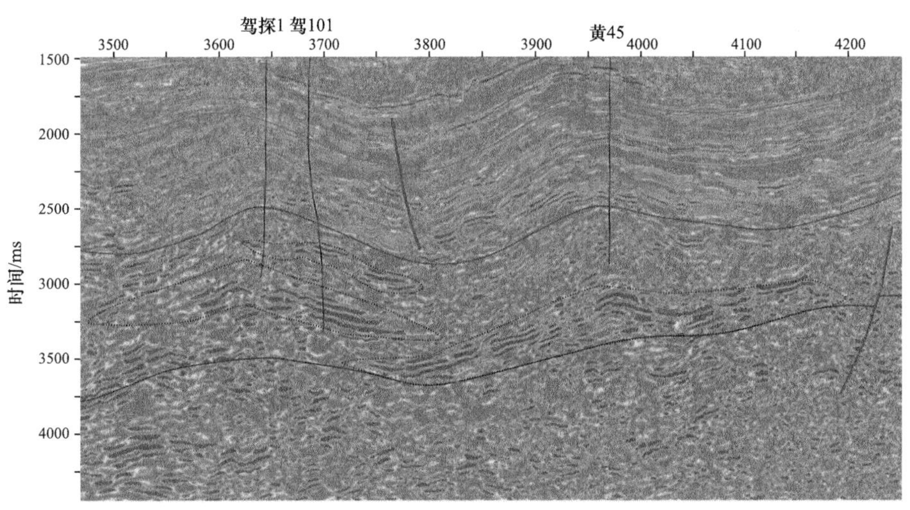

图 6-1-14 东部凹陷南部深层 Trace3360 高亮体属性剖面

时间切片技术是识别火山岩体的另一种方法，喷出火山岩体空间上具有丘形和锥形特征，在平面上具有围绕火山口成椭圆状分布、伴随强振幅波组特征。图 6-1-16 白色虚线为通过时间切片分析圈定的椭圆状异常体，基本可以判断火山岩体分布范围。

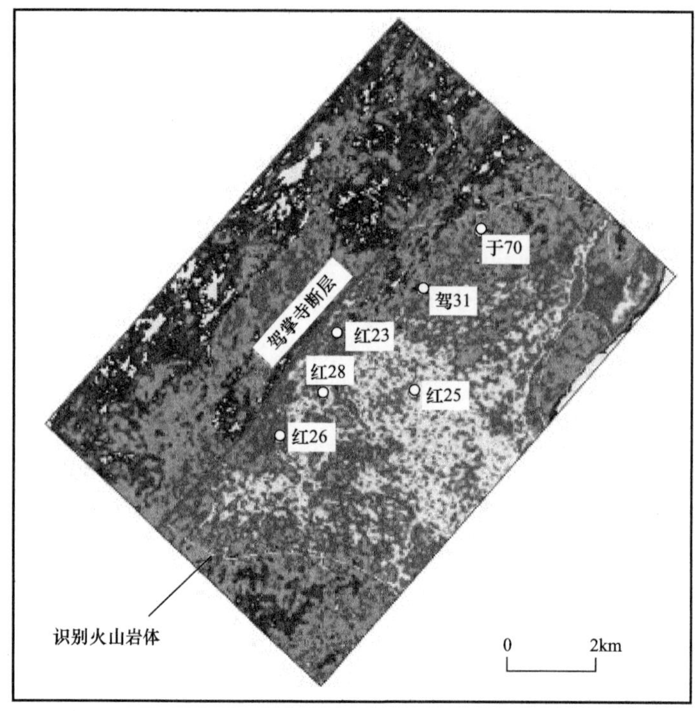

图 6-1-15　相干属性切片火山岩体识别图

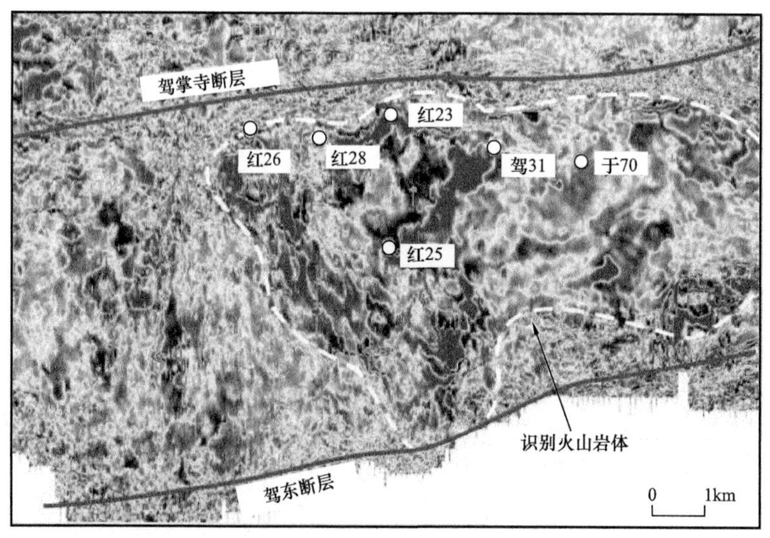

图 6-1-16　时间切片火山岩体识别图

第二节　火山岩有利储层预测

深层火山岩储层埋藏深，空间分布形态多变，相变快，物性变化复杂，而且构造幅度大，岩性、电性特征对应不明显，深层探井少，导致火山岩储层的准确预测难度较大，因此综合利用多个学科的理论、多种技术方法进行储层预测研究就成为必然[15-17]。利用测井交会图技术进行岩性识别，叠前、叠后综合反演预测储层空间展布，依据地震、地质资料，综合利用岩性、岩相分析法、厚度分析法和地震剖面分析法寻找火山口及其主体区发育带。

一、地震波阻抗反演预测技术

鉴于火山岩的速度和密度与围岩差异显著，导致火山岩波阻抗高于围岩，利用地震数据体进行波阻抗反演能够准确地识别火山岩体空间分布范围[18, 19]。

下面以辽河坳陷东部凹陷桃园地区为例，阐述如何利用常规波阻抗反演识别火山岩有利储层，桃园地区沙三中下亚段火山岩体整体被湖相暗色泥岩包裹，纵向上岩体与泥岩互层发育。火山岩体密度大、速度快，整体表现为相对强阻抗特征；而沉积岩相对密度小、速度慢，表现为相对弱阻抗特征。研究区主要发育辉绿岩和玄武岩两类火山岩，火山岩优势储层为水下喷发的玄武质火山角砾岩，将辉绿岩、玄武岩与泥岩进行密度—波阻抗交会分析发现（图 6-2-1），沙三中下亚段火山岩与沉积岩波阻抗门槛值约为 $11000g/cm^3 \cdot m/s$，结合优势储层物性上限分析，优势储层玄武质角砾岩波阻抗分布区间在 $11000 \sim 13600g/cm^3 \cdot m/s$。

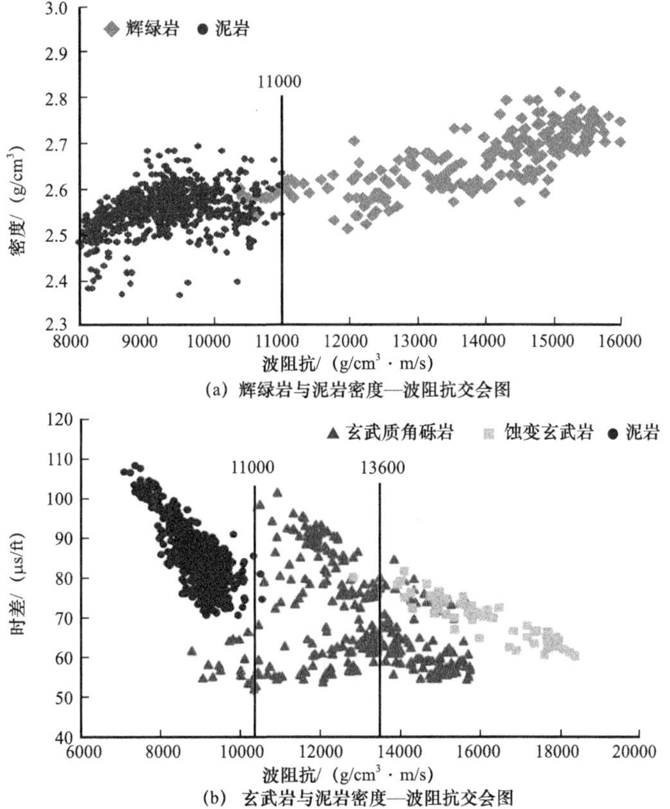

（a）辉绿岩与泥岩密度—波阻抗交会图

（b）玄武岩与泥岩密度—波阻抗交会图

图 6-2-1　不同岩性火山岩与泥岩密度—波阻抗交会分析结果

采用三维地震资料解释与地震反演相结合的方法，开展了东部凹陷桃园地区深层火山岩体的顶界追踪，基于地震同相轴的波形、振幅以及相位的变化落实岩体边界（图6-2-2），基于波阻抗同相轴的连续性及阻抗值强弱变化开展横向追踪（图 6-2-3），精细落实各期岩体的边界和平面展布特征。

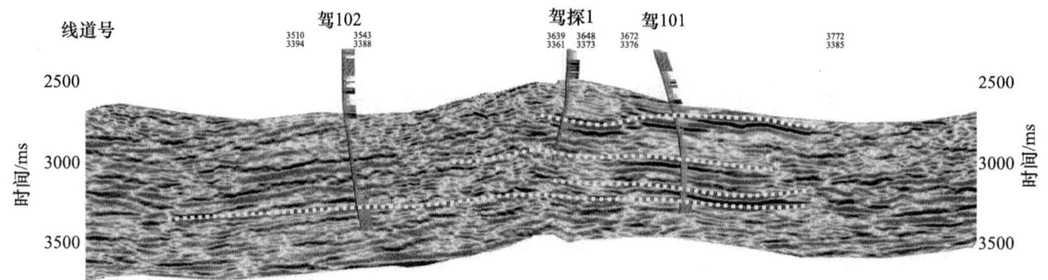

图 6-2-2　过驾 102—驾探 1—驾 101 井精细解释地震剖面

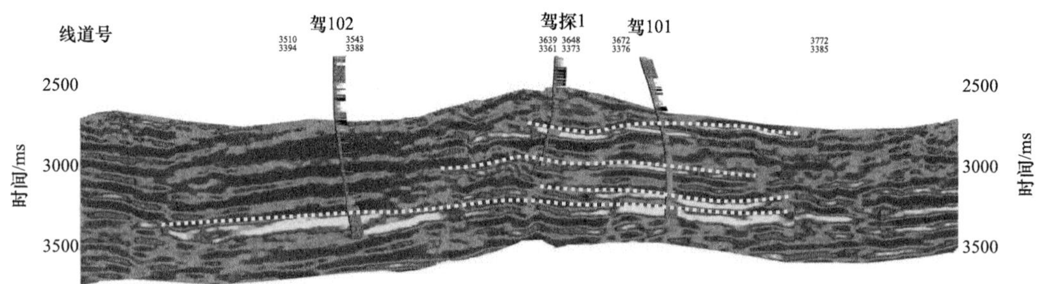

图 6-2-3　过驾 102—驾探 1—驾 101 井波阻抗反演剖面

辽河坳陷东部凹陷红星地区沙三段主要发育玄武岩和粗面岩，其中粗面岩为优势储层，由于这两种火山岩的密度、速度非常接近，常规波阻抗反演技术无法区分这两种岩性。针对这一难点，采用优势储层曲线反演方法对火山岩有利储层进行研究。

首先，进行火山岩储层的测井响应分析，找出与火山岩储层物性相关的测井曲线。分析结果表明声波时差能够反映火山岩储层孔隙度信息，深浅侧向电阻率差值曲线能够反映火山岩储层的渗透性。其次，针对火山岩的优势储层与反映物性的测井曲线之间的关系，建立火山岩优势储层指示曲线公式，重构优势储层指示曲线。最后，应用优势储层指示曲线进行地质统计学反演，并用完钻井对反演结果进行约束和验证，保证优势储层预测的准确性。

根据以上方法和理念，对东部凹陷红星地区火山岩体进行优势储层地质统计学反演。图 6-2-4a 为常规地震反演剖面，火山岩整体表现为高阻抗特征，但火山岩内幕储层特征没有反映，不能预测火山岩内幕有利储层的分布。图 6-2-4b 为火山岩优势储层地质统计学地震反演剖面，红黄色区域基本代表了火山岩有利储层的分布范围，反演结果与钻井揭示油气层基本吻合，较好地反映了火山岩有利储层的分布特征。

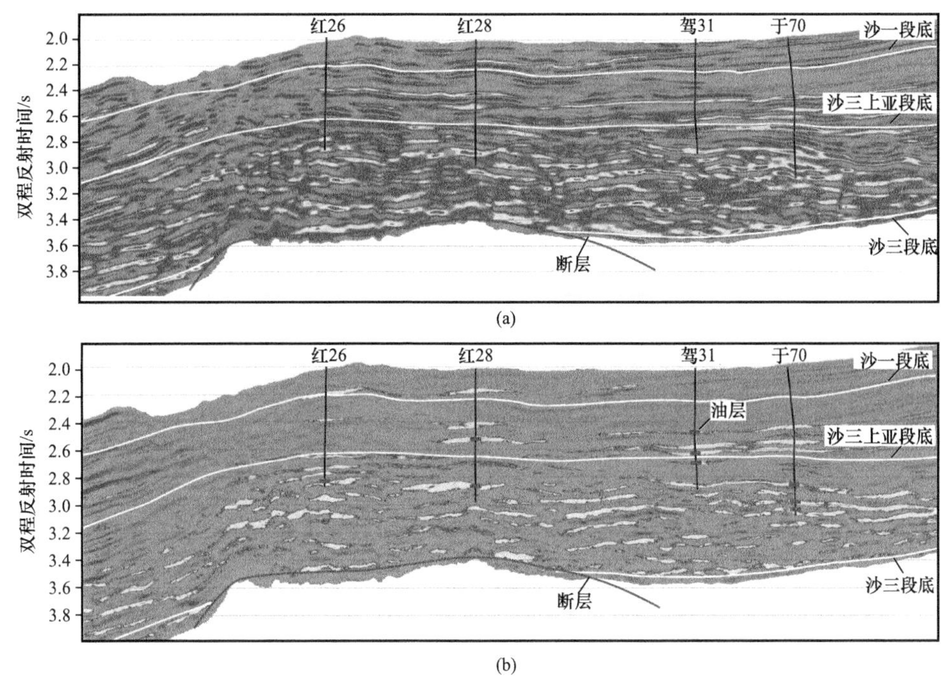

图 6-2-4　东部凹陷红星地区火山岩体储层反演剖面

（a）常规波阻抗反演剖面，红色、黄色区域代表火山岩；（b）优势储层指示曲线地质统计学反演剖面，红色、黄色区域代表优势储层

二、火山岩体裂缝预测技术

对于火山岩而言，裂缝是否发育是其成藏的关键，裂缝对于火山岩油气储层的贡献通常表现在以下两方面：（1）裂缝为油气储存提供储集空间；（2）裂缝能够起到沟通气孔、溶蚀孔的作用，提高储层渗透率。因此火山岩储层裂缝的准确识别、描述和定量预测是裂缝性储层有效开发的关键。

火山岩体裂缝预测方法很多，主要有地质类比法、成像测井、地震预测、DFN 模型裂缝建模和古构造应力场数值模拟预测。在众多方法中，地震预测最常见，而且预测空间覆盖广、探测深度大，是目前最为有效的火山岩裂缝预测技术，地震裂缝预测技术可分为叠后裂缝预测技术和叠前裂缝预测技术。下面以辽河坳陷东部凹陷辉绿岩和陆西凹陷火山岩为例，阐述如何利用叠后裂缝预测技术进行火山岩裂缝预测；以陆西凹陷火山岩体裂缝预测为例，阐述如何应用叠前裂缝技术进行火山岩裂缝预测。

（一）基于叠后地震体属性裂缝预测技术

基于叠后地震资料的裂缝预测技术种类繁多，Brown（1996）将地震属性归纳为 4 类 66 种，Chen 等（1997）把地震属性归纳为 8 类 91 种，用于裂缝预测的地震属性主要有相干、倾角、方位角、曲率、分频和蚂蚁体等。王乔（2016）提出了使用分频振幅技术对火山岩裂缝进行预测。

1. 辽河坳陷东部凹陷辉绿岩体裂缝预测

以辽河坳陷东部凹陷红星—小龙湾地区沙河街组辉绿岩体为例，分别提取了倾角、方位角、曲率、相干、蚂蚁体和分频振幅属性进行裂缝预测（图 6-2-5）。

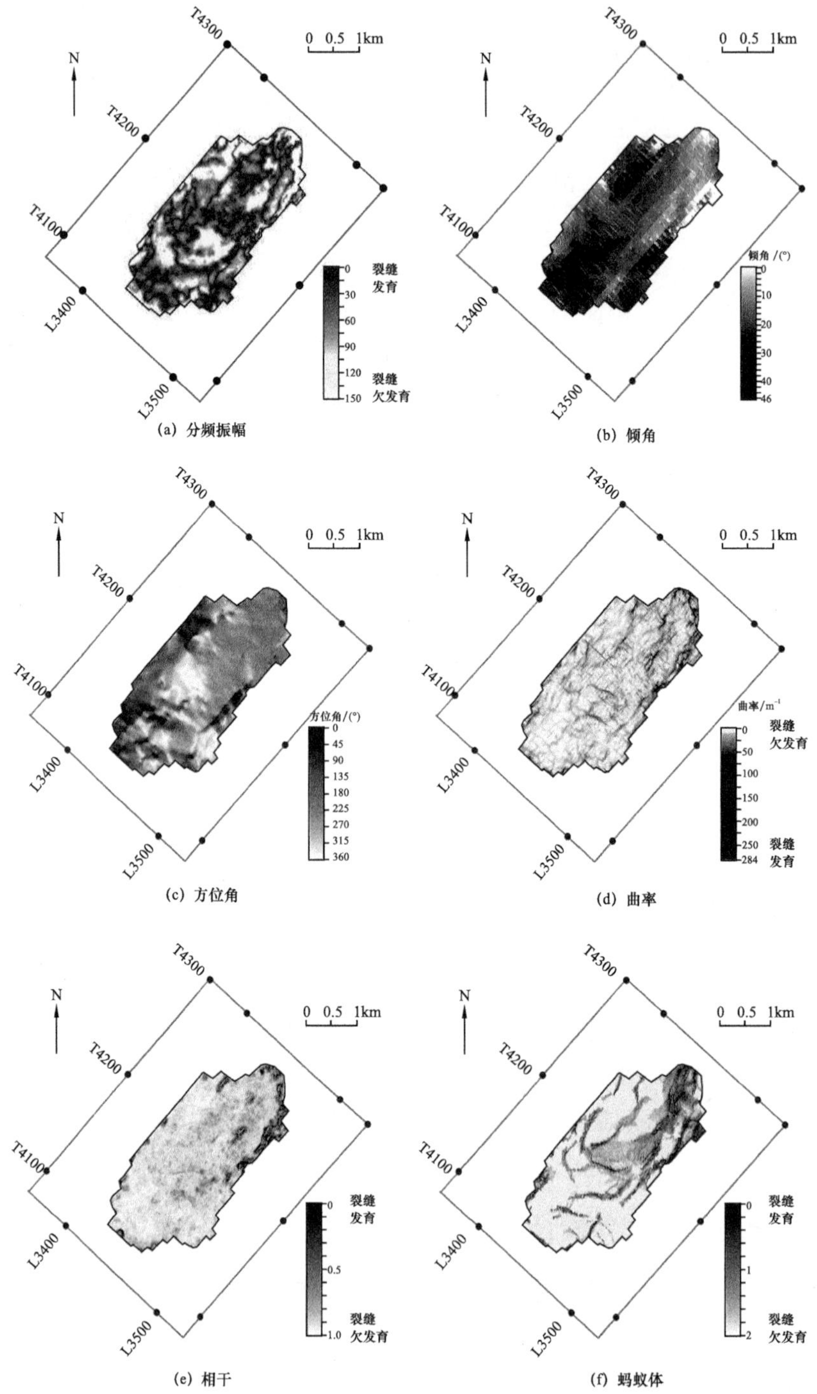

(a) 分频振幅

(b) 倾角

(c) 方位角

(d) 曲率

(e) 相干

(f) 蚂蚁体

图 6-2-5　东部凹陷小龙湾地区辉绿岩多种地震属性裂缝预测平面图

倾角、方位角和曲率均属几何属性，其中倾角和方位角属性（图 6-2-5b、c）可以预测裂缝发育带的产状与地貌特征，曲率实质上是二次倾角的计算，通常地层曲率值越大，应力越集中，破裂程度越大，裂缝越发育。因此，曲率值（图 6-2-5d）值越大，即颜色越暗代表裂缝越发育；倾角、方位角属性数值变化越快裂缝越发育。

相干技术是通过计算地震数据体中相邻道间的相似性，来突出由于断裂、裂缝发育带等原因产生的差相关或不相关异常现象，从而达到检测断裂及裂缝发育带的目的。相干属性范围为 0～1，值越接近 0，即颜色越暗代表相邻道之间相似性越差，即裂缝越发育；值越接近 1 代表相邻道之间相似性越强，地震轴越连续，裂缝越欠发育（图 6-2-5e）。

蚂蚁体属性的原理即蚂蚁追踪，该技术是在地震体中设定大量的电子“蚂蚁”，并让每个“蚂蚁”沿着可能的断层面向前移动，同时发出“信息素”，沿断层前移的“蚂蚁”能够追踪断层面，若遇到预期的断层面将用“信息素”做出非常明显的标记，而对不可能是断层的那些面将不做标记或只做不太明显的标记。在蚂蚁体属性中，值越小表明裂缝越发育，值越大代表裂缝越欠发育（图 6-2-5f）。

地震分频技术是一种基于频谱分析的地震成像解释方法，它的基本原理是傅里叶变换（短时傅里叶变换、S 变换、小波变换等）。通过分频技术将全频带地震数据从时间域转换到频率域，提取某一窄带宽的地震数据体。分频振幅属性即在提取主频（单频）地震剖面后再沿层提取振幅属性。在分频振幅属性中，振幅值越低代表主频能量越低，代表裂缝相对越发育，即颜色越黑越暗裂缝越发育。曲率、相干、蚂蚁体属性反映相对较大的断裂带，大范围的地震轴不连续性，分频振幅属性对地震轴的不连续性最敏感，可以反映小断裂带、裂缝的发育情况（图 6-2-5a）。

2. 辽河外围陆西凹陷火山岩裂缝预测

以辽河外围陆西凹陷火山岩裂缝预测为例，提取相干和曲率属性预测火山岩裂缝发育区。

相干属性是一种定量化计算处波形相似性的一种方法，它是通过在时空中定义“全局化的”孔径并利用倾角和方位角的计算来实现。对于断裂和大的裂缝预测效果较好。

曲率在数学上用于度量曲线的弯曲程度，曲率属性是应用曲率方法来计算地质体在几何空间上的分布形态，从而实现对断层、裂缝、弯曲和褶皱等几何构造的有效识别，刻画能力比相干技术更优越。三维体曲率能够表征断层和裂缝的大小、长度、走向等几何特征及发育程度。在实际应用中，曲率常是沿在三维地震资料上追踪的层面计算。实际曲率还包括最小曲率、最大曲率、最大负曲率、最大正曲率、倾向曲率、走向曲率、平均曲率、最小曲率方位和形态指数等。在刻画断裂、地质体时发现最大正曲率、最大负曲率是最易计算也是最常用的曲率属性，在陆西凹陷，最大正曲率效果最好。

辽河外围陆西凹陷九佛堂组下段庙 31—庙 35—陆参 3 井一带火山岩裂缝发育，相干与曲率对裂缝预测的结果一致，已知钻探的庙 31 井、庙 35 井均位于火山口附近，裂缝发育，远离火山口，裂缝发育差，预测结果与实际钻探及认识吻合（图 6-2-6、图 6-2-7），

图 6-2-6 和图 6-2-7 中黑色杂乱区代表火山岩裂缝发育区，相干和曲率具有较好匹配关系，两者相互印证，共同预测火山岩发育区。

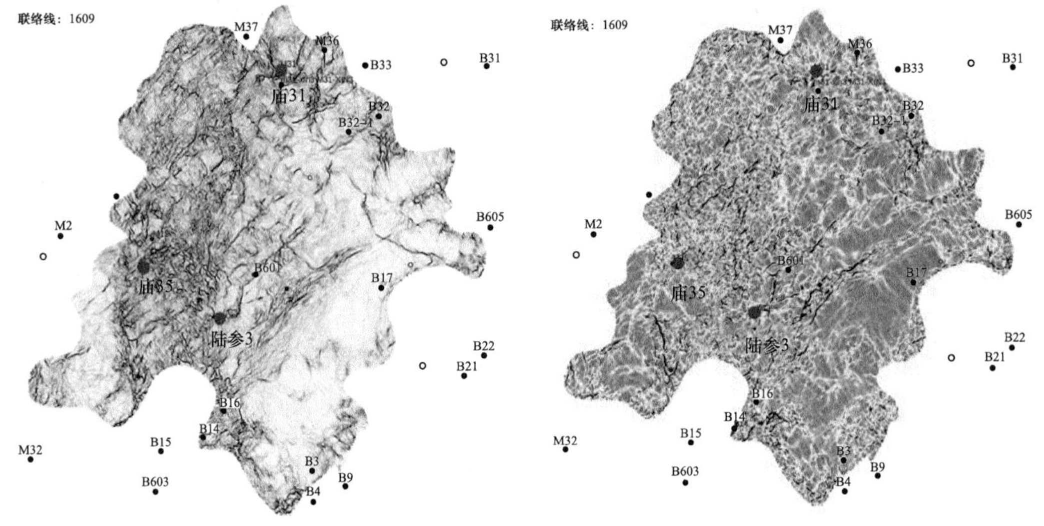

图 6-2-6　陆西凹陷九佛堂组下段火山岩相干体平面图

图 6-2-7　陆西凹陷九佛堂组下段火山岩曲率平面图

（二）基于叠前纵波方位各向异性裂缝预测技术

相干和曲率能够很好地识别断裂和一些大的裂缝，对于中小裂缝的预测难度大，同时相干和曲率在计算的过程中采用的是纯波或成果数据，该地震数据经过全方位或分方位叠加处理，虽然提高了地震数据信噪比，但却丢失了方位信息，因此无法识别裂缝的方向。要想准确预测裂缝方向，需要进行叠前各向异性裂缝预测。

地震研究表明，地震波在裂缝型介质中传播时，其旅行时、速度、振幅、频率和相位属性会随着传播方向的不同而发生变化，即各向异性。理论上讲，裂缝对地震波速度的影响在垂直裂缝走向的方向上表现最强，速度变化最快；在平行裂缝走向的方向上表现最弱，速度变化不明显。基于此，利用叠前全方位道集可以对裂缝的密度、方向进行预测，目前常用的方法有 AVAZ（振幅随方位角变化）反演。

AVAZ 反演是利用地震反射波振幅的强度不同来求取 HTI 介质的属性，P 波在各向异性介质中传播时具有不同的旅行速度，从而导致 P 波振幅响应随方位而发生变化的特征，即 P 波各向异性原理。测线与裂缝平行时振幅变化最强，随着测线与裂缝夹角增大，振幅逐渐减弱，至测线与裂缝方向垂直时，振幅最弱，并且 P 波通过垂直裂缝体后，与均匀介质相比，表现为振幅降低的响应特征；因此，可以利用振幅随入射角和方位角的变化（AVAZ）预测裂缝的密度和方向。

AVAZ 反演的关键步骤是数据预处理。输入的道集需要被拉平，道集拉平是各向异性 AVAZ 计算的一个必需步骤。由于速度各向异性影响，多方位数据没有被拉平，没有高分辨率的道集拉平，AVAZ 反演就没法实现基本的精度。在三维道集中振幅相当于反射系数，因此常规的 AVO（振幅随偏移距变化）工作流程就能适应新的全方位数据。首先在偏移时通常应用几何扩散校正，能够得到高质量保幅数据。由于不规则的野外采集会在偏移道集中产生振幅假象，利用偏移可以最小化这些假象并得到真实的振幅，如果偏移不能成功处理这个问题，使用照明道集作为一个基本的振幅均衡。

将预测的裂缝结果与庙 31—新 3 井的成像测井资料和岩心进行对比（图 6-2-8）。成像测井图中裂缝以 69°～89° 高角度裂缝为主，倾向为 187°～195°，对应裂缝走向 110° 左右（北西—南东）方向，预测的剖面与平面图结果与成像测井结果、岩心吻合的比较好，说明此方法对裂缝的预测有很高的可信度。

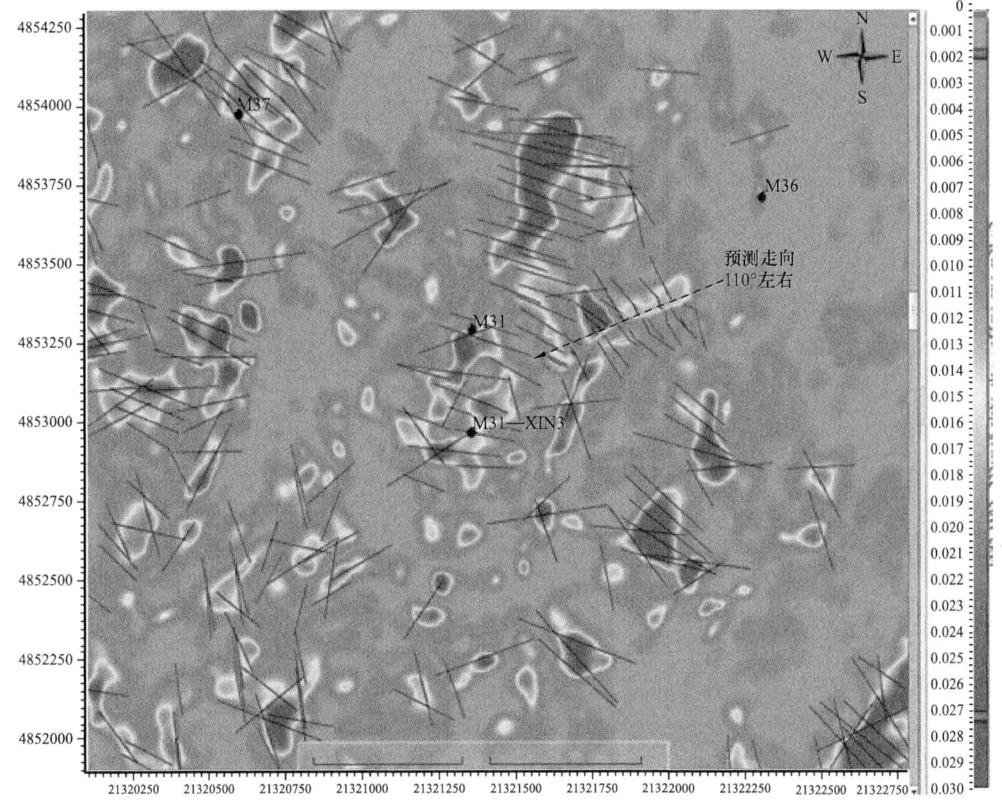

图 6-2-8　陆西凹陷九佛堂组下段火山岩裂缝方向验证图

从九佛堂组下段火山岩裂缝发育情况来看，M31 井区以及 M35 井东西两侧裂缝非常发育，与叠后裂缝预测具有很好的一致性，通过与已知井的对比来看，比叠后预测更准确、更精细（图 6-2-9）。对于义县组火山岩，M35 西侧是裂缝主要发育区，以及 B32 西南侧（图 6-2-10），这些裂缝发育区与九佛堂组沉积期岩浆活动有关，而且具有构造背景条件，裂缝方向为北西向，生烃中心位于工区的东南部，因此利于油气的输导，是义县组火山岩勘探的有利区。

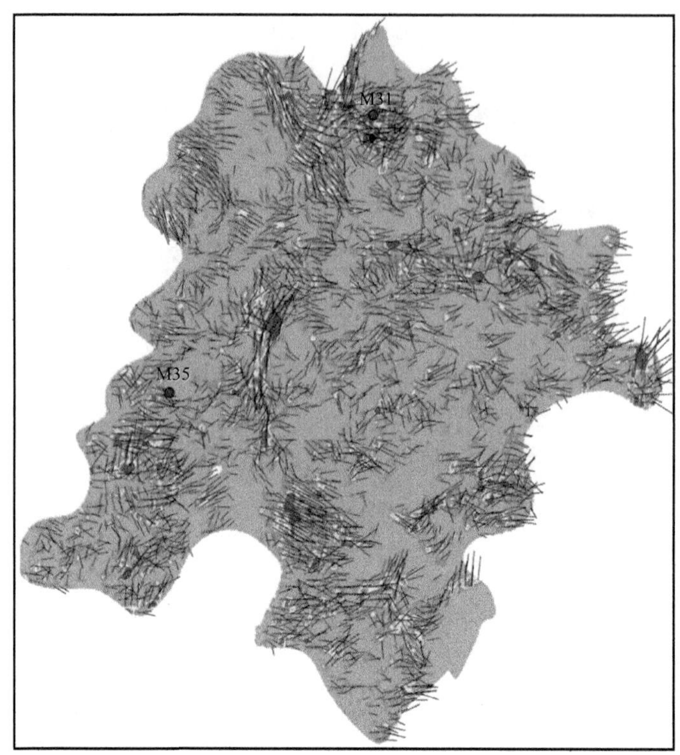

图 6-2-9　陆西凹陷九佛堂组下段火山岩裂缝密度与方向叠合图

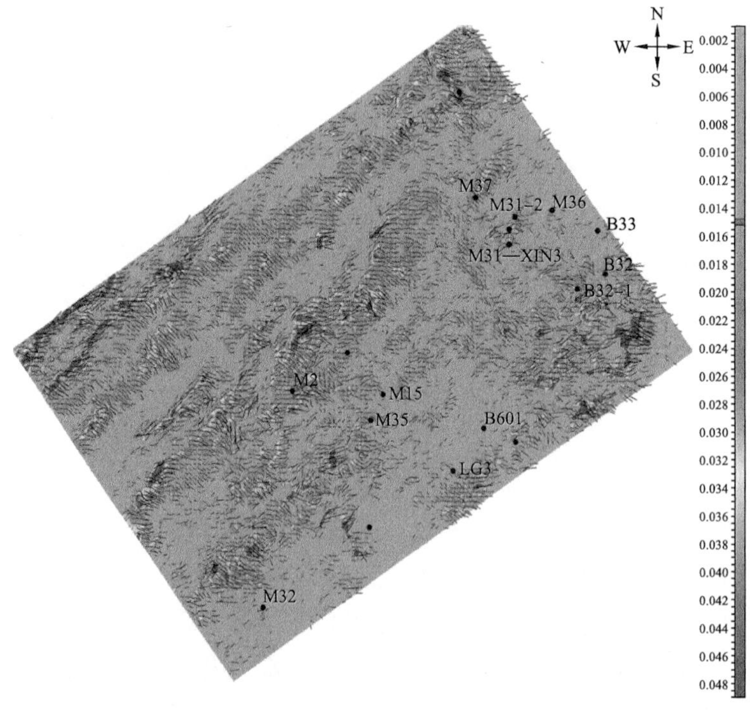

图 6-2-10　陆西凹陷义县组顶部火山岩裂缝密度与方向叠合图

参考文献

[1]冯玉辉，黄玉龙，丁秀春，等．辽河盆地东部凹陷中基性火山岩相地震响应特征及其机理探讨[J]．石油物探，2014，53（2）：206-214.

[2]冯玉辉，边伟华，顾国忠，等．中基性火山岩井约束地震岩相刻画方法[J]．石油勘探与开发，2016，43（2）：1-9.

[3]刘宝鸿，张斌，郭强，等．辽河坳陷东部凹陷深层火山岩气藏的发现与勘探启示[J]．中国石油勘探，2020，25（3）：34-42.

[4]孟卫工，陈振岩，张斌，等．辽河坳陷火成岩油气藏勘探关键技术[J]．中国石油勘探，2015，20（3）：45-57.

[5]王明超，刘宝鸿，张斌，等．利用高分辨率波阻抗反演技术预测薄储层：以辽河坳陷牛居地区为例[J]．石油地球物理勘探，2018，53（S1）：186-190.

[6]程日辉，李飞，沈艳杰，等．火山岩地层地震反射特征和地震—地质联合解释：以徐家围子断陷为例[J]．地球物理学报，2011，54（2）：611-619.

[7]唐华风，李瑞磊，吴艳辉，等．火山地层结构特征及其对波阻抗反演的约束[J]．地球物理学报，2011，54（2）：620-627.

[8]唐华风，王璞珺，姜传金，等．松辽盆地白垩系营城组隐伏火山机构物理模型和地震识别[J]．地球物理学进展，2007，22（2）：530-536.

[9]王璞珺，张功成，蒙启安，等．地震火山地层学及其在我国火山岩盆地中的应用[J]．地球物理学报，2011，54（2）：597-610.

[10]徐礼贵，夏义平，刘万辉．综合利用地球物理资料解释叠合盆地深层火山岩[J]．石油地球物理勘探，2009，44（1）：70-74.

[11]胡玮．塔中地区二叠系火山岩地震识别及描述技术研究：以顺北工区为例[J]．地球物理学进展，2019，34（4）：1434-1440.

[12]唐华风，胡佳，李建华，等．松辽盆地断陷期火山岩典型地震相的地质解译[J]．石油地球物理勘探，2018，53（5）：1075-1084.

[13]王冲，蔡志东，韩建信，等．利用 Walkaway—VSP 技术精细刻画火山岩形态[J]．石油地球物理勘探，2018，53（1）：147-152.

[14]徐颖新，喻林，孙立志，等．火山岩体识别技术在辽东凹陷的应用[J]．石油地球物理勘探，2012，47（S1）：40-44.

[15]宋吉杰．松辽盆地北部兴城地区火山岩地震预测[J]．石油地球物理勘探，2007（3）：315-317.

[16]左国平，屠小龙，夏九峰，等．大丰兴化地区火山岩地震识别方法研究[J]．石油物探，2011，50（3）：252-259.

[17]崔凤林，勾永峰，蔡朝晖．用于火山岩预测的地震属性提取及有效性分析方法研究[J]．石油物探，2005（6）：78-80.

[18]刘小平，杨晓兰，曾忠玉，等．多参数联合反演在火山岩储集体预测中的应用[J]．石油地球物理勘探，2007（1）：44-49.

[19]李军，张军华，韩双，等．火山岩储层勘探现状、基本特征及预测技术综述[J]．石油地球物理勘探，2015，50（2）：382-392.

第七章 火山岩油气藏成藏条件与主控因素

火山岩油气藏是目前辽河油田增储稳产的一个重要领域，主要分布于辽河坳陷的东部凹陷、西部凹陷、辽河外围的陆家堡凹陷等地区，层位上主要分布于辽河坳陷中生界、辽河坳陷新生界以及辽河外围中生界中，具有良好的成藏条件，受多重控制因素影响具有局部富集的特征。

第一节 火山岩油气成藏地质条件

辽河火山岩油气藏具有新生界和中生界的多套烃源岩，油源条件优越；火山岩岩性复杂多样，发育优势储层，储层条件好；火山岩裂缝的主要发育期与重要排烃期相近，油气成藏期的匹配条件好。

一、烃源条件

辽河坳陷内主要发育新生界沙四段和沙三段两套烃源岩[1-3]，而外围陆家堡凹陷发育中生界九佛堂组、沙海组等多套烃源岩，可为新生界和中生界火山岩油气成藏提供有利的油源条件。

（一）沙四段烃源岩特征

沙四段烃源岩分布在辽河坳陷西部凹陷和大民屯凹陷。在西部凹陷呈北厚南薄分布，北部牛心坨洼陷的烃源岩厚度大于600m，南部烃源岩厚度一般在100～300m；而大民屯凹陷沙四段烃源岩厚度一般在300～700m，南部荣胜堡洼陷的沙四段烃源岩厚度最大，超过1000m。从有机质丰度指标看，西部凹陷沙四段烃源岩的各项生烃指标都高于大民屯凹陷（表7-1-1），为优质烃源岩；大民屯凹陷沙四段烃源岩有机质丰度也较高，为好烃源岩。通过对其干酪根镜鉴和元素分析，西部凹陷沙四段烃源岩的有机质类型以腐殖—腐泥型（$Ⅱ_1$）为主，大民屯凹陷沙四段烃源岩的有机质则为腐泥—腐殖型（$Ⅱ_2$）。

表7-1-1 辽河坳陷沙四段烃源岩有机质丰度评价表

凹陷	总有机碳/%	氯仿沥青“A”/%	总烃/（μg/g）	S_2/%	烃源岩评价	有机质类型
西部	2.83	0.2167	1142	0.42	优质烃源岩	腐殖—腐泥型
大民屯	1.59	0.1154	501	0.18	好烃源岩	腐泥—腐殖型

（二）沙三段烃源岩特征

辽河坳陷沙三段烃源岩面积分布广，在西部凹陷、东部凹陷和大民屯凹陷均有分布。西部凹陷沙三段烃源岩平均厚度为 500m，具有南厚北薄的分布特点，在清水洼陷烃源岩厚度可达 1600m，在台安洼陷烃源岩厚度约 600m；东部凹陷沙三段烃源岩是东部凹陷油气藏的主要供烃源岩，几乎遍布全凹陷，在其中央断裂背斜构造内的洼陷区，厚度最大，一般超过 1000m；大民屯凹陷近 400km^2 面积的沙三段烃源岩厚度超过 800m，在荣胜堡洼陷最厚，可达 2000m。通过有机质丰度指标分析，西部凹陷沙三段烃源岩各项指标值最高，为好烃源岩。东部凹陷和大民屯凹陷沙三段烃源岩相对较低，为一般—好烃源岩（表 7-1-2）。干酪根镜鉴和元素分析表明，西部凹陷沙三段烃源岩的有机质类型以腐殖—腐泥型（II_1）为主，东部凹陷和大民屯凹陷沙三段烃源岩的有机质类型以腐泥—腐殖型（II_2）为主。

表 7-1-2 辽河坳陷沙三段烃源岩地球化学指标均值表

凹陷	总有机碳 /%	氯仿沥青“A”/%	总烃 /（μg/g）	S_2/%	烃源岩评价	有机质类型
西部	1.99	0.1375	543	0.59	好烃源岩	腐殖—腐泥型
东部	1.94	0.0894	314	0.26	一般—好烃源岩	腐泥—腐殖型
大民屯	1.68	0.0570	152	0.19	一般烃源岩	腐泥—腐殖型

（三）九佛堂组烃源岩特征

陆家堡凹陷发育五个主力生烃洼陷，九佛堂组和沙海组中下部为主力烃源岩层系，沉积环境为九佛堂组沉积期的半深湖—深湖至沙海组沉积期的浅湖—半深湖，广泛发育湖相暗色泥岩，累计厚度最厚近 1400m。其中九佛堂组烃源岩厚度在 100～300m，分布面积约 1000km^2，地化测试指标表明有机质丰度及类型明显好于沙海组和阜新组烃源岩，按照中国陆相生油岩质量定级标准，为优质烃源岩。其有机质丰度高（TOC＞2%），有机质类型以腐泥—腐殖和腐泥型为主（主要为Ⅰ、II_1 型），并且主体处于成熟演化阶段，是陆东凹陷最优质的烃源岩。

二、储层条件

（一）岩性条件

综合统计表明，辽河坳陷火山岩孔隙度介于 0.9%～29.2%，平均值为 9.2%，渗透率介于 0.01～56mD，平均值为 0.23mD，总体上表现为中孔—低渗储层。其中粗面岩与玄武岩的孔隙度呈单峰式正态分布，峰值区间均为 5%～10%（中孔），渗透率呈双峰式分布，并且低值区所占比例较大。而辉绿岩的孔隙度以低于 5% 的特低孔为主，反映出其基质物性偏低，裂缝和大的溶蚀孔洞对其储层贡献较大。将不同岩石结构的火山岩进行分类评价，结果表明角砾化粗面岩、粗面质角砾岩和玄武质角砾岩整体上物性最好，其次为气孔玄武岩、沉火山碎屑岩和块状粗面岩，辉绿岩、致密玄武岩物性最差。

（二）岩相条件

火山岩受岩相、亚相展布特征影响，不同相带储层物性的差异化比较明显[4]。研究结果表明，溢流相玻质碎屑岩亚相、侵出相外带亚相物性最好，属于高孔中渗储层；火山通道相火山颈亚相、爆发相空落亚相、火山碎屑流亚相、侵出相内带亚相、中带亚相物性较好，属于高孔低渗储层；火山通道相隐爆角砾岩亚相、溢流相板状熔岩流亚相、复合熔岩流亚相、火山沉积相含外碎屑火山沉积亚相物性中等，属于中孔低渗储层；火山沉积相再搬运火山碎屑沉积亚相、侵入相边缘亚相物性最差，分别属于中孔特低渗和特低孔低渗储层。

（三）优势储层分布特征

辽河火山岩油气藏主要以新生界粗面岩油藏为主，其中裂缝、砾 / 粒间孔缝发育的粗面质角砾岩、角砾化粗面岩为优势岩性，裂缝、砾 / 粒间孔缝发育的侵出相、火山通道相火山颈亚相和爆发相火山碎屑流亚相为优势岩相。

东部凹陷中南段受沙一段和东营组沉积期的右旋走滑构造影响，以驾掌寺—界西断裂为界，粗面岩体被走滑错断成欧利坨子—黄沙坨、红星—小龙湾两部分（图 7-1-1）。欧

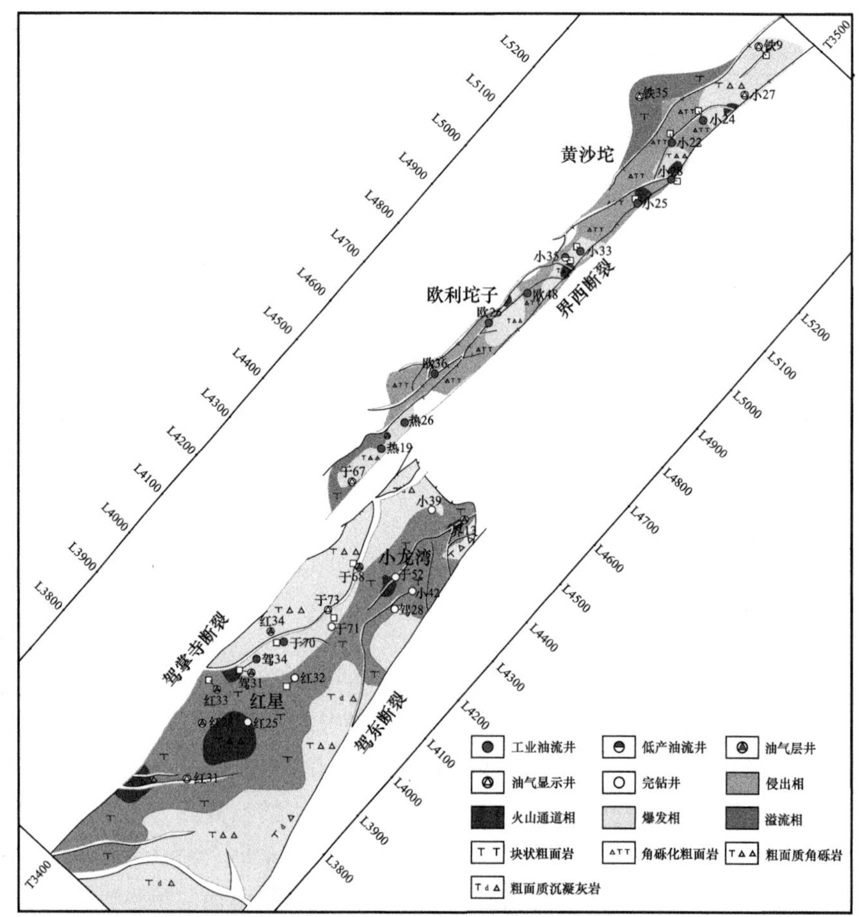

图 7-1-1　东部凹陷沙三中亚段粗面岩岩性岩相平面图

利坨子—黄沙坨地区主要以水下喷发的角砾化粗面岩为主，局部发育粗面质角砾岩；岩相以侵出相为主，局部发育火山通道相、爆发相和溢流相。在红星—小龙湾地区主体发育粗面质熔岩，在岩体北部和南部发育粗面质角砾岩和粗面质沉火山碎屑岩；岩相以爆发相和溢流相为主，局部发育火山通道相、火山沉积相。

三、封盖条件

辽河火山岩油气藏的盖层发育较好，按岩性可分为泥岩盖层和玄武岩盖层。

东部凹陷作为辽河新生界火山岩勘探的主战场，沙三中下亚段广泛发育深湖相暗色泥岩，横向上延伸范围广，累计厚度大（预计厚度可达1000m），成岩作用较强，既是该区优质的生油层，同时又是较好的封盖层，可作为火山岩油气藏的区域性盖层。在沙三段深层储集空间发育的玄武质碎屑岩可以直接作为油气成藏的储层，而孔隙不发育的致密玄武岩则可以构成相邻含油气层的局部盖层或隔挡层，本区致密玄武岩盖层受构造控制，横向上厚度变化较大，局部地区分布连续，与邻近大致相同深度的泥岩盖层相比，仍具有较好的封盖性能，可作为较好的局部盖层。

辽河外围陆家堡凹陷中生界九佛堂组发育的湖相泥岩可作为义县组火山岩油藏的优质烃源岩，尤其是九佛堂早期沉积的一套较为稳定的暗色泥岩对于义县组顶部风化壳油藏的形成至关重要，同时该套泥岩也可以作为风化壳油藏的局部封盖层。沙海组和阜新组沉积期为湖沼和半深湖环境，沉积了厚度较大的灰色、灰绿色泥岩，在整个地区广泛发育，可作为本区的区域盖层，分布稳定、封盖条件良好。同时阜新组沉积期大规模喷发的玄武岩一般很致密，对油气的运移起到遮挡作用，可以作为本区油气藏形成的区域盖层。

四、油气成藏期的匹配条件

辽河坳陷圈闭形成期主要为沙河街组沉积末期及东营组沉积期，沙三段和沙四段烃源岩是主要的烃源岩层系，从不同地质历史时期的排烃量来看，各套烃源岩排烃期主要有两个时期：第1期为东营组沉积期（主要为东营组抬升遭受剥蚀前），是最主要的排烃期；第2期为明化镇组沉积期至现今（抬升冷却后进一步沉降），恢复加热后再次排烃。辽河坳陷沙三段火山岩的裂缝和气孔被方解石和沸石充填程度较高，沸石的充填主要是岩浆后期热液的产物，主要分布在气孔之中；而方解石的充填主要是地下含钙的水溶液长期作用的结果，主要分布在裂隙与外界连通的气孔之中，是一个比较漫长的充填过程。如果裂缝形成过程中或形成以后很快就有油气注入，后来的充填物就不易占据其中。研究区东营组沉积晚期是本区的主要排烃期，火山岩裂缝的主要发育期与重要成油期相近，此时沙三、沙四段烃源岩处于大规模排烃期，油气可向深层火山岩的有利储层近距离快速运聚成藏，是火山岩裂缝含油的有利条件。如在热河台地区，沙三段火山岩裂缝的形成期与排烃期是相近的；因此，沙三段火山岩裂缝中普遍含油，如辽6、热11-7、热24、热11等井，其中辽6井的火山岩裂缝含油总厚度可达109m。

第二节　火山岩油气成藏主控因素

辽河油田火山岩油气藏受烃源岩分布、构造条件和优势储层分布等因素控制，具有近油源、近断裂、优势储层优先成藏的特征。

一、烃源岩控制油气藏分布范围

由于火山岩储层的岩性复杂，孔隙类型多样、几何形态各异，主体表现为孔、洞大小和分布的不均一性，裂缝发育程度的差异性，储集空间的连通性差，油气难以在火山岩体内长距离运移，只能就近运聚成藏，近油源是油气成藏的基础和关键[5]。辽河油田火山岩油气藏按照距离油源的远近，大体可分为源内型和源边型 2 种。源内型油藏是指火山岩储层位于烃源岩的内部、上部或下部，源、储直接接触，油气主要通过垂向运移，断裂附近裂缝发育带和构造高点是油气主要聚集区。源边型油藏是指火山岩储层位于烃源岩的侧部，源、储侧向接触，油气主要通过侧向运移，距离油源越近、油气越富集，远离油源，油气显示逐渐变差。

生烃中心控制油气的分布范围，经勘探实践证实，距离油源 3km 范围内，通常是油气成藏的最有利地区，这种特征决定了火山岩油气勘探的主体方向是围绕生烃洼陷周边地区，越近越有利。

二、构造控制油气成藏

在烃源岩的有效供烃范围内，构造条件是火山岩油气成藏的关键。火山岩体处于继承性发育构造高点时，易形成大量构造缝，同时高点也是油气运移的最优指向部位。如欧利坨子和黄沙坨油田位于东部凹陷中段构造高部位，为应力集中部位，并且广泛发育粗面岩，经历了多期构造运动的强烈改造，再加上粗面岩具有脆性强的岩性特征，更容易破碎而形成裂缝。小 23、欧 48 等井的岩心观察表明，该区发育多组高角度裂缝，证实了多期构造运动对粗面岩储层的改造。小 24 井岩心观察表明水平裂缝极发育，证实了该区渐新世以来，尤其东营组沉积末期经历了走滑挤压运动，对火山岩储层形成强烈的挤压，从而产生裂缝。不同时期的构造作用形成的裂缝是火山岩储层的主要储集空间。岩心薄片观察和统计证实，火山岩储层微裂缝十分发育，分为三大类，即张性裂缝、剪性裂缝和压性裂缝。其中张性裂缝最发育，主要分两期，早期张性裂缝完全被碳酸盐和硅质充填，而晚期的张性裂缝未被充填或仅部分充填；剪性裂缝比较发育，多为张剪性裂缝[6]。

此外，构造裂缝具多期活动的特点，一般剪性裂缝和压性裂缝的形成时间比张性裂缝晚，未充填和半充填的裂缝比完全充填的裂缝形成晚。早期裂缝多被充填，而晚期裂缝未被或部分被充填，可提高火山岩储集性能。一方面，构造作用诱发产生大量的构造缝，使渗透率提高几个数量级；另一方面，产生的构造缝促进了地下流体活动，易溶物质（碳酸盐等）极易被溶解，形成次生储集空间，各种次生的溶蚀孔、洞、缝也是火山岩储层的主要储集空间。

三、优势储层控制油气的富集

由于火山岩的成因、成岩方式、产状和堆积环境具有一定的相似性，因此火山岩岩性、岩相与储层物性相关性较好。在相同的构造条件、源储配置关系下，储集物性和储集空间更好的优势岩性、岩相含油气性更好，油气更容易富集。

（一）优势岩性与含油气性的关系

通过优选油源和构造条件相近的 39 口重点探井，对累计约 20000m 油迹以上显示级别火山岩井段的岩性与油气显示关系进行统计（图 7-2-1）。结果表明，粗面岩类含油气性最好，油迹以上显示的厚度比例都在 17% 以上。火山沉积岩类和辉绿岩的含油气性大致相当，显示好的层段在 10%～20% 之间。玄武岩类的含油气性整体偏低，显示好的层段在 3%～12% 之间，其中玄武质角砾岩、角砾化玄武岩、玄武质凝灰岩含油气性要高于致密块状玄武岩和裂缝不发育的气孔玄武岩。值得注意的是，研究表明气孔玄武岩储层物性较好，但含油气性与块状玄武岩相当，可能存在两方面原因：（1）气孔玄武岩裂缝通常欠发育，气孔之间连通性差；（2）气孔玄武岩横、纵向变化快，侧向多渐变为致密玄武岩而形成孤立、密闭的岩体，难以与油气相通。

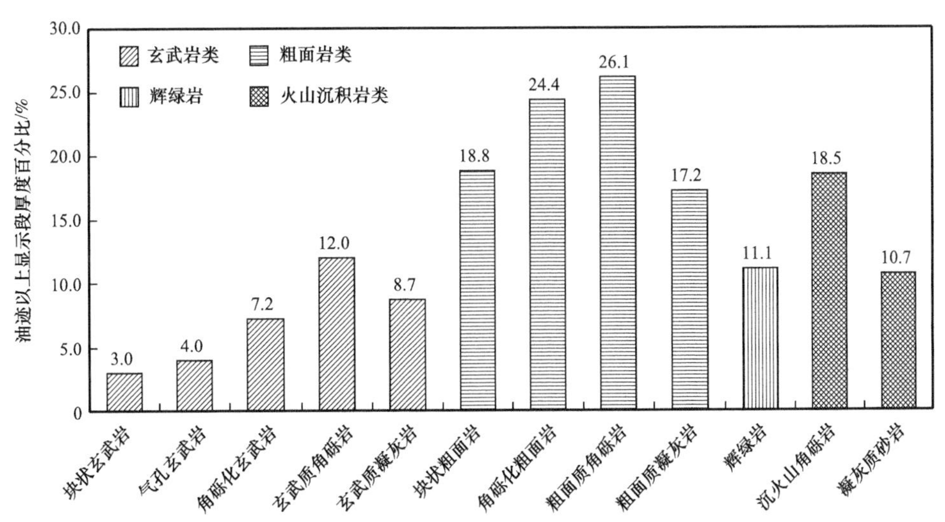

图 7-2-1　辽河油田火山岩岩性与含油气性关系图

结合油气显示并参考实测物性测试结果，综合评价优势储层依次为：（1）粗面岩类、玄武质角砾岩；（2）火山沉积岩和辉绿岩；（3）玄武质凝灰岩、角砾化玄武岩、气孔玄武岩、块状玄武岩。优势岩性的共同特点是裂缝、砾 / 粒间孔缝更发育。

（二）优势岩相与含油气性的关系

火山岩不同相带的分布规律受火山机构的控制，按照距离火山口的远近，可将火山机构划分为火山口—近火山口相带、过渡相带和边缘相带。通常火山口—近火山口相带主要发育火山通道相、爆发相和侵出相，以火山碎屑岩为主的有利储层占主体，同时多期火山喷发活动对火山口周边围岩造成多次的后期改造，岩石破碎、网状裂缝发育，利于油气的运移和聚集。过渡相带主要发育爆发相和溢流相，好、差储层并存。边缘相带发育爆发相和火山沉积相，也是好与差储层并存，但差储层比例增加。因此火山口—近火山口相带是优势储层集中发育区[5]。

勘探实践表明，不同岩相与含油气性关系的差异比较明显（图 7-2-2）。侵出相的含油气性最好，以外带亚相和中带亚相油迹以上显示厚度所占比例最高，分别为 45.4% 和 38.7%。火山通道相火山颈亚相、爆发相火山碎屑流亚相、侵出相内带亚相、火山沉积相再搬运火山碎屑沉积亚相和侵入相边缘亚相含油气性基本相当，显示较好层段所占比例在 13%～20% 之间。爆发相空落亚相，溢流相复合熔岩流亚相、板状熔岩流亚相、玻质碎屑岩亚相，火山沉积相含外碎屑火山沉积亚相和侵入相中心亚相含油气性最差，油迹以上显示段厚度都小于 7%。

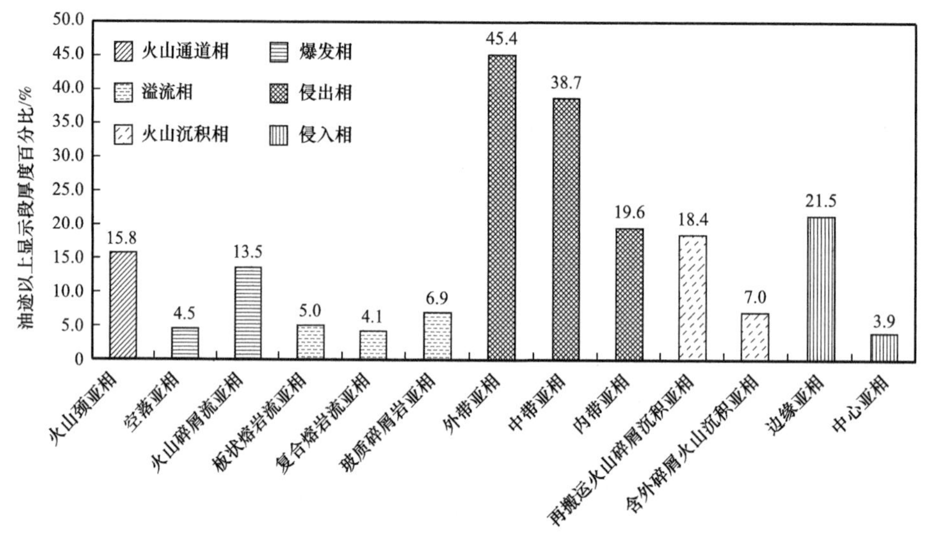

图 7-2-2 辽河油田火山岩岩相与含油气性关系图

结合油气显示与实测物性，综合评价优势储层的相带主要为侵出相、火山通道相火山颈亚相、爆发相火山碎屑流亚相、火山沉积相再搬运火山碎屑沉积亚相和侵入相边缘亚相。

第三节 火山岩油气成藏模式

按照源储配置关系，辽河油田火山岩油气藏发育自生自储型、下生上储型、侧生侧储型 3 种油气藏。

一、自生自储型

自生自储型火山岩油气藏主要发育于东部凹陷南部沙三中下亚段。东部凹陷沙三中亚段深湖相暗色泥岩大量发育，是东部凹陷最主要的烃源岩，同时沙三中亚段又是水下火山岩的集中发育层系，火山碎屑岩发育比例高，储层条件优越。该层系的火山岩储层与烃源岩垂向、侧向直接接触，形成自生自储式成藏组合，源储配置关系最有利，成藏概率最高，油藏规模最大，例如东部凹陷桃园—大平房地区（图 7-3-1）。

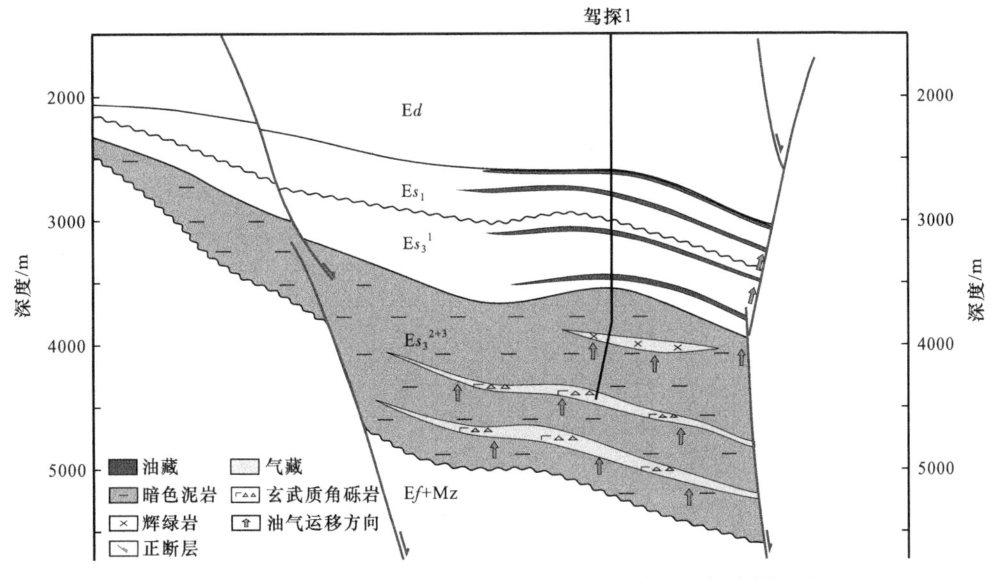

图 7-3-1　东部凹陷桃园地区火山岩自生自储型油气藏剖面图

二、下生上储型

下生上储型火山岩油气藏主要发育于东部凹陷中部沙三中亚段。由于这些地区火山岩勘探层系埋藏相对较浅，深度通常小于 3000m，而有效烃源岩埋藏普遍较深，处于火山岩储层下伏地层，深层烃源岩生成的油气主要通过油源断层或直接向上垂向运移至火山岩储层中聚集成藏，例如东部凹陷黄沙坨—欧利坨子—热河台地区（图 7-3-2）。目前辽河坳陷火山岩油气藏中近 80% 的油气地质储量都位于下生上储型油气藏中，因此，东部凹陷中部一直是辽河油田新生界火山岩油气勘探取得重大成果的重点地区。

三、侧生侧储或新生古储型

侧生侧储型火山岩油气藏主要发育于辽河坳陷新生界沙河街组、辽河坳陷中生界和辽河外围中生界。其中辽河坳陷中生界火山岩油气藏的烃源岩主体来源于新生界沙三段、沙四段，局部地区来源于中生界九佛堂组和沙海组，具有新生古储型特征。该类油藏通常具有供油窗口或被烃源岩所披覆，油气主要通过侧向和垂向运移，形成“潜山型”油气藏，例如西部凹陷的曙光、牛心坨，辽河外围的陆家堡凹陷、张强凹陷等地区。辽河坳陷新生界火山岩油气藏的烃源岩主要来源于新生界沙三中亚段的湖相暗色泥岩，有些地区生烃洼陷位于火山岩体的侧翼，通常具有侧向供油窗口，油气主要通过侧向运移至火山岩储层内聚集成藏，例如东部凹陷的红星—小龙湾地区（图 7-3-3）。这类油藏勘探领域广，勘探程度低，勘探潜力较大。

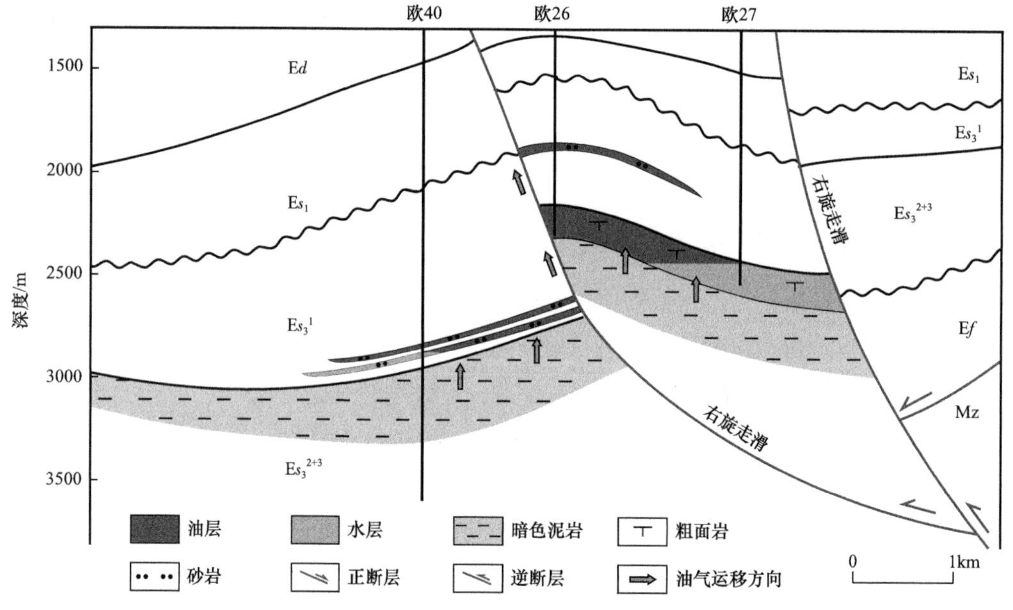

图 7-3-2　东部凹陷欧利坨子地区火山岩下生上储型油藏剖面图

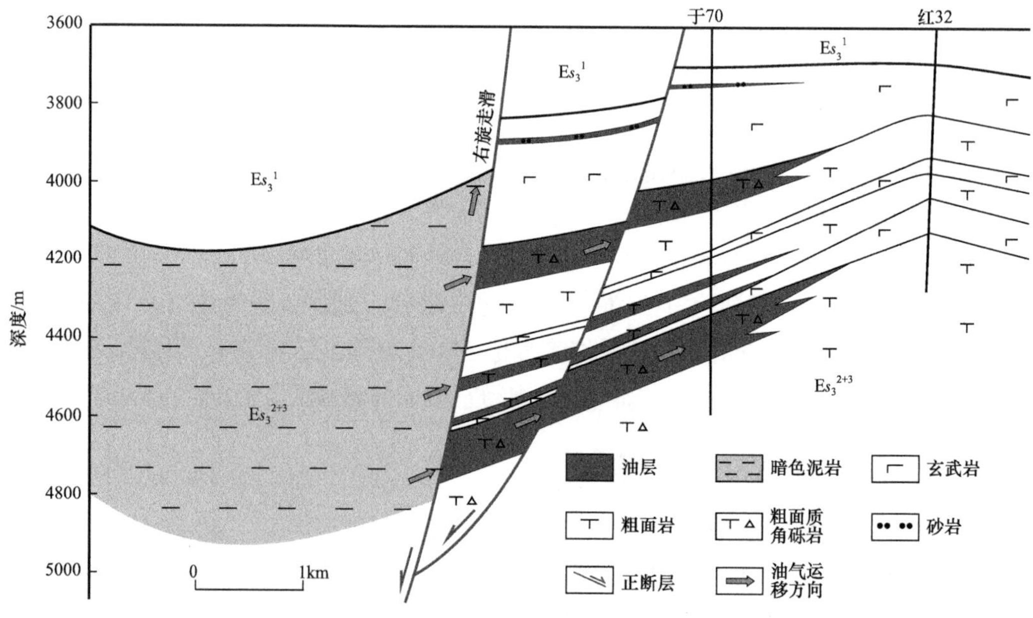

图 7-3-3　东部凹陷红星地区火山岩侧生侧储型油藏剖面图

参考文献

[1]孟卫工，陈振岩，张斌，等.辽河坳陷火成岩油气藏勘探关键技术[J].中国石油勘探，2015，20（3）：45-57.

[2]刘宝鸿，张斌，郭强，等.辽河坳陷东部凹陷深层火山岩气藏的发现与勘探启示[J].中国石油勘探，2020，25（3）：34-42.

[3]刘立峰，姜振学，周新茂，等.烃源岩生烃潜力恢复与排烃特征分析：以辽河西部凹陷古近系烃源岩为例[J].石油勘探与开发，2010，37（3）：378-383.

[4]张斌，顾国忠，单俊峰，等.辽河东部凹陷新生界火成岩岩性—岩相特征和储层控制因素[J].吉林大学学报：地球科学版，2019，49（2）：279-291.

[5]庚琪.辽河盆地东部凹陷火成岩储层特征及成藏模式[J].复杂油气藏，2016，9（1）：6-11.

[6]邱隆伟，姜在兴，熊志东，等.辽河盆地东部凹陷火山岩油藏类型及成藏条件研究[J].石油实验地质，2003，25（4）：390-394.

第八章　火山岩油气藏勘探实践

火山岩油气勘探经历了一个曲折的过程。在辽河油田勘探初期，火山岩被认为是油气勘探的“禁区”：一是火山岩的发育占据了烃源岩的空间，油气资源有限；二是火山岩储集空间不发育，同时占据了砂岩储层的空间，储层条件差[1]。从20世纪70年代初东部凹陷热河台地区的热24井火山岩油气藏的偶然发现，到20世纪90年代以来在东部凹陷新生界和西部凹陷及外围盆地中生界相继获得火山岩油气藏规模储量，火山岩油气藏勘探已成为辽河油田油气勘探的重要领域之一。

第一节　东部凹陷新生界火山岩油气藏勘探实践

东部凹陷位于辽河坳陷的东部，在平面上呈一北东走向的狭长洼陷，总面积为3300km^2。东部凹陷新生界火山岩十分发育，是辽河坳陷较早发现火山岩油气藏并发现大规模油气储量的地区，火山岩油气藏主要集中在新生界沙三段。

一、勘探概况

20世纪90年代以来，东部凹陷欧利坨子、黄沙坨、热河台和于楼地区的沙三中亚段粗面岩、青龙台地区沙三中亚段辉绿岩以及董家岗地区沙三中亚段玄武质角砾岩中累计上报探明石油地质储量为3222.82×10^{4}t，占辽河坳陷火山岩探明储量的73.8%。火山岩油气藏累计生产原油377.8×10^{4}t、天然气0.51×10^{8}m^3。

二、典型油气藏特征

（一）欧利坨子—黄沙坨地区

1. 构造特征

欧利坨子—黄沙坨构造带位于东部凹陷中段，东以界西断层为界，西与西部斜坡带相接，南、北分别与热河台、铁匠炉构造相邻，整体为长轴呈北东走向的断裂背斜构造带。构造的形成和演化受界西、欧西、黄沙坨等北东走向的主干断裂控制，在南、北分别形成了欧利坨子和黄沙坨断裂背斜构造，中间以鞍部相接。

南部的欧利坨子构造主体被北东向主干断裂分隔为3个构造条带，整体具有东高西低、北高南低的特征，而近东西向的伴生断层将背斜构造切割成多个断块。北部的黄沙坨构造受界西和黄沙坨两条北东走向的主干断裂控制，沙三段沉积中期开始形成断背斜构造雏形，沙一段沉积期以后逐步定型，被晚期发育的东西向、北西向次级断层所切割，构造进一步复杂化，形成多个断鼻、断块圈闭。

2. 岩性岩相特征

1）岩性特征

本区火山岩主要发育在沙三中亚段，岩性包括玄武岩、粗面岩、凝灰岩等，其中粗面岩为优势岩性，主要发育在欧利坨子、黄沙坨构造主体部位。粗面岩多为浅灰、灰绿和灰褐色，斑晶发育，具有斑状结构，见块状构造，基质具粗面结构。斑晶以碱性长石为主含少量辉石，自形—半自形，板状，蚀变中等，具少量溶孔。斑晶粒径为 0.1～6.0mm，含量为 10%～46%；基质以微晶碱性长石为主含少量微晶斜长石，板状、长板状，定向排列。

2）岩相特征

欧利坨子—黄沙坨地区火山岩主要发育于水下喷发环境，岩相以侵出相为主，局部发育火山通道相、爆发相和溢流相（见图 7-1-1），相序主要为火山通道相→侵出相→溢流相，局部发育爆发相，在火山机构边部发育火山沉积相。

3. 储层特征

本区火山岩属孔隙—裂缝型储层[2, 3]，实测孔隙度分布在 2%～19% 之间，平均为 14%，岩心分析渗透率变化较大，平均值小于 5mD。由于火山岩基质渗透率普遍较低，对物性的评价主要参考实测孔隙度值，结合构造位置及裂缝发育程度，进行综合评价。以沙三中亚段粗面岩为例，实测基质孔隙度平均值普遍大于 10%，局部地区为 7%～10%（图 8-1-1）。

4. 油藏特征

1）油藏类型

欧利坨子火山岩油藏主要分布在构造高部位，同时受到火山岩岩性及储层发育程度的影响，油藏类型主要为岩性—构造油藏，油层埋深为 2080～2820m。

黄沙坨火山岩油藏受储层发育程度和构造控制，为岩性—构造油藏，油层主要分布在小 22、小 23、小 25 断块区，存在边水，油水界面深度为 3335～3380m，油藏埋深为 2800～3380m，油层厚度为 120～420m。

2）地层温度与压力

欧利坨子油田地温梯度为 3.3℃ /100m，地层压力系数为 0.97，油藏埋深为 2080～2900m，地层温度在 69.3～96.5℃ 之间，地层压力在 20.2～28.2MPa 之间。

黄沙坨油田地层温度在 94.5～117.3℃ 之间，地层压力在 27.3～32.9MPa 之间。

3）流体性质

欧利坨子火山岩油藏地面原油密度为 0.8397g/m^3，原油黏度为 7.17mPa · s，凝固点为 33℃，含蜡量为 14.27%，胶质 + 沥青质含量为 11.70%。根据火山岩油藏高压物性分析，油藏平均原始饱和压力为 19.75MPa，地层原油黏度平均为 1.02mPa · s，地层原油密度平均为 0.6671g/cm^3，体积系数平均为 1.4490，原始溶解气油比为 138m^3/m^3。溶解气中甲烷含量平均为 76.93%，相对密度平均为 0.7874。地层水属 $NaHCO_3$ 型，平均总矿化度为 3410mg/L。

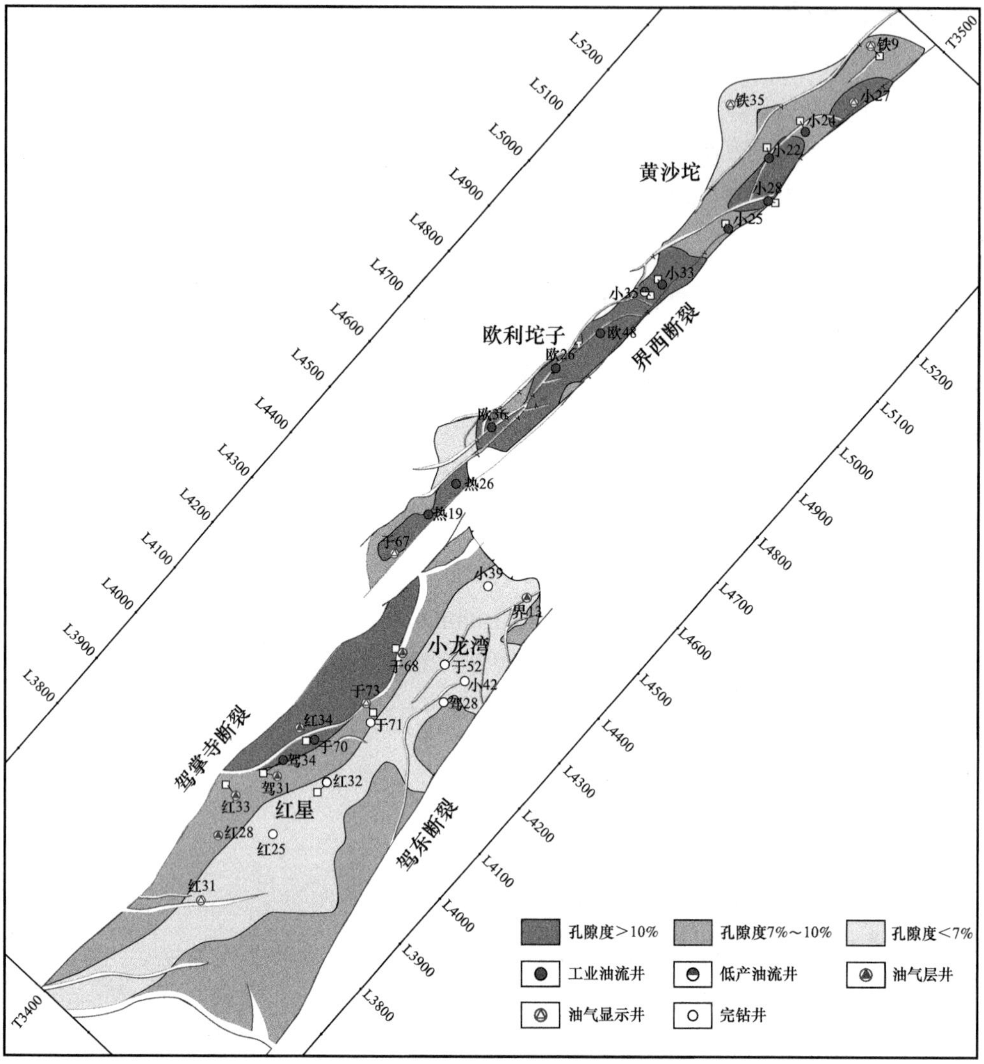

图 8-1-1　东部凹陷沙三中亚段粗面岩储层物性评价图

黄沙坨火山岩油藏原油密度为 0.8330～0.8437g/cm³，地面原油黏度（50℃）为 4.25～8.41mPa·s，凝固点为27～29℃，含蜡量为9.06%～11.66%，胶质+沥青质含量为9.21%～12.27%。天然气属溶解气，甲烷含量为 79.51%，相对密度为 0.794，属湿气。地层水为 $NaHCO_3$ 型，总矿化度为 1304mg/L。

（二）红星—小龙湾地区

1. 构造特征

红星—小龙湾地区位于东部凹陷南段，东、西分别以驾东断层和驾掌寺断层为界，南邻驾掌寺洼陷，北与三界泡潜山相接，是一个整体为北东走向的大型斜坡构造带。该构造带北东高、南西低，在沙一段沉积期已具雏形，到东营组沉积期基本定型，具有继承性发育的特点，局部发育微幅构造。

2. 岩性岩相特征

1）岩性特征

本区沙三段火山岩广泛发育，岩性主要有粗面质角砾岩、粗面质熔岩和玄武质熔岩等，局部发育少量辉绿岩。

粗面质角砾岩：呈棱角状，分选较差，角砾以粗面岩为主，其次见少量玄武岩等角砾，基质多为粗面质，粗面岩角砾局部可见扁平拉长状、定向排列和塑性变形的特征。

粗面质熔岩：成分相当于正长岩的火山熔岩，SiO_2 含量为 52%～63%，以普遍出现碱性长石斑晶为主要特点。岩石多呈灰黑色，风化后为褐灰色或肉红色，半晶质结构，常见斑状结构、聚斑结构，斑晶多为自形的透长石、正长石或中长石，有时出现辉石或暗化的角闪石、黑云母；基质以微晶透长石为主，常具有典型的粗面结构、块状结构。

玄武质熔岩：斑状结构，基质为玻基交织结构、间隐结构，块状构造；成分主要为基性长石和辉石，含少量角闪石，基质中斑晶为基性长石，岩石局部碳酸盐化、绿泥石化。

辉绿岩：发育于侵入相，颜色为黑绿色，具细—中粒粒状结构，镜下常见辉绿结构，斜长石呈自形长板状杂乱分布，充填有它形的辉石。辉绿岩的矿物成分与辉长岩相似，由基性斜长石，单斜辉石组成，次要矿物为橄榄石、斜方辉石、角闪石和黑云母等，本地区发育的辉绿岩常见蚀变现象，暗色矿物易发生皂石化。

2）岩相特征

红星—小龙湾地区整体处于陆上喷发环境，岩相以爆发相和溢流相为主，局部发育火山通道相、火山沉积相、侵入相（见图 7-1-1）。火山岩体分布整体受驾掌寺断裂及其分支断层的控制，断裂附近或断裂交汇位置是火山口—近火山口相带的集中发育区。火山口—近火山口相带是有利储层火山通道相、爆发相和侵出相的主要发育区，这一相带内岩石破碎、原生网状裂缝发育，储层条件非常优越。

3. 储层特征

本区沙三段火山岩中常见的储集空间组合类型包括：（1）以裂缝为主，构造裂缝 + 溶蚀裂缝 + 溶孔，主要发育在粗面岩中；（2）以溶蚀孔为主，原生气孔 + 构造缝 + 溶蚀缝 + 溶蚀孔，主要发育在玄武岩和部分粗面岩中；（3）以粒内孔为主，粒内孔 + 构造缝 + 收缩缝 + 基质溶蚀孔，主要发育在火山角砾岩中。这三种都是较好的孔缝组合类型。

本区火山岩储层孔隙度一般为 5.4%～16.7%，平均为 11.4%，岩心分析渗透率一般为 0.5～1.6mD，平均为 0.6mD，为中低孔特低渗储层。红星地区北部、小龙湾地区西部实测孔隙度大于 10%，靠近驾掌寺断裂及驾东断裂带孔隙度为 7%～10%，中部地区岩性以致密熔岩为主，裂缝不发育，预测孔隙度普遍小于 7%（图 8-1-1）。

4. 油藏特征

1）油藏类型

本区纵向上含油层系多，埋深2550～4442m均有分布，浅层主要为碎屑岩油藏，深层主要为火山岩油藏。其中粗面岩油藏埋深为3900～4442m，为构造—岩性油藏。由于断陷湖盆中火山岩体的单体规模一般不大，纵、横向变化快，储层非均质性强，连通性差，因此只有邻近油源，油气才能有效注入，而远离油源油气显示逐渐变差。平面上靠近西侧油源、靠近断层的爆发相粗面质角砾岩是油气富集区，油气分布具有显著特点，一是油源和断层控制油气分布，二是优势岩性岩相控制油气富集。

2）地层温度与压力

地层温度为89.5～147.0℃，油藏中部地层温度为118.4℃，地温梯度为3.04℃/100m；计算相应地层压力为27.97～47.6MPa，油藏中部地层压力为37.9MPa，压力系数为1.04，属于正常温度—压力系统。

3）流体性质

地面原油密度为0.8140～0.8330g/cm^3，50℃时原油黏度为3.29～16.0mPa·s，含蜡量为8.7%～34%，凝固点为25～34℃，原油性质在各层位平面上和纵向上变化不大，为轻质常规原油。

（三）桃园地区

1. 构造特征

桃园构造位于东部凹陷南段，东、西分别以驾掌寺、二界沟断层为界，南、北与大平房、黄金带构造相接，整体呈西高东低的单斜构造形态，沙三中下亚段在靠近驾掌寺断层附近发育一个微幅度背斜，构造高点位于驾探1井附近。

2. 岩性岩相特征

1）岩性特征

桃园地区沙三中下亚段发育火山岩气藏。沙三中下亚段岩性有辉绿岩、玄武质角砾岩、蚀变玄武岩、凝灰岩、粉细砂岩和泥岩，储集岩为辉绿岩和玄武质角砾岩。

辉绿岩：基性浅成侵入岩，SiO_2含量为45%～52%，全岩蚀变深，半自形粒状结构，主要成分斜长石、蚀变辉石、橄榄石和黑云母。斜长石绢云母化、方沸石化，橄榄石蛇纹石化，辉石蒙皂石化、绿泥石化；黑云母棕褐色新鲜，为晚期形成（图8-1-2）。

玄武质角砾岩：基性喷出岩，SiO_2含量为45%～52%，似斑状、少斑结构，杏仁构造，基质具填间结构。杏仁体可见圆状、椭圆状，成分以方解石、硅质和泥质为主。斑晶以辉石、斜长石为主，斜长石为自形—半自形板状、长板状，蚀变较深，具泥化、碳酸盐交代；辉石粒状，绿泥石化。基质以微晶斜长石为主，次为暗色矿物、铁质和玻璃质，其中暗色矿物以辉石为主（图8-1-3）。

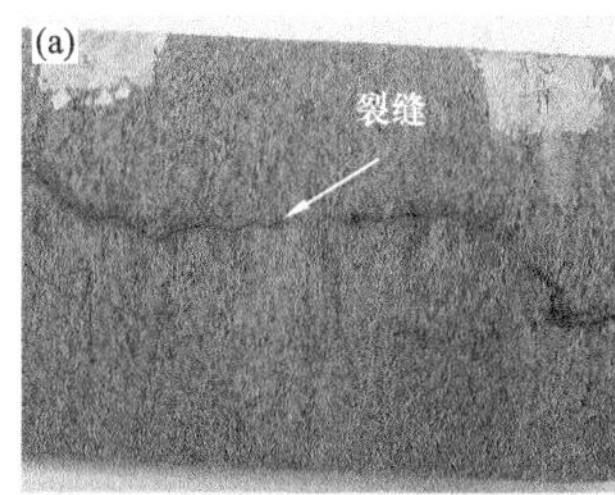

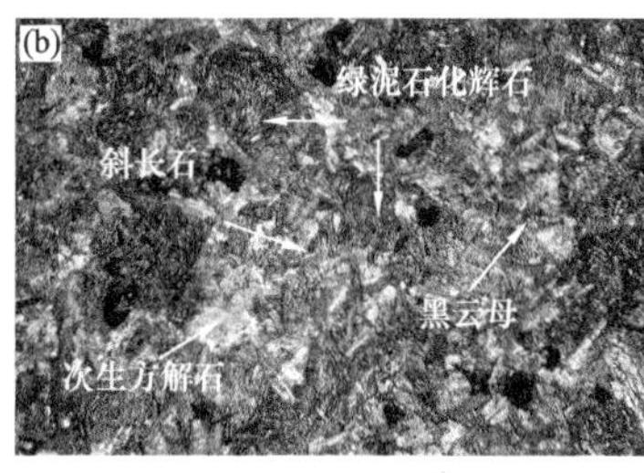

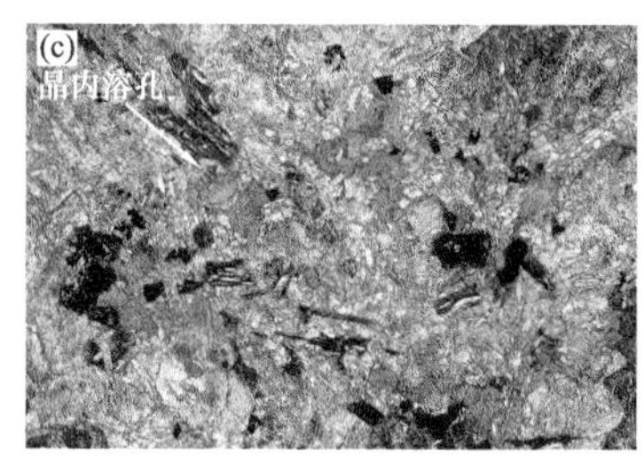

图 8-1-2　辉绿岩岩心与薄片照片

（a）驾探 1 井，3997.27m，辉绿岩，裂缝发育；（b）驾探 1 井，3993.71m，辉绿岩，正交偏光（25×）；（c）驾探 1 井，3995.75m，晶内溶孔，铸体薄片（25×）

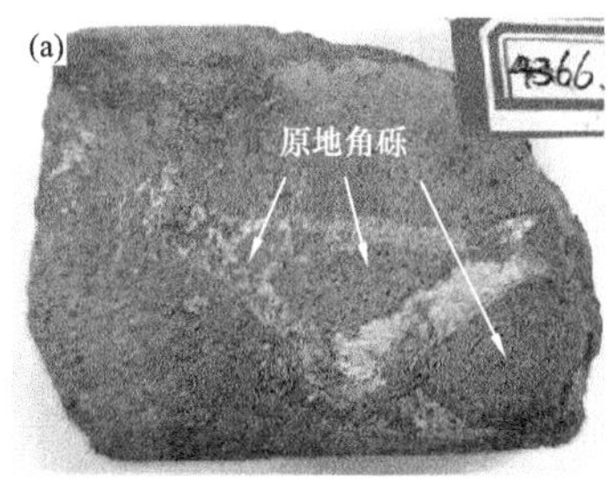

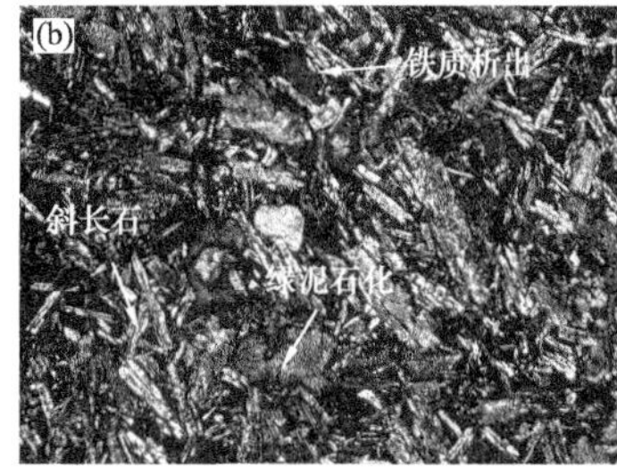

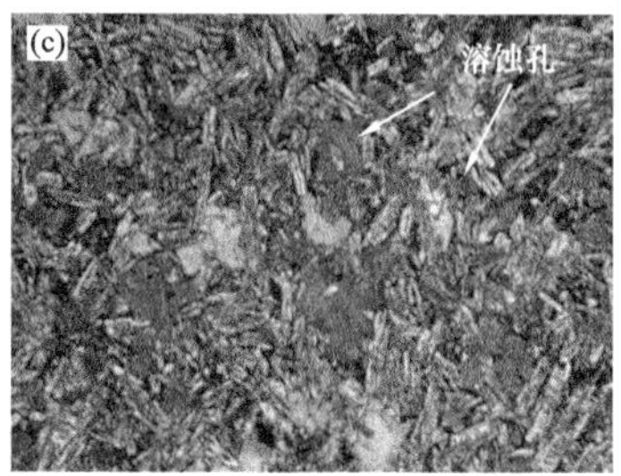

图 8-1-3　玄武质角砾岩岩心与薄片照片

（a）驾探 1 井，4366.12m，玄武质角砾岩，原生砾间缝；（b）驾探 1 井，4366.63m，玄武质火山角砾岩，正交偏光（25×）；（c）驾探 1 井，4366.18m，填间结构，溶孔发育，铸体薄片（25×）

2）岩相特征

桃园沙三中下亚段火山岩岩相以溢流相玻质碎屑岩亚相为主，局部发育火山通道相和侵入相，火山口位于驾探 1 井和驾 102 井附近。溢流相玻质碎屑岩亚相属于水下喷发环境，熔浆与水体直接接触，经淬火冷凝而快速堆积形成各种粒级的角砾状碎屑岩，呈丘状、透镜状，厚度大，与暗色泥岩互层状分布。

3. 储层特征

沙三中下亚段玄武质角砾岩储集空间主要为原生的砾 / 粒间孔缝、次生的溶蚀孔缝和构造裂缝，为裂缝—孔隙型储层。玄武质角砾岩基质孔隙度在 6.1%～17.8% 之间，平均孔隙度为 9.9%，岩心分析储层渗透率分布在 0.018～1.44mD 之间，平均渗透率为 0.052mD。

辉绿岩的储集空间主要为溶蚀孔和构造缝，为孔隙—裂缝型储层。孔隙度在 2%～8% 之间，平均孔隙度为 5.4%；21 个岩心样品分析渗透率在 0.001～0.2mD 之间，平均渗透率为 0.02mD。

4. 气藏特征

1）气藏类型

桃园地区火山岩气藏为源内型气藏，沙三中下亚段火山岩体处于烃源岩包裹之中，源储配置条件优越，气藏的分布主要受火山岩有效储层分布的控制。驾探 1 井辉绿岩气藏为层状岩性气藏，气藏埋深为 3880～4460m，气藏分布受辉绿岩有效储层分布控制。玄武质角砾岩气藏为层状构造—岩性气藏，气藏埋深为 3850～4700m，气藏分布受驾掌寺断层和玄武质角砾岩有效储层分布共同控制。

2）地层温度与压力

根据驾探1井的实测温度和压力资料，辉绿岩气藏地层温度为118℃，地温梯度为2.96℃/100m，压力系数为1.47，压力梯度为1.47MPa/100m，为正常温度异常高压；玄武质角砾岩气藏地层温度为134.75℃，地温梯度为3.17℃/100m，压力系数为1.60，压力梯度为1.60MPa/100m，为正常温度异常高压。

3）流体性质

根据驾探1井天然气实际分析资料，辉绿岩气藏天然气相对密度为0.657，其中甲烷含量为83.78%，乙烷含量为10.59%，丙烷含量为3.63%，正丁烷含量为0.82%，异丁烷含量为0.62%，正戊烷含量为0.02%，异戊烷含量为0.52%，为凝析气藏；玄武质角砾岩气藏天然气相对密度为0.638，其中甲烷含量为88.70%，乙烷含量为6.18%，丙烷含量为1.19%，正丁烷含量为0.18%，异丁烷含量为0.28%，正戊烷含量为0.05%，异戊烷含量为0.10%，己烷含量为0.11%，氮含量为0.14%，二氧化碳含量为3.07%，为凝析气藏。

三、勘探实践及成效

1996年，欧26井在沙三段粗面岩中获得日产达158t的高产工业油气流，随后在黄沙坨、欧利坨子地区获得成功，发现了以沙三中下亚段粗面岩为储层的油气藏，探明含油面积为16.81km^2，探明石油地质储量为3147.82×10^{4}t，初期建成50×10^{4}t级年产能力，累计产油380×10^{4}t。

2011年以来，以“两宽一高”地震资料和时频电磁资料为基础，通过对火山岩油气藏综合评价及成藏规律的研究，重点针对红星—小龙湾地区、桃园—驾掌寺地区沙三段开展火山岩油气藏勘探工作，并取得较好勘探效果。

红星—小龙湾地区在靠近驾掌寺断裂带一侧的近油源地区，集中部署了17口探井，有10口探井获得工业油气流，其中，于70井在4449.00～4495.70m井段粗面质角砾岩中试油，压后日产油17.9m^3，累计产油121.05m^3，获工业油流。驾31井在3475.00～3482.40m井段凝灰质砂岩中试油，经地层测试，日产油22.8m^3，累计产油89.84m^3，获工业油流。于68井在3315.50～3351.20m井段辉绿岩及凝灰质砂岩中试油，压后日产油55.66m^3，累计产油104.66m^3，获工业油流。

2014年，在红星—小龙湾地区沙三中亚段粗面质角砾岩、玄武质火山沉积岩、辉绿岩和凝灰质砂岩中整体上报了预测石油地质储量为5084×10^{4}t，叠合面积为28.3km^2，实现了火山岩油气藏规模增储。2016年和2017年共升级控制含油面积为36km^2，控制石油地质储量为4495×10^{4}t。2019年升级探明含油面积为3.36km^2，探明石油地质储量为212.07×10^{4}t。

2019年开始，重点针对东部凹陷南部深层火山岩开展系统研究，认为桃园—驾掌寺地区位于黄于热深陷带和二界沟洼陷之间，油源供给充足，油源条件十分有利。应用2018年桃园—驾掌寺地区新采集时频电磁资料和“两宽一高”地震资料，开展精细构造解释、火山岩体刻画以及油气成藏综合地质研究工作。在上述研究认识指导下部署实施的风险探井驾探1井在沙三中下亚段3964.24～4000.58m辉绿岩井段中途测试，8mm油嘴自喷，日产气11237m^3。在沙三中下亚段4360.00～4396.00m玄武质角砾岩井段，压裂后8mm油嘴、32mm挡板自喷，日产气325166m^3，累计产气214553m^3，累计产油0.8m^3，获高产工业气流。驾探1井创东部凹陷天然气日产最高记录，同时也是辽河油田近四十年来天然气日产最高的探井，东部凹陷中南段深层火山岩气藏勘探获得重大突破。2020年，上报预测天然气地质储量为$607.44\times10^8m^3$，叠合含气面积为54.9km^2。

第二节　西部凹陷中生界火山岩油气藏勘探实践

西部凹陷位于辽河坳陷的西部，是渤海湾盆地的重要富油气凹陷之一，面积为2560km^2。西部凹陷火山岩油气藏主要分布于中生界，平面上集中分布于牛心坨地区和大洼地区。

一、勘探概况

牛心坨地区位于西部凹陷的北端，该区中生界火山岩油气藏勘探程度非常低，目前仅有9口探井钻遇中生界义县组火山岩，2口探井获得工业油气流。2002年在该区部署的坨32、坨33井，在义县组火山岩中获得工业油气流，揭开中生界火山岩勘探序幕

大洼地区位于辽河坳陷中央凸起南部倾没带，大洼—海外河断层从工区穿过，将工区分为断层西侧的清东陡坡带及断层东侧的中央凸起南部倾没带两个部分。中生界主要分布在大洼断层东侧上升盘的中央凸起带上，西与清水洼陷相邻，东与二界沟洼陷相接，北为小洼和冷家构造带，南为海外河构造带，勘探面积约200km^2。大洼地区中生界可分为三段结构（自下而上），Ⅲ段为冲积扇砂砾岩及角砾岩，Ⅱ段为中酸性火山岩，Ⅰ段为基性火山岩与砂泥岩。火山岩油气藏主要发育在Ⅰ段和Ⅱ段。本区中生界勘探程度较低，仅于1997年在洼609井区上报探明石油地质储量为154×10^4t，天然气地质储量为$2.39\times10^8m^3$，1999年在洼13-28块和洼19-22块上报探明石油地质储量为69×10^4t，天然气地质储量为$0.73\times10^8m^3$，并且上报的探明储量均位于中生界Ⅱ段中酸性火山岩，Ⅰ段基性火山岩并未获得勘探发现。2015年通过老井复查，发现洼7、洼19、洼32和洼39等井均在中生界Ⅰ段基性火山岩中见到了良好的油气显示，洼18-25、洼19-26和洼609等井调层至上部玄武质角砾岩开采均取得了较好的效果，展示了该区Ⅰ段基性火山岩具有良好的勘探前景。

二、典型油气藏特征

（一）牛心坨地区

1. 构造特征

牛心坨构造带位于西部凹陷北段，东侧和北侧为中央凸起，北侧的中央凸起是西部凹

陷和大民屯凹陷的结合部位。由于受区域构造活动的影响，断裂活动具有多期性、继承性和分段性的特点。本区主要发育北东向和东西向两组断裂系统。北东向展布的台安断裂为长期发育的一级断裂，是中央凸起和西部凹陷的边界断层。台安断裂早期活动强烈。晚期（东营组沉积期）活动减弱，由于台安断裂的不均衡活动对本区的圈闭形成以及储层和油气分布具有控制作用。坨 34 东逆断层是一条北北东向断层，长期发育，沙四段沉积期为正断层，到东营组沉积期由于区域构造应力场发生变化，产生挤压使其变成为逆断层，它对牛心坨地区中生界潜山油藏的形成起着重要的控制作用，近东西向展布的正断层主要为发育于沙四段沉积末期—房身泡组沉积期的次一级断层，它使潜山构造进一步复杂化，将中生界潜山分割成多个断块山，该组断层不仅控制圈闭的形成同时也控制油气分布。

坨 33 区块在中生界油层顶面构造图上为北东轴向分布的背斜构造，并且被近东西向断层复杂化，形成南高北低的一系列南掉断块。由北向南依次为坨 32 块、坨 33 块和坨 3 块，其中坨 32 块和坨 33 块为含油断块。坨 33 区块构造高点海拔为 −1300m，闭合幅度为 800m，闭合面积为 12km^2（图 8−2−1）。

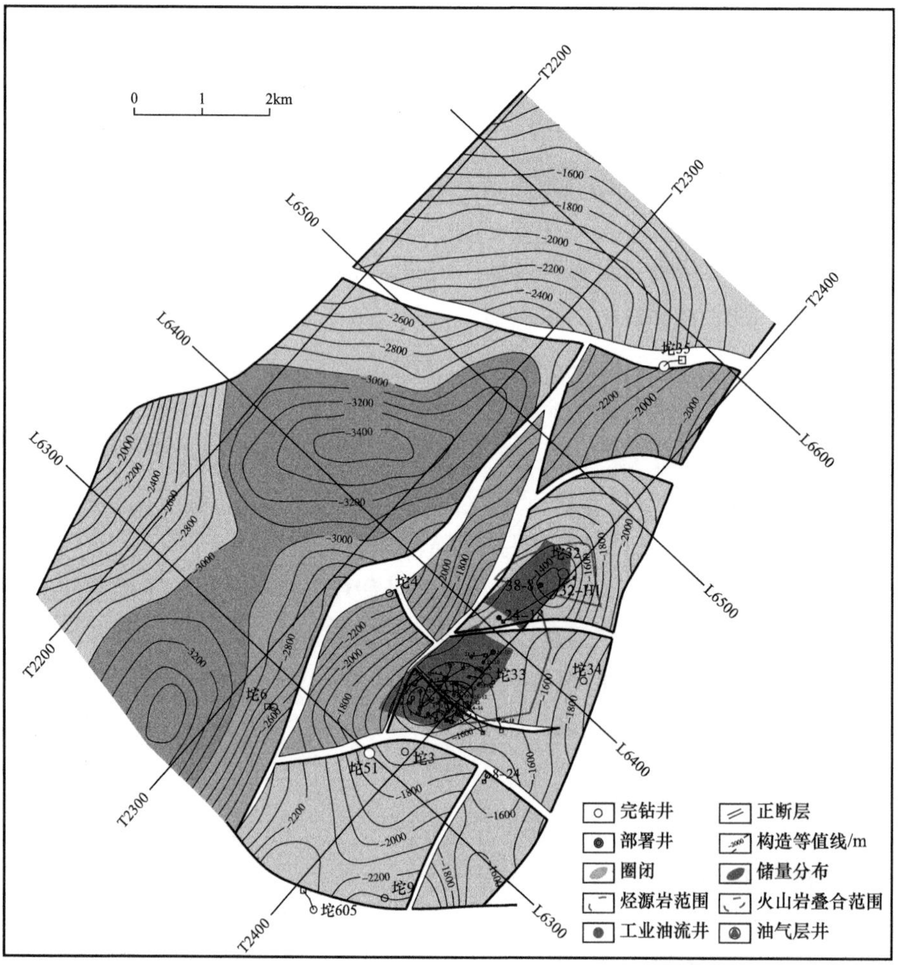

图 8−2−1　牛心坨地区中生界义县组顶界构造图

2. 岩性岩相特征

1）岩性特征

牛心坨地区中生界火山岩岩性包括流纹岩、凝灰岩、安山质角砾岩和粗安岩等，其中义县组流纹岩为主要储层。

根据薄片分析，流纹岩具有斑状结构，基质由碱性长石微晶、石英微晶、玻璃质和暗色矿物等组成，具有霏细结构，碱性长石微晶普遍具溶蚀现象（图 8-2-2）。主要分布于牛心坨地区北部的坨 32、坨 33 井区，面积约 17km^2，岩体展布方向呈 NE 向，厚度一般为 150～300m，最大揭露厚度（坨 32 井）达 693m（图 8-2-3）。

(a) 流纹岩，坨32井，1369.2m　(b) 流纹岩，坨33-12-12井，1395.94～1403.36m

(c) 凝灰质角砾岩，坨33井，1309.51m　(d) 粉砂质凝灰岩，坨32井，2069.80m

图 8-2-2　牛心坨地区火山岩岩心照片

2）岩相特征

根据火山地质学、岩相学研究，结合地震和测井资料分析，将牛心坨地区的火山岩相划分为溢流相、爆发相和火山沉积相三种类型。

溢流相熔岩分布在坨 32、坨 33 井区，主要以岩浆从火山口溢流产出，形成厚度较大的熔岩流，坨 32 井的流纹岩厚度达到 660m，坨 33 井流纹岩厚度为 454m。本区的溢流相熔岩是储集油气的主要储层，坨 32 井、坨 33 井和坨 33-12-12 井的主要储集岩是流纹岩，经试油证实流纹岩是本区的主要的储集岩。另外，火山碎屑岩中亦见到熔岩的薄层，如坨 3 井的火山角砾岩中夹有薄层安山岩，说明火山爆发过程中还伴随着少量的岩浆溢流。

爆发相在研究区内分布很广，主要由英安质火山角砾岩和流纹质凝灰岩组成。岩屑的成分亦比较复杂，如坨 32 井、坨 33 井火山角砾岩中有流纹岩、英安岩和安山岩角砾。有的火山角砾有一定的磨圆度，呈次棱角状—次圆状，反映了火山角砾成分的多种来源。

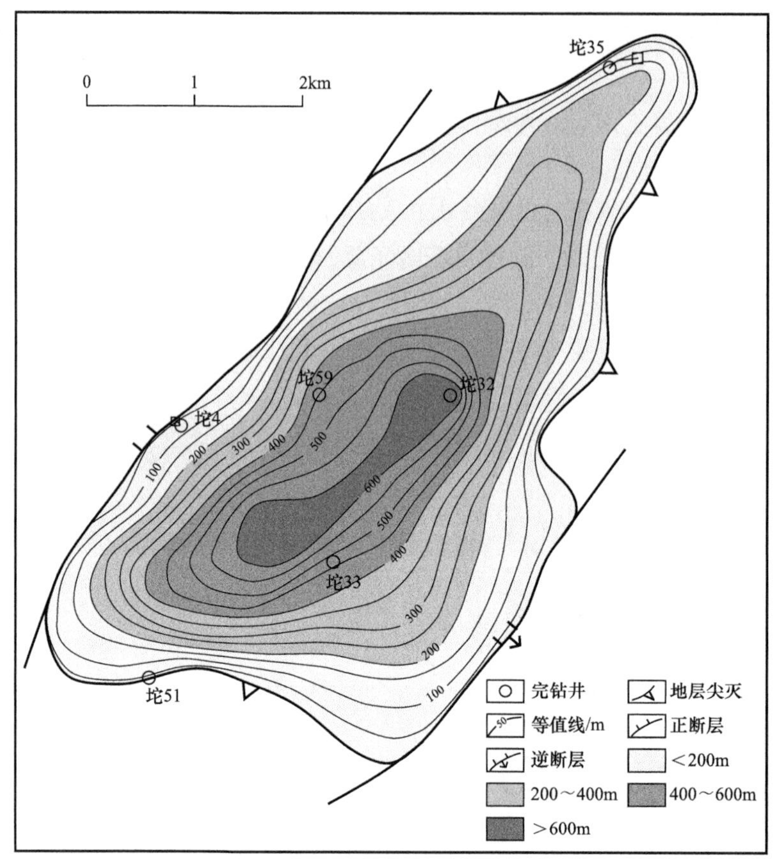

图 8-2-3　牛心坨地区义县组流纹岩厚度等值线图

坨 32 井、坨 33 井火山角砾岩直接覆盖在流纹岩之上，而且未见凝灰岩分布，说明火山口可能位于坨 32 井、坨 33 井区附近。凝灰岩分布十分广泛，但在爆发相岩石中均含有不同程度的陆源碎屑物。坨 33-34-30 井射开 1398.0～1438.1m 井段，3 层 34.1m，岩性为流纹质凝灰岩，日产液 0.009m^3，此类岩性经试油证实为干层。

火山沉积相发育在熔岩相的外缘，火山爆发物空落在水体中，与陆源碎屑物混杂堆积或由于重力流作用与陆源碎屑物混杂堆积，形成岩石有少量或较多的陆源碎屑物。这是一种由正常火山碎屑岩向沉积岩过渡的火山碎屑岩类，如出现在坨 4 井的粉砂质凝灰岩和凝灰质粉砂岩等。另外，当火山角砾搬运到一定距离，磨圆度较好时，就过渡为熔岩质砾岩，如出现在坨 3 井的砾岩。砾石成分主要为火山角砾，介于火山岩和沉积岩之间，而且在成分上变化范围较大。

3. 储层特征

牛心坨地区流纹岩（溢流相）分布连续，厚度较大，岩体的顶部气孔、裂缝、溶蚀孔缝十分发育，为孔隙—裂缝型双重介质储层，孔隙度为 0.7%～11.8%，渗透率为 0.12～52.2mD，是牛心坨地区最好的储层。

4. 油藏特征

1）油藏类型

本区流纹岩储层分布广泛，厚度较大，油层在纵向上整体呈巨厚块状，但同时有似层状特点，油层、差油层交互出现，分布不稳定，干层穿插其间，没有统一的油水界面。牛心坨地区油藏埋深浅，最浅埋深为1210m，最大厚度为283m（坨33-8-6井），最薄为17m（坨33-24-10井），平均厚度为120m。油藏类型是受火山岩分布控制的岩性油气藏。

2）地层温度与压力

实测地层温度与深度统计方程计算地层温度为52.7℃（油藏埋深为1415m）。本地区地层压力在测量时，压力还未稳定，无法准确计算实际地层压力。

3）流体性质

本区原油性质属稠油，据2口井3个油分析，地面原油密度为0.9438～0.9593g/cm^3，平均为0.9556g/cm^3，50℃原油黏度为210～1639mPa·s，平均为720mPa·s，凝固点为−16.7℃，胶质沥青含量为24.85%。

根据天然气分析资料统计，甲烷含量为88.14%，相对密度为0.6114，属溶解气。

地层水分析资料表明，本区地层水属$NaHCO_3$型，总矿化度为3803mg/L。

（二）大洼地区

1. 构造特征

大洼地区中生界顶面整体构造形态具有北高南低的特点，最小埋深为1650m，最大埋深为5500m。两条近北东向主干断层将中生界划分为东、西两大块。各块内部又发育次级的北西向和近东西向断层，进一步切割形成多个断块。中生界Ⅰ、Ⅱ、Ⅲ段顶面形态基本一致，局部有变化。靠近大洼断层为断鼻构造，南部及东部为洼陷带，具有北高南低、西高东低的构造特点。虽然断鼻整体幅度较大，但各个断块幅度较小。

2. 岩性岩相特征

1）岩性特征

根据对15口探井累计100.32m岩心及7口探井累计4300m岩屑资料进行复查及岩矿鉴定，将大洼地区中生界火山岩分为两大类、八种岩石类型（表8-2-1）。

表8-2-1 西部凹陷大洼地区中生界火山岩岩石分类表

岩类		化学成分及粒径/mm	基本岩石类型	测井识别类型
火山岩	火山熔岩	基性（SiO_2含量为45%～52%）	玄武岩、杏仁状玄武岩	玄武岩
		中性（SiO_2含量为52%～63%）	安山岩、粗安岩	安山岩
		酸性（SiO_2含量>63%）	英安岩	英安岩
	火山碎屑岩	基性（SiO_2含量为45%～52%），粒径为2～64	玄武质火山角砾岩	基性火山角砾岩
		酸性（SiO_2含量>69%），粒径<2	流纹质熔结凝灰岩、流纹质屑凝灰岩	酸性凝灰岩

火山熔岩类：包括基性玄武岩、中性安山岩和酸性英安岩。

火山碎屑岩类：包括玄武质火山角砾岩、流纹质凝灰岩。

玄武岩：呈深灰色，蚀变后多为黄绿色（图 8-2-4）。中等结晶，斑晶含量平均为 12%，暗色矿物含量平均为 11%，蚀变中等—深。基质以微晶斜长石和辉石为主，绿泥石化，碳酸盐交代。

安山岩：呈绿灰色，斑晶为斜长石和黑云母，偶见辉石斑晶。斜长石斑晶呈板柱状，具环带结构。安山岩在冷凝过程中产生收缩缝，被方解石充填。

英安岩：灰色、灰白色，流纹状构造，斑状结构，斑晶多为中性斜长石，碱性斜长石较少，有时含少量石英。

玄武质火山角砾岩：灰绿色，火山角砾结构，角砾成分为玄武岩（图 8-2-5），火山角砾体积含量普遍大于 80%，结晶差，角砾间由绿泥石、白云石等充填。

图 8-2-4　洼 19-26 井玄武岩岩心（1978.0m）

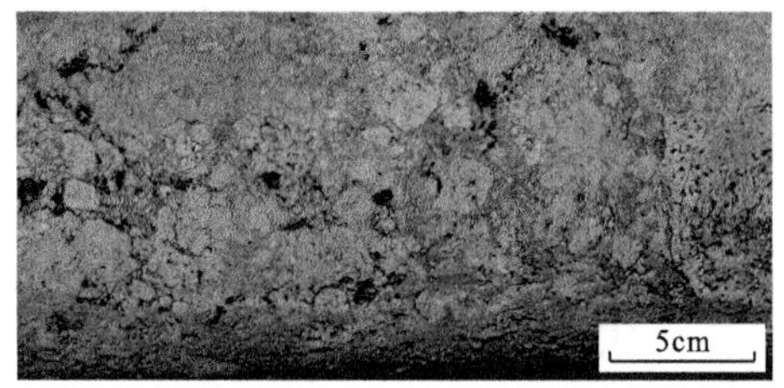

图 8-2-5　洼 603 井玄武质火山角砾岩（2178.7m）

根据单井分析及多井对比结果，玄武岩、玄武质火山角砾岩等基性火山岩类主要分布在中生界Ⅰ段，主要储层为玄武质火山角砾岩。

安山岩、流纹质熔结凝灰岩等酸性火山岩类主要分布在中生界Ⅱ段，主要储层为安山岩，其次为流纹质熔结凝灰岩。

为解决火山岩复杂岩性识别问题，在岩矿分析的基础上，结合测井评价对火山岩的测井响应特征进行了系统分析，并建立了火山岩岩性定量识别标准。

用于本区火山岩岩性测井识别的曲线包括自然伽马、电阻率、密度、中子。利用自然伽马测井区分基性火山岩与中酸性火山岩（图 8-2-6），结合密度测井区分中性火山岩与酸性凝灰岩，利用电阻率与中子测井区分玄武岩质火山角砾岩与蚀变玄武岩（图 8-2-7）。其中玄武岩基性岩类表现为低自然伽马特征，随岩石蚀变程度增强，密度减小。

2）岩相特征

本区优势岩相主要为爆发相，岩性为玄武质角砾岩，呈带状展布，东厚西薄，厚度中心位于洼 19-26—洼 2 井一带，分布范围较大，厚度大于 20m，面积为 15.9km^2。

3. 储层特征

1）储集空间类型

根据岩石铸体薄片分析结果，火山岩储集空间类型包括裂缝和孔隙两大类，为裂缝—孔隙型[4]。根据裂缝的成因分成构造缝、溶解缝和张开的节理缝。孔隙包括原生孔隙和

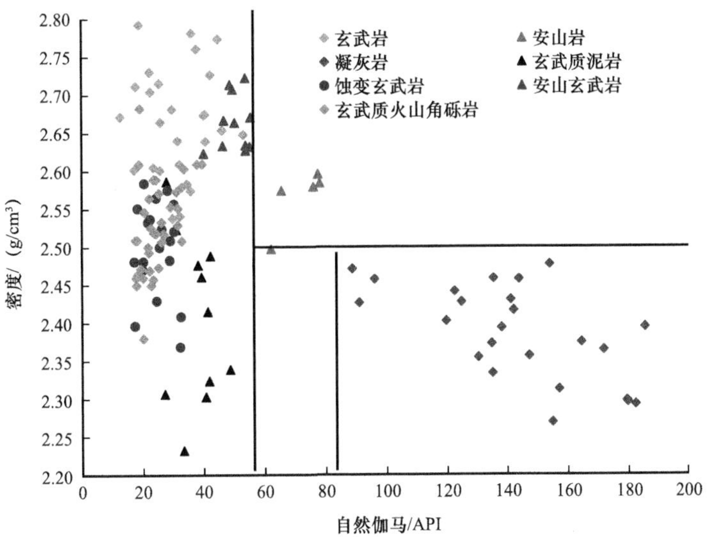

图 8-2-6　自然伽马与密度测井交会图

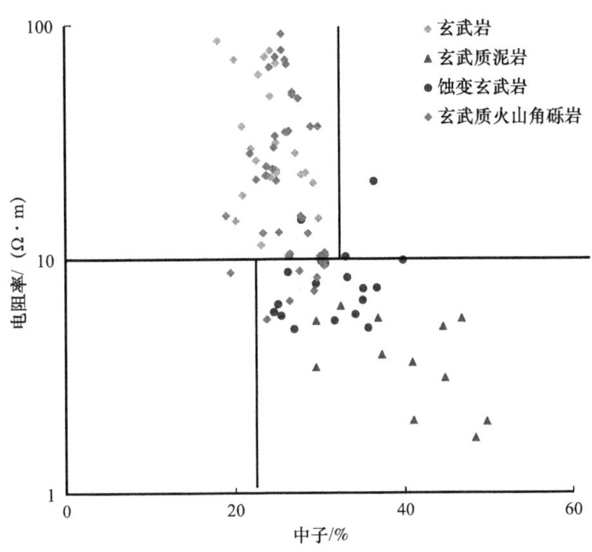

图 8-2-7　中子与电阻率测井交会图

次生孔隙，原生孔隙主要有砾间孔、粒间孔和晶间孔等，区内次生孔隙较为发育，主要有破碎粒间孔、溶蚀粒间孔、溶蚀粒内孔和杂基内溶蚀微孔等。中生界Ⅰ段主要储层为玄武质角砾岩，其储集空间类型主要为残余角砾间孔、气孔和溶孔，其次为裂缝（图 8-2-8、图 8-2-9）。Ⅱ段主要储层为安山岩，其储集空间类型主要为基质溶孔、溶蚀粒内孔（图 8-2-10、图 8-2-11）。

2）物性特征

根据物性资料分析结果，中生界Ⅰ段玄武质角砾岩岩心分析孔隙度最小为 1.3%，最大为 31.8%，主要分布在 5%～27%，平均为 16.8%；渗透率最小为 0.01mD，最大为

110mD，主要分布在0.06～30.72mD，平均为5.54mD，属于中高孔、低渗—特低渗储层（图8-2-12、图8-2-13）。

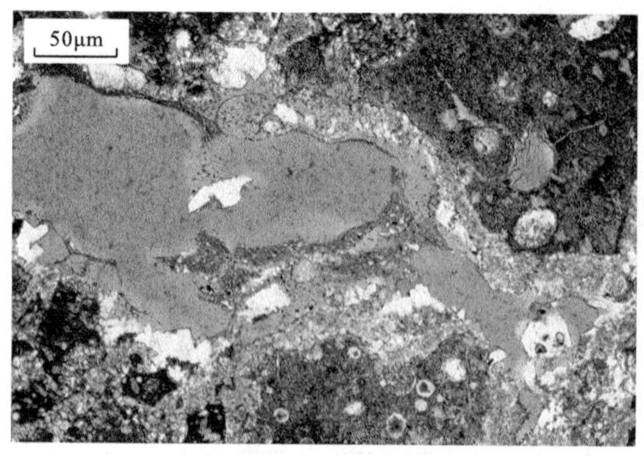

图8-2-8 洼7井，残余粒间孔，玄武质火山角砾岩，1815.75m

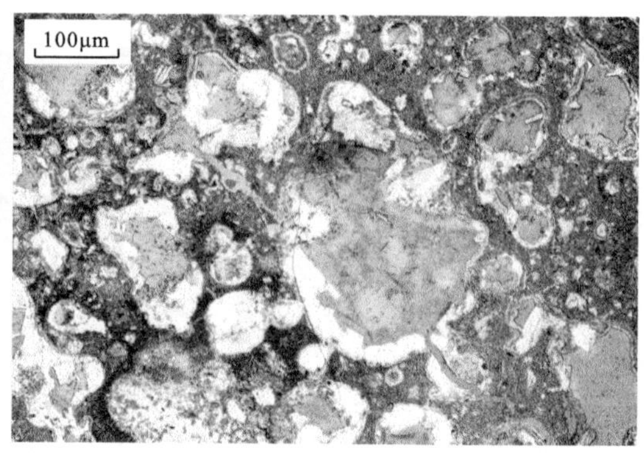

图8-2-9 洼7井，气孔，玄武质火山角砾岩，1826.65m

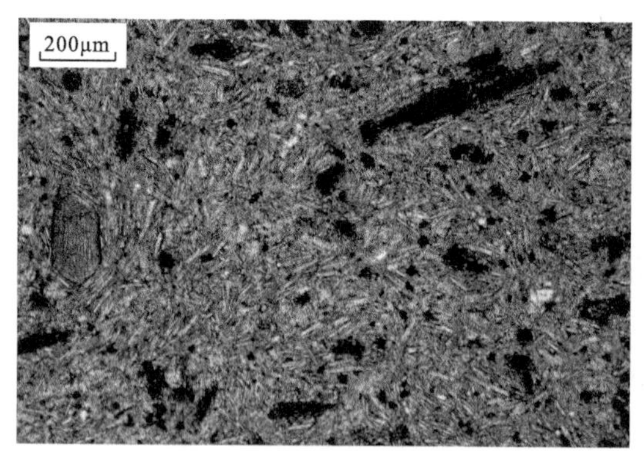

图8-2-10 洼19-26井，晶间孔及溶孔，安山岩，2389.98m

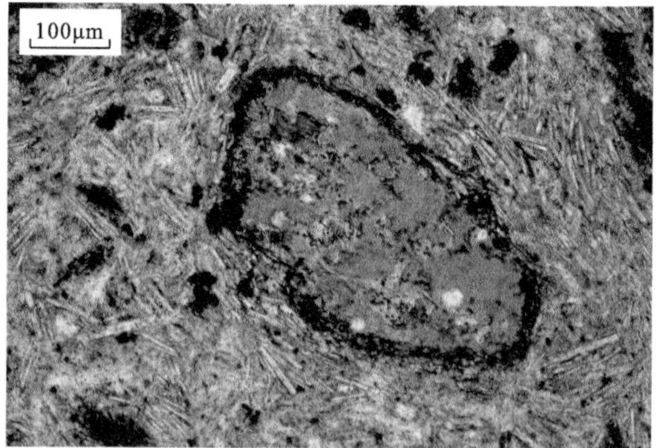

图8-2-11 洼19-26井，溶蚀粒内孔，安山岩，2389.98m

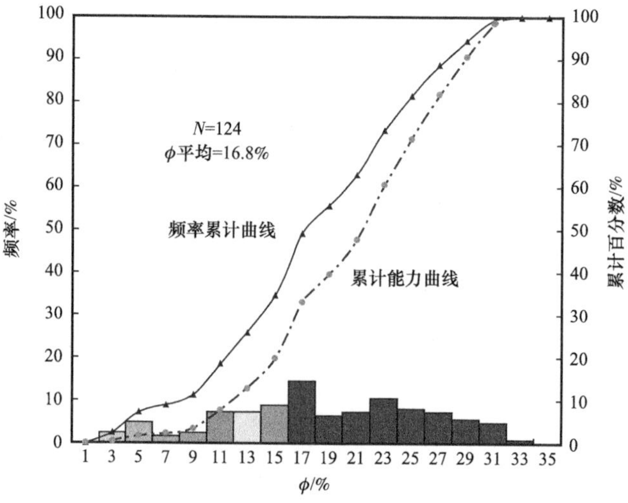

图8-2-12 Ⅰ段玄武岩储层岩心孔隙度直方图

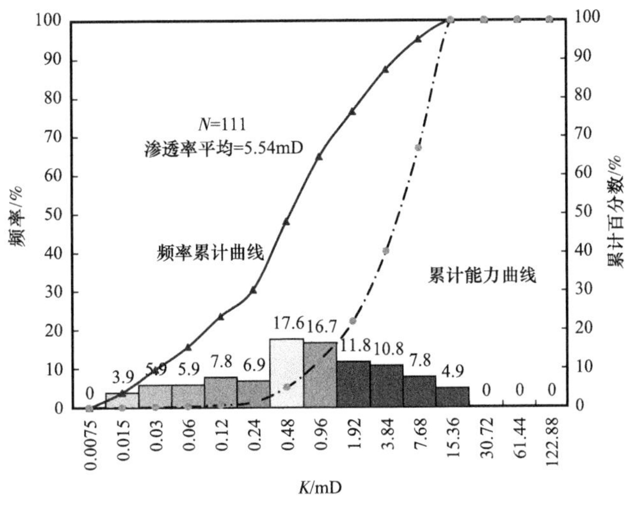

图 8-2-13　Ⅰ段玄武岩储层岩心渗透率直方图

4. 油藏特征

1）油藏类型

从储层类型上看，Ⅰ油组储层岩性为玄武质角砾岩，储层分布受岩性控制；从储集空间类型看，以原生砾间孔为主，构造缝次之，为裂缝—孔隙型储层；从成藏机理上看，中生界Ⅰ油组的油气来源于西侧的清水洼陷，沿着台安—大洼断层及不整合面运移，进入储层中，依靠次级断层或者岩性、物性界面封堵，形成层状构造—岩性油气藏；从源储配置上看，烃源岩是新生界古近系沙三段的富有机质泥岩，储层为中生界玄武质角砾岩，属新生古储型油藏（图 8-2-14）。

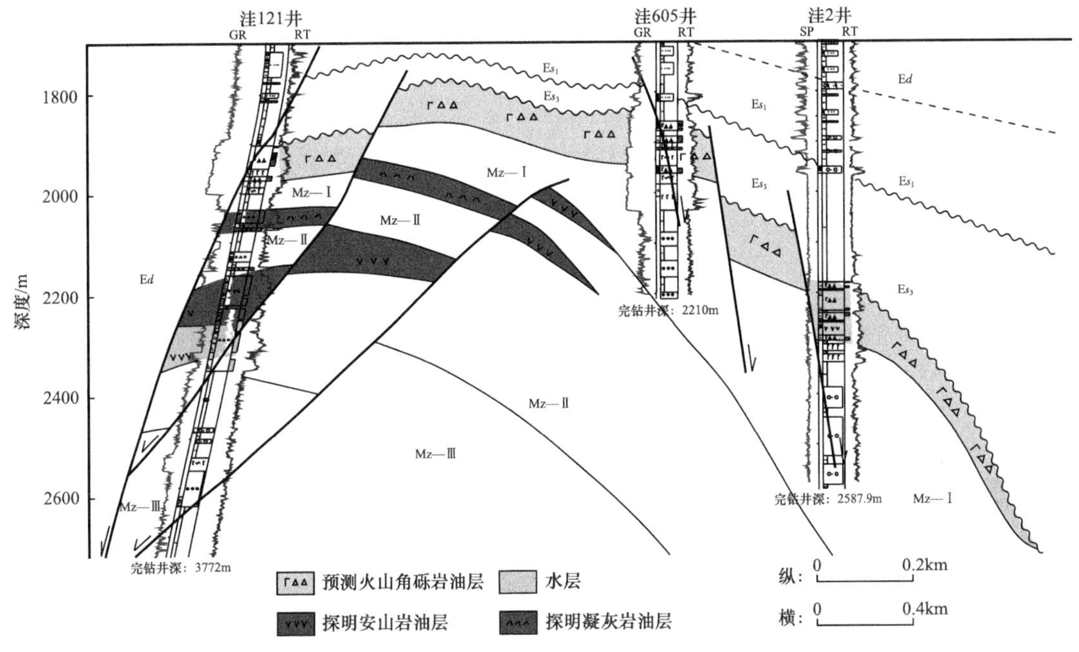

图 8-2-14　洼 121—洼 2 井连井油藏剖面

2）地层温度与压力

大洼地区油藏温压与地层埋深具有线性相关性，折算压力梯度为0.98MPa/100m，地温梯度为3.19℃/100m，属于正常温度、压力系统。

洼605块Ⅰ油组埋深为1650～2450m，推算地层压力在16.3～24.1MPa之间，油藏中部压力为20.7MPa。地层温度为61.6～87.1℃，油藏中部温度为76.0℃。

3）流体性质

大洼地区中生界Ⅰ油组原油为稠油，地面原油密度为0.9221～0.9751g/cm^3；地面原油黏度（50℃）为85.43～2113.7mPa·s，凝固点为10～22℃，含蜡量为2.75%～5.21%，胶质+沥青质含量为27.86%～45.08%，属稠油。

天然气甲烷含量为76.515%～91.741%，相对密度为0.6083～0.7613。

地层水为$NaHCO_3$型，总矿化度为3473.4～4326mg/L。

三、勘探实践及成效

牛心坨地区中生界义县组流纹岩油气藏累计探明石油地质储量为351.71×10^{4}t，含油面积为2.31km^2。其中坨32块含油面积为0.75km^2，石油地质储量为108.98×10^{4}t；坨33块含油面积为1.56km^2，石油地质储量为242.73×10^{4}t。坨33块有完钻井36口，共有33口开发井投入生产，累计产油27.5×10^{4}t，其中有9口井单井累计产油超过万吨。

牛心坨地区中生界优势储层白垩系义县组流纹岩分布范围广、厚度大，目前通过钻井及地震预测分布面积约17km^2，岩性厚度为200～300m，最大厚度可达693m（坨32井）。该火山岩体受到晚期抬升和挤压作用，储层物性得以改善，其宏观裂缝与微观孔缝均比较发育，并且其紧邻西侧中生界生油洼陷，其上九佛堂组凝灰岩和凝灰质泥岩及沙海组泥岩作为盖层，形成良好的生、储、盖组合。平面及纵向均有进一步拓展的领域和目标，具有一定的勘探潜力。

大洼地区中生界具备整体含油、立体成藏、有效储层控制油气富集的地质规律。在新地质认识指导下，2015年对大洼地区中生界火山岩油气藏开展重新评价。通过对区内28口钻遇Ⅰ段玄武岩类探井和重点开发井进行测井重新评价，重新解释油气层井26口。在此基础上，部署探井3口（洼121、洼127和洼130井），老井试油4口（洼605、洼20-21、洼39和赵古7井）。洼605井在1858～1915m井段试油，压裂后水力泵排液，日产油30.9m^3，累计产油92m^3，获得高产油气流。2016年，在洼605块中生界Ⅰ油组玄武质火山角砾岩油藏上报预测石油地质储量为1265×10^{4}t。2017年在洼605块中生界Ⅰ油组申报控制石油地质储量为1626×10^{4}t，含油面积为5.4km^2。

第三节　开鲁地区中生界火山岩油气藏勘探实践

辽河外围开鲁地区中生界火山岩较为发育。自早白垩世义县组沉积期，开鲁地区各凹陷处于初始裂陷期，伴随控凹断裂活动形成大范围岩浆喷发，中心式及裂隙式喷发均可见。演化到九佛堂组沉积期，区域性岩浆活动逐渐减弱，伴随陆源碎屑注入，凹陷普遍发育含凝灰碎屑岩储层，储层物性普遍较差。至沙海组、阜新组沉积期，火山活动基本停止，但伴随区域走滑断层活动，地幔岩浆上涌形成了局部地区的岩浆侵入，以陆东库伦塔拉洼陷为典型代表。晚白垩世，开鲁地区各凹陷处于坳陷期，构造稳定，岩浆活动弱，仅凹陷局部地区伴随深大断裂发育点状岩株上涌，往往导致已形成油气藏遭到破坏。辽河外围火山岩油藏勘探成果显著，发现了多个富集高产区块。

一、勘探概况

辽河外围开鲁地区中生界火山岩油气藏勘探始于20世纪90年代，经过多年勘探评价，先后发现张强凹陷白4、白10块，龙湾筒凹陷汉1块，陆家堡凹陷庙31块、庙45块等火山岩油藏，累计上报探明石油地质储量为338.7×10^4t，探明含油面积为2.26km^2。

二、典型油气藏特征

（一）陆西凹陷庙31块

1. 构造特征

庙31块构造上位于陆西凹陷马北斜坡带，庙31块是在义县组火山岩基底背景下形成的继承性背斜垒块构造。庙31块主要受近南北及北东走向的两条断层所夹持，形成构造—岩性圈闭，整体上呈现中部高南北两侧低的构造格局（图8-3-1）。

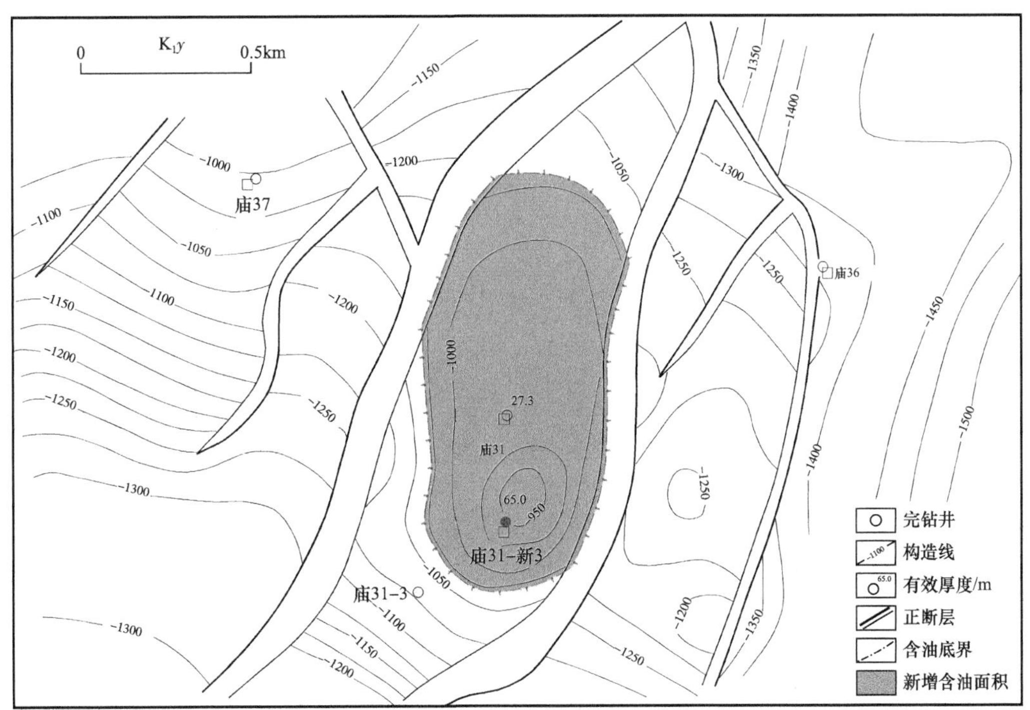

图8-3-1　庙31块含油面积图

2. 岩性岩相特征

1）岩性特征

义县组沉积期在区域性地幔隆起背景下，地壳上部出现拉张应力环境，断层强烈活动导致大规模火山喷发；到九佛堂组沉积期，该区由于东南部边界断裂强烈活动，凹陷快速下沉，在斜坡带上火山岩经风化、搬运等沉积作用，形成以火山碎屑岩及凝灰质砂岩为主的近岸水下沉积体系，在水下古火山口附近，依然存在火山热液作用，对九佛堂组下段的岩性和储层进行再次改造。庙 31 块位于斜坡带上古火山口附近，是在义县组火山岩基底背景下形成的继承性背斜垒块，九佛堂组下段和义县组储层发育（图 8-3-2—图 8-3-4）。

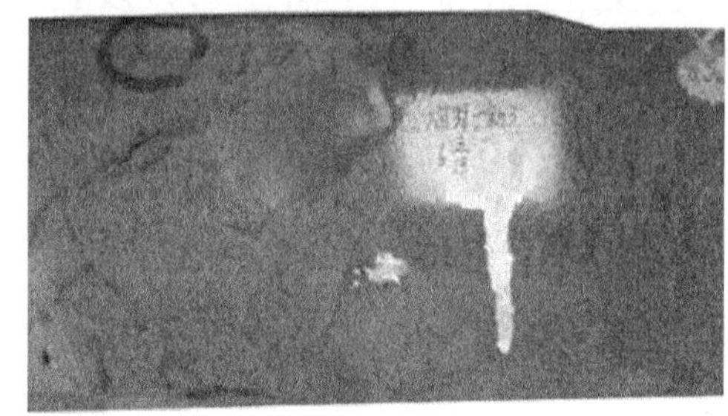

(a) 岩心自然光

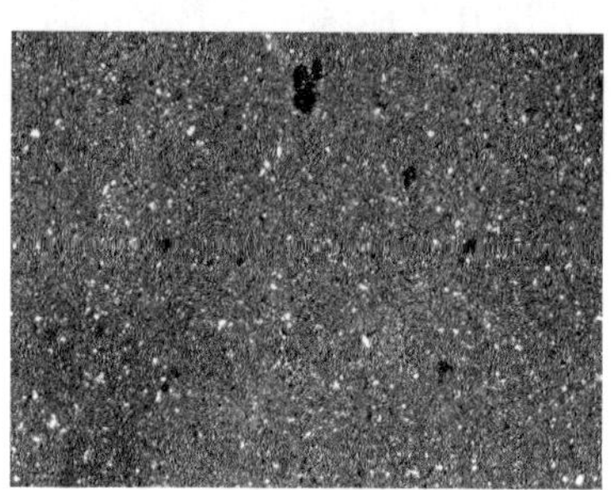

(b) 微观照片，正交偏光(50×)

图 8-3-2　粗面质凝灰岩（庙 31—新 3 井，1191.07m）

(a) 岩心自然光

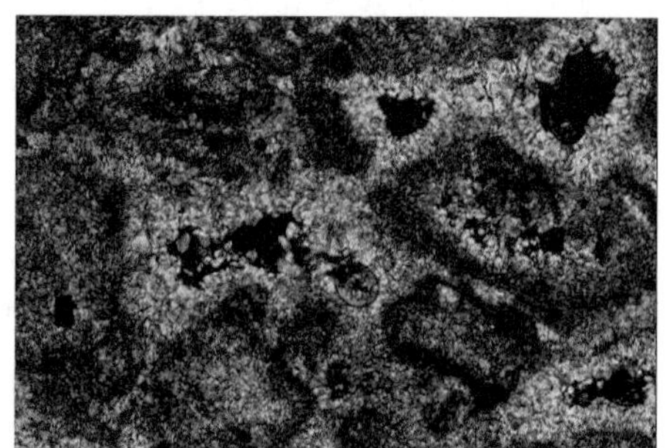

(b) 微观照片，单偏光(25×)

图 8-3-3　硅化凝灰岩（庙 31—新 3 井，1187.9m）

(a) 岩心自然光

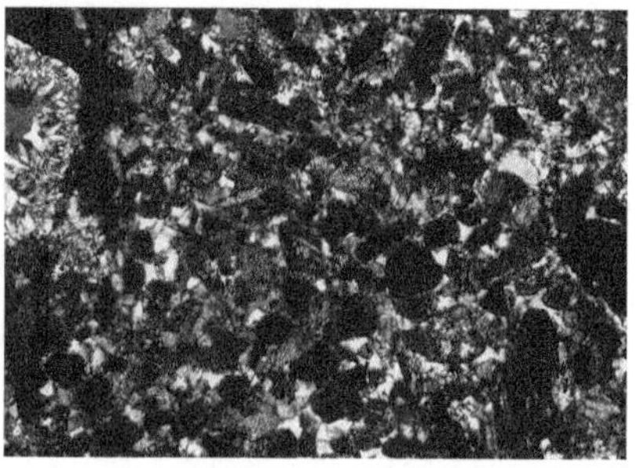

(b) 微观照片，正交偏光(25×)

图 8-3-4　硅质岩（庙 31—新 3 井，1179.02m）

2）岩相特征

通过马北斜坡义县组火山岩岩相划分，明确了庙 31 块岩相类型，平面上陆西凹陷发育多个中心式喷发的火山机构，火山机构中心为火山通道相，围绕火山通道相依次发育爆发相、侵出相和溢流相，庙 31 块整体为火山通道相。

3. 储层特征

1）储集空间类型

根据岩心观察、铸体薄片鉴定、扫描电镜分析以及毛细管压力曲线特征等数据，庙 31 块九佛堂组、义县组储集空间发育，储集空间以孔隙为主，局部发育裂缝，孔隙包括硅质交代残余粒间孔、机械作用形成的粒间孔以及粒间、粒内、碎屑溶蚀形成的溶蚀孔[5]（图 8-3-5—图 8-3-8）。

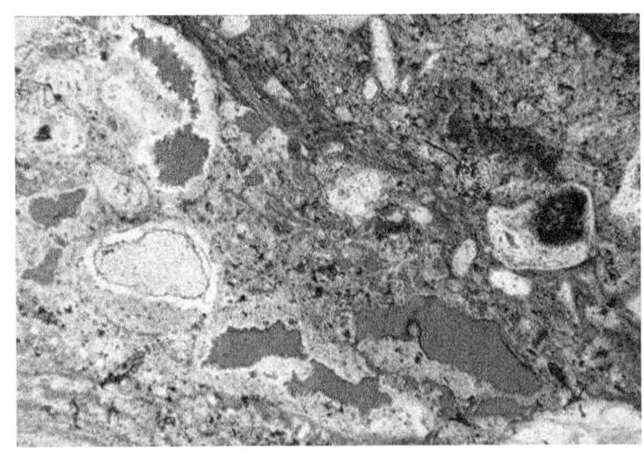

图 8-3-5　庙 31—新 3 井，1182.17m，溶孔，硅化泥球尘屑凝灰岩，单偏光（25×）

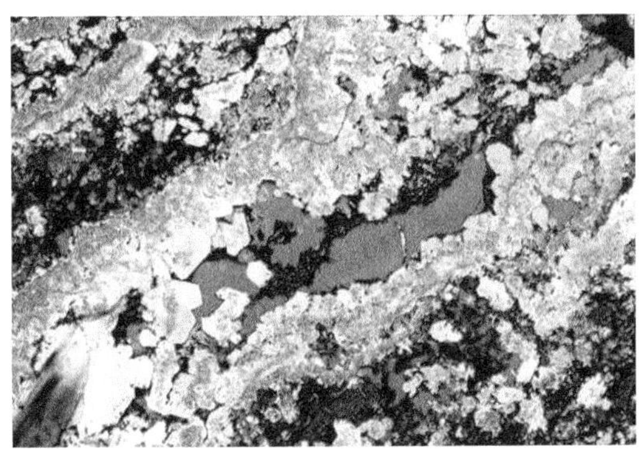

图 8-3-6　庙 31—新 3 井，1217.8m，石英交代残余孔、缝、微孔，次生石英岩化层状尘屑凝灰岩，单偏光（25×）

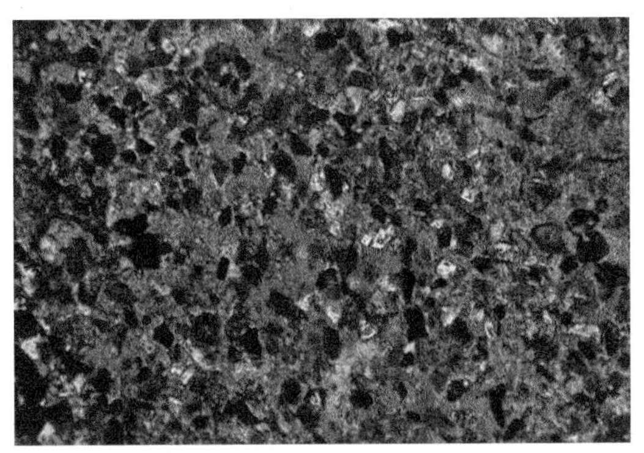

图 8-3-7　庙 31—新 3 井，1179.02m，粒间孔为主，少量粒内孔，亮晶粒屑硅质岩，单偏光（50×）

图 8-3-8　庙 31—新 3 井，1174.77m，粒内溶孔发育，部分发育成晶模孔，硅化泥球尘屑凝灰岩，单偏光（25×）

2）物性特征

庙 31 块九佛堂组下段岩心分析数据表明，孔隙度主要集中在 3%～17% 之间，平均为 9.1%；渗透率最小为 0.055mD，最大为 66.7mD，平均为 2.2mD（图 8-3-9、图 8-3-10）。

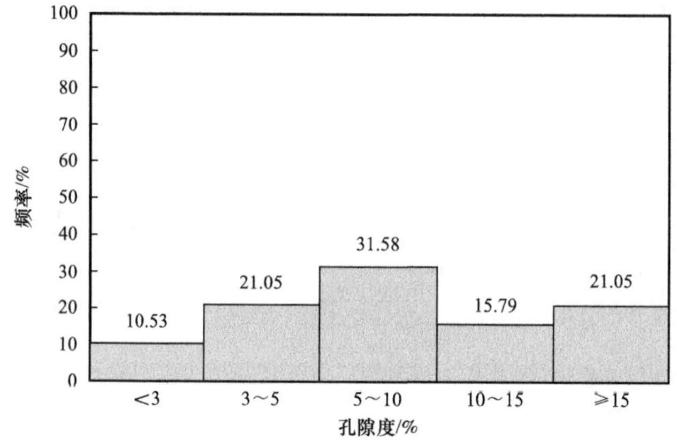

图 8-3-9　庙 31 块九佛堂组下段火山碎屑岩类孔隙度分布直方图

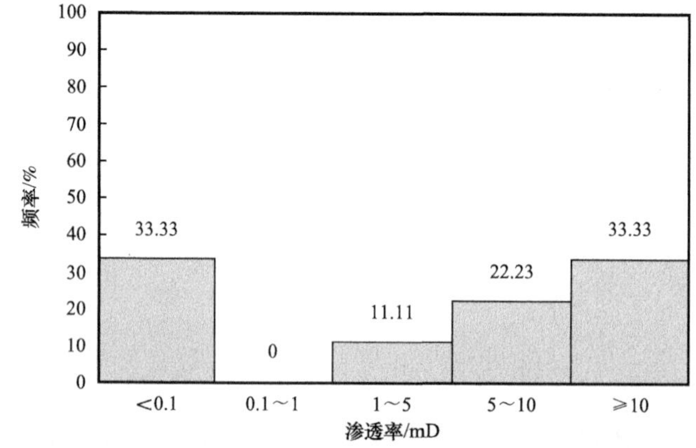

图 8-3-10　庙 31 块九佛堂组下段火山碎屑岩类渗透率分布直方图

4. 油藏特征

1）油藏类型

庙 31 块油藏九佛堂组下段油藏主要分布在庙 31 井和庙 31—新 3 井附近，完钻的庙 31-3 井未钻遇火山机构储层缺失。油层分布受硅化凝灰岩分布范围控制，试油试采未见水，油藏埋深为 1175～1315m（海拔为 -1030～-890m），油藏类型为岩性—构造油藏。

义县组储层分布受火山岩分布范围和储层物性控制，储集岩粗面质火山角砾岩和粗面岩在距顶部 200m 内储集空间较为发育；构造高部位油气富集，向边部岩体减薄，试油试采未见水，已知油层底界为 1315m，测井解释水层顶界埋深为 1365。目前按已知油层底界确定油藏埋深为 1235～1315m，油藏类型为受火山机构构造条件及储层岩性分布控制的岩性—构造油藏（图 8-3-11）。

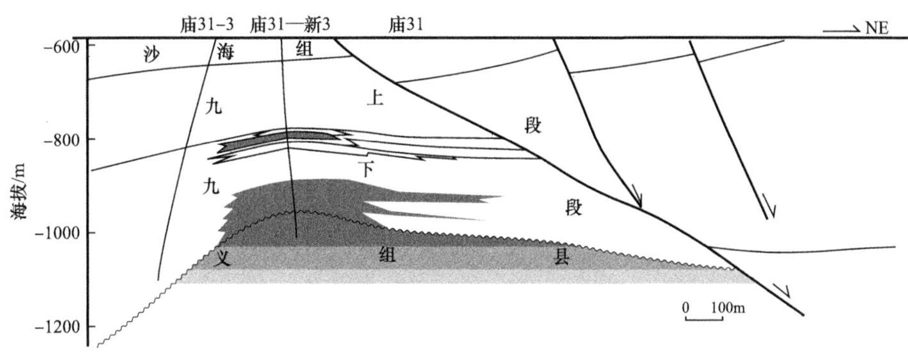

图 8-3-11 庙 31 块庙 31-3—庙 31 井油藏剖面图

2）地层温度与压力

九佛堂组下段油藏埋深为 1175～1315m，计算地层压力在 10.7～11.9MPa 之间，地层温度为 53.7～58.5℃；义县组油藏埋深为 1235～1315m，计算地层压力在 11.2～11.9MPa 之间，地层温度为 55.7～58.5℃。

3）流体性质

据庙 31 块 2 口井 3 个油分析结果，九佛堂组下段原油密度为 0.8612～0.8657g/cm^3、平均为 0.8635g/cm^3，黏度（50℃）为 63.31～104.7mPa·s、平均为 84.01mPa·s，凝固点为 37～38℃、平均为 37.5℃，含蜡量为 12.33%～12.34%、平均为 12.34%，胶质 + 沥青质含量为 18.53%～18.78%、平均为 18.66%，原油性质为稀油；义县组原油密度为 0.8701g/cm^3，黏度为 38mPa·s（50℃），凝固点为 37℃，含蜡量为 11.31%，胶质 + 沥青质含量为 22.98%，原油性质为稀油。

（二）张强凹陷章古台洼陷火山岩油藏

1. 构造特征

章古台洼陷位于张强凹陷北部，章古台洼陷带从西向东划分为西部陡坡带、章古台洼陷及东部断阶带。

2. 岩性岩相特征

1）岩性特征

章古台洼陷火山岩发育安山岩、玄武岩、粗面岩、角砾 / 集块（熔）岩、凝灰（熔）岩 5 种主要岩石类型。张强凹陷九佛堂组下段及义县组上部整体以安山岩和安山质火山碎屑岩为主[6]。在白 1 井周边发育少量玄武岩，白 26 井及周边发育有粗面岩（白 28 井也发育粗安岩、粗安质凝灰角砾熔岩），白 5、白 3、白 4、白 10 和白 28 井主要发育火山角砾 / 集块熔岩（图 8-3-12—图 8-3-14）。白 5 井西部、白 13—白 16 井、白 19—白 27 井及其周边主要发育凝灰岩。

2）岩相特征

本区火山岩发育火山通道相、爆发相、溢流相、爆发相 + 溢流相叠合区 4 种岩相类型。张强凹陷九佛堂组下段及义县组上部整体以溢流相和爆发相为主。白 15 井、白 1 井、白 8—白 18 井、白 26 井、阿 1 井、长 1 井区主要发育溢流相，白 5 井西侧、白 13—白 16 井、白 19—白 27 井区主要发育爆发相。在白 5 井、白 4—白 10 井、白 18—白 28 井区主要发育火山通道相或近火山口相，结合断裂分布特征可以看出，火山口具有沿断裂及其两侧分布的规律，并且位于断裂密集、发育的地区。（图 8-3-15、图 8-3-16）。

图 8-3-12　玄武安山岩
（白 28 井，1288.9m）

图 8-3-13　粗安岩
（白 28 井，1343.7m）

图 8-3-14　安山岩
（白 28 井，1539.5m）

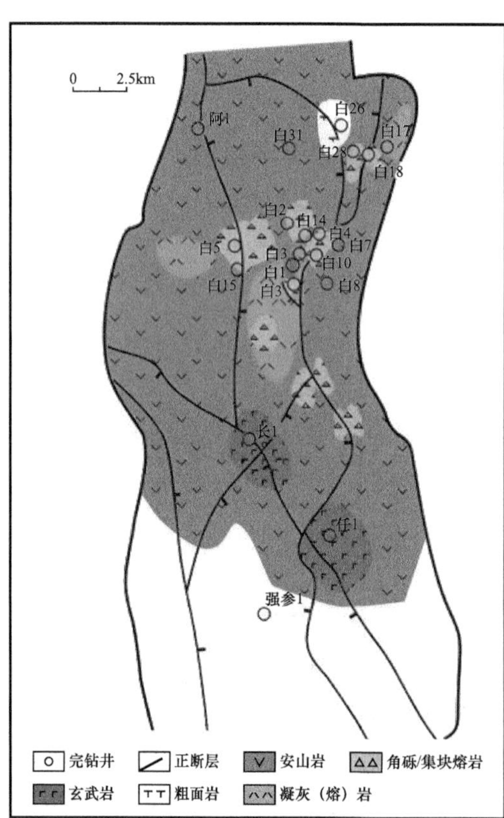

图 8-3-15　张强凹陷章古台地区火山岩岩性分布图（据钻井优势岩相成图）

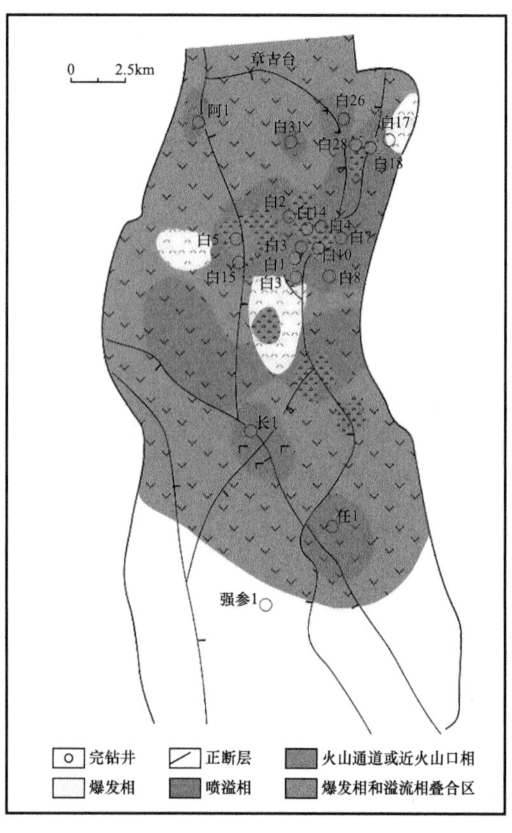

图 8-3-16　张强凹陷章古台地区九佛堂组下段及义县组火山岩岩相分布图（据钻井优势岩相成图）

3. 储层特征

1）储集空间类型

章古台洼陷火山岩储层的储集空间具有孔、缝双重介质的特点。根据对本区火山岩岩心、岩石薄片、扫描电镜观察，按照孔隙成因分为原生孔隙、次生孔隙和裂缝 3 种类型。

原生储集空间包括气孔、杏仁体内孔、砾 / 粒间孔。其中，气孔是本区主要类型，发育在安山岩、玄武岩和粗面岩中，在火山角砾岩的角砾内部也比较常见。杏仁体内孔发育在安山岩和玄武岩中。砾 / 粒间孔隙发育在火山碎屑岩中。

次生储集空间可分为裂缝和孔隙两种类型，次生孔隙以溶蚀孔形式存在，多见于长石、辉石斑晶和基质的溶蚀形成的孔隙。裂缝分为炸裂缝和构造裂缝。其中，炸裂缝主要表现为长石、角闪石、辉石的炸裂缝和隐爆角砾岩中的隐爆角砾缝。构造裂缝普遍发育，目前见到的是后期被方解石和沸石等矿物充填，形成充填残余构造缝（图 8-3-17—图 8-3-20）。

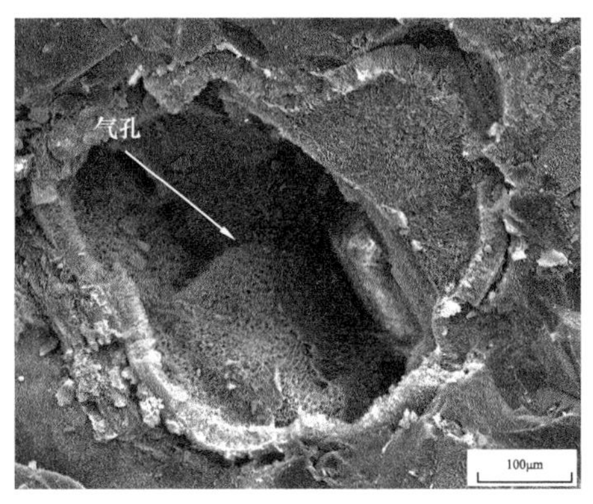

图 8-3-17　气孔安山岩，原生气孔，气孔被绿泥石半充填，白 5 井，950.3m（1400×）

图 8-3-18　安山岩，基质内溶蚀孔，白 4 井，1012m（1200×）

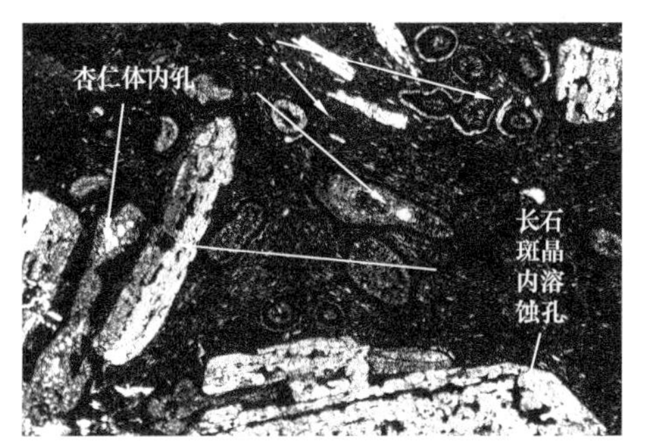

图 8-3-19　气孔—杏仁安山岩，杏仁体内孔、长石斑晶溶蚀孔，白 10 井，849.9m（2.5×10，正交偏光）

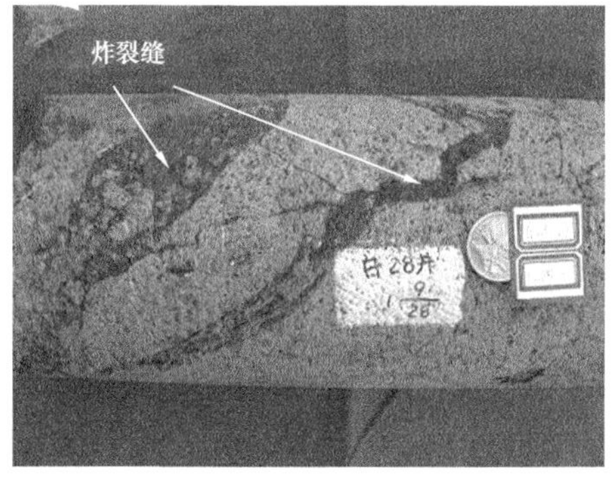

图 8-3-20　炸裂缝，白 28 井，1285.6m

2）物性特征

研究区气孔—杏仁安山岩孔隙度平均值为8.6%，渗透率平均值为7.2mD；块状安山岩孔隙度平均值为12.2%，渗透率平均值为1.44mD；气孔粗面岩孔隙度平均值为13.1%，渗透率平均值为2.33mD；角砾凝灰岩孔隙度平均值为21.4%，渗透率小于1mD。

4. 油藏特征

1）油藏类型

章古台洼陷油藏受构造和岩性双重控制，油层分布于构造高部位，发育沙海组、九佛堂组和义县组三套油层，平面主要分布在白2、白3、白4、白10和白18块。火山岩油藏主要发育于义县组，以白10块为代表。火山岩油藏受构造条件及岩性、岩相控制，为块状岩性—构造油藏，埋深为1100～1400m（图8-3-21）。

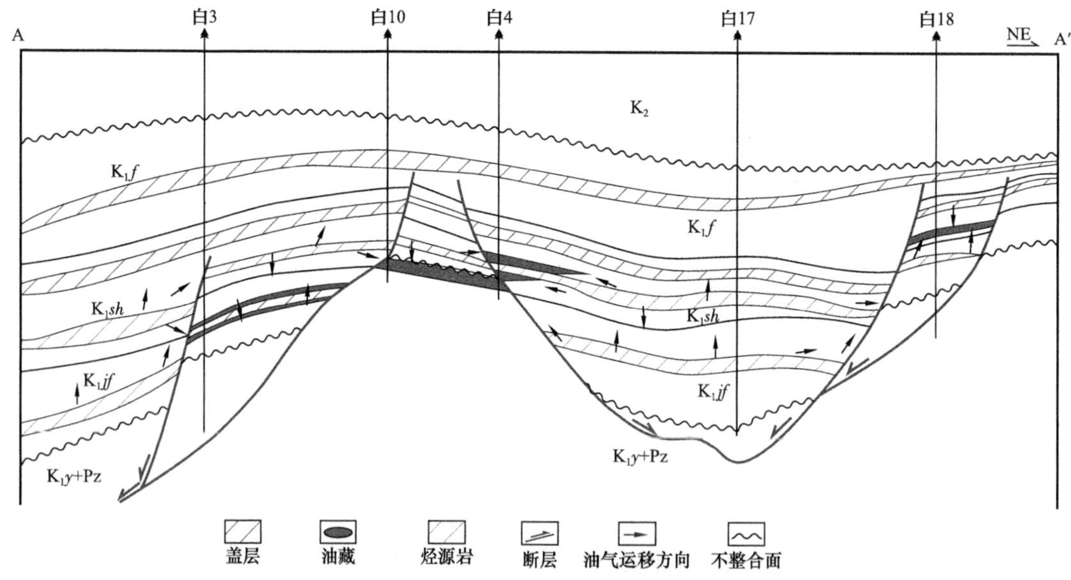

图8-3-21　张强凹陷章古台洼陷油气成藏模式图

2）地层温度与压力

地层温度在26.7～53℃之间，地层压力在5.49～11.41MPa之间。

3）流体性质

科尔康油田各层系原油密度差别不大，20℃时地面原油密度为0.8764～0.9013g/cm^3，平均为0.8858g/cm^3；50℃时地面脱气原油黏度为23.39～47.92 mPa·s，平均为39.32mPa·s；凝固点平均为25℃，含蜡量平均为9.4%，胶质和沥青质含量为25.5%，原油性质为稀油。

三、勘探实践及成效

（一）陆西凹陷庙31块

2012年陆西凹陷马北斜坡带完钻庙31井，完钻井深1684.0m，完钻层位义县组，在九佛堂组见到良好含油显示；在九佛堂组下段进行试油，射孔后8mm油嘴自喷，日产油127m^3，成为辽河外围首个百吨井。

2013年在庙31井预探发现基础上开展了油藏评价工作，部署钻探评价井2口（庙31-3、庙31—新3井），其中庙31-3井未钻遇油层地质报废，庙31—新3井在九佛堂组、义县组见到良好含油显示；在义县组试油试采获得工业油流，压裂后下泵试采，日产油20.2t，至2020年底，日产油14.4t，累计产油48236t。

根据钻探及试油试采效果，2014年庙31块上报探明储量为141.55×10^4t，探明含油面积为0.58km^2，技术可采储量为24.06×10^4t，经济可采储量为20.53×10^4t。

截至2020年底，庙31块开发井4口，日产油40t，累计产油11.22×10^4t。

（二）陆西凹陷庙45块

庙45块火山岩油藏发现始于庙35井，该井位于构造有利部位，庙35井于2013年9月6日完钻，在九佛堂组下段安山岩层段见到厚层油斑级别油气显示，对1287.3～1315.6m井段试油，压后日产油8.22m^3，累计产油72.12m^3，获工业油流，从而在庙31块西南部发现新的火山岩油藏（图8-3-22）。

2016年部署实施预探井庙45井，该井于2016年10月29日完钻，在九佛堂组下段火山碎屑岩储层钻遇油浸级别显示，对1663.7～1689.9m井段试油，地层测试日产油0.44m^3/d，累计产油2.712m^3，压后水力泵排液，日产油1.44m^3，累计产油6.96m^3，获工业油流。2017年，庙45块上报九佛堂组下段Ⅱ油组探明储量为19.68×10^4t。截至2020年底，庙45块火山岩油藏累计产油1273.1t。

（三）陆东凹陷库2块

陆东凹陷火山岩较为发育，2014年陆东凹陷库伦塔拉洼陷完钻库2井，该井在沙海组流纹斑岩钻遇富含油级别油气显示，对1880.3～1835m层段试油，压后水力泵排液，日产油30.19m^3，取得了陆东凹陷火山岩勘探突破。截至2020年底，库2井日产油2t，累计产油3773.2t。

（四）张强凹陷白10块

张强凹陷火山岩勘探起步较早，1995年在白4块断层上升盘完钻的白10井，在义县组806.10～840.00m针对安山岩进行试油，地层测试日产油12.4t，累计产油6.73m^3。发现了白10块油藏。同年上报白10块探明储量为63×10^4t，含油面积为0.5km^2，也是开鲁盆地第一块在义县组上报探明储量的区块（图8-3-23）。

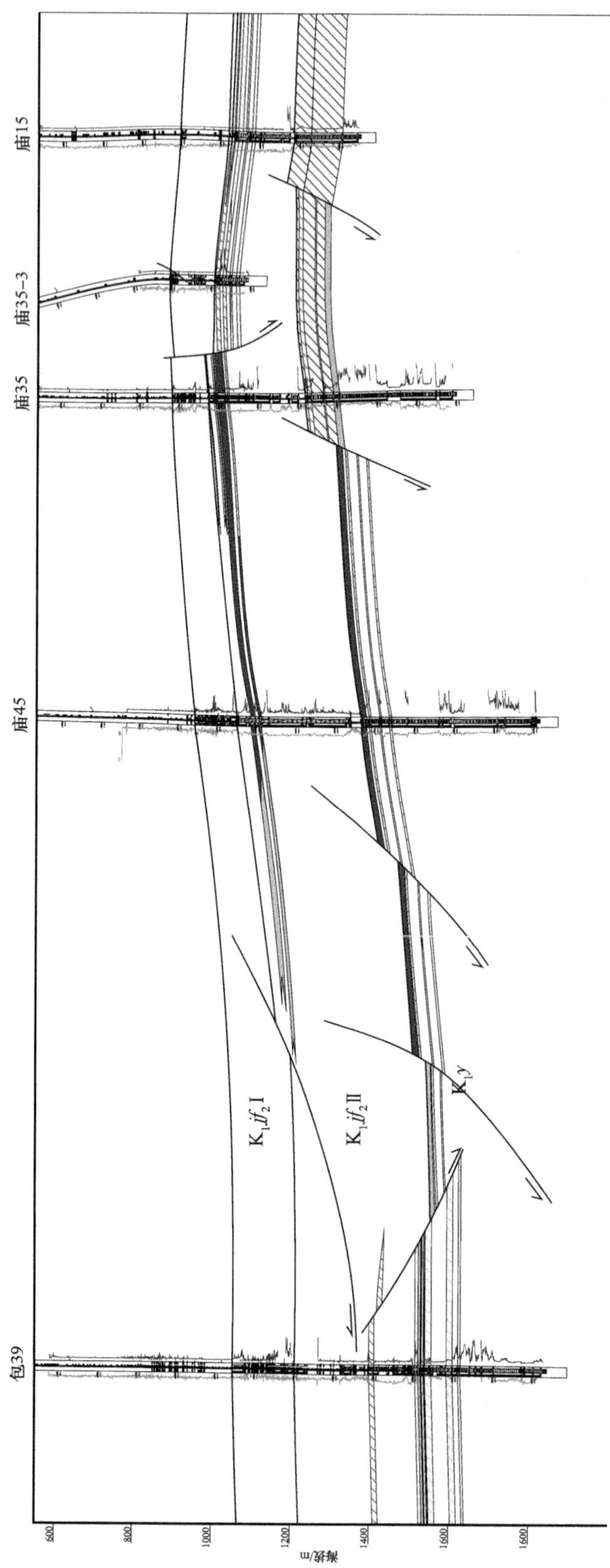

图 8-3-22　包 39—庙 45—庙 35—庙 35-3—庙 15 井油藏剖面图

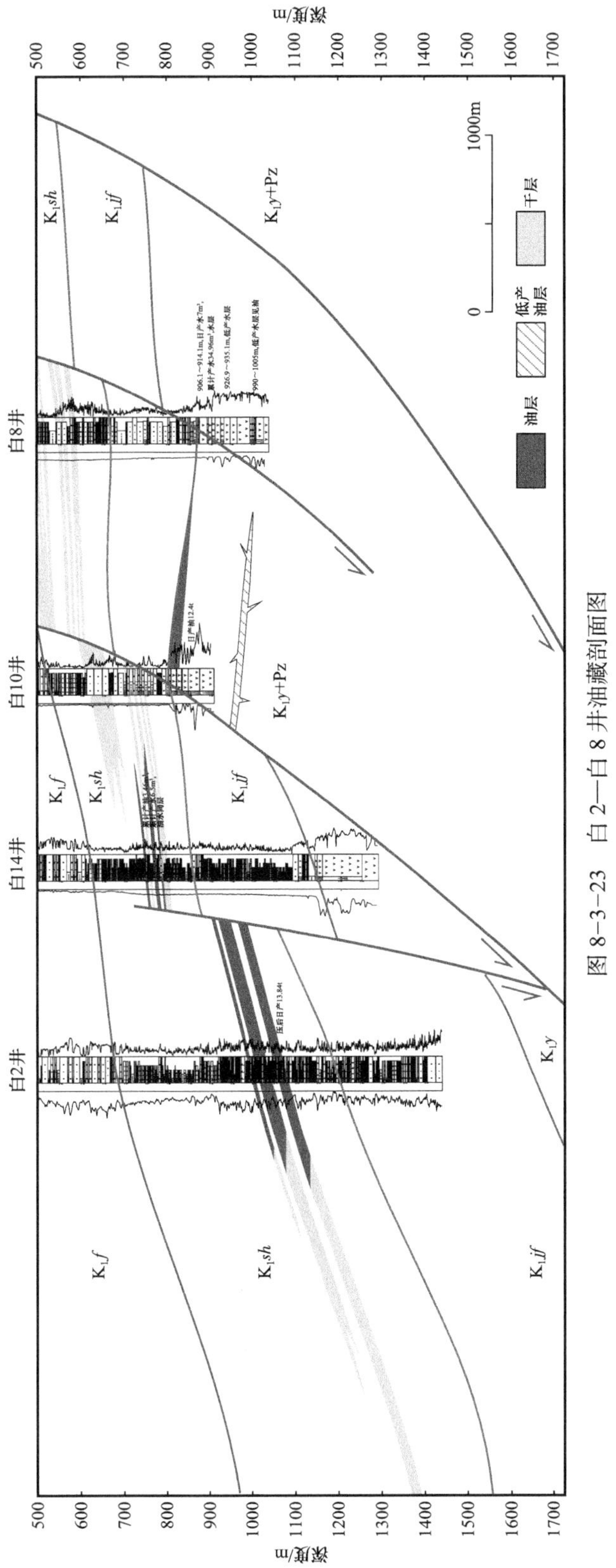

图 8-3-23　白 2—白 8 井油藏剖面图

参考文献

[1]辽河油田石油地质志编辑委员会.中国石油地质志（卷三）[M].北京：石油工业出版社，1993.

[2]曹海丽.黄沙坨油田火山岩油藏特征综合研究[J].特种油气藏，2003，10（1）：62-66.

[3]郭克园，蔡国刚，罗海炳，等.辽河盆地欧利坨子地区火山岩储层特征及成藏条件[J].天然气地球科学，2002，13（3-4）：60-66.

[4]李洪楠，高荣锦，张海栋，等.辽河坳陷大洼地区中生界火山岩储层特征及成藏模式[J].中国地质，2021，48（4）：1280-1291.

[5]宫振超.陆家堡凹陷白垩系下统火成岩储层特征及成藏模式[J].石油地质与工程，2014，28（4）：24-28.

[6]张斌.松辽盆地南部张强凹陷义县组火山岩储层特征及成藏规律[J].石油天然气地质，2013，34（4）：508-514.